图书在版编目(CIP)数据

砂砾岩强非均质稠油油藏高温火烧驱油技术/陈龙等著. -- 青岛：中国石油大学出版社，2023.12

(砂砾岩强非均质稠油油藏开采机理及提高采收率基础研究丛书；卷三)

ISBN 978-7-5636-7320-9

Ⅰ. ①砂… Ⅱ. ①陈… Ⅲ. ①砾岩-稠油开采-热力采油 Ⅳ. ①TE357.44

中国国家版本馆 CIP 数据核字(2023)第 249218 号

书　　名：砂砾岩强非均质稠油油藏高温火烧驱油技术
SHALIYAN QIANGFEIJUNZHI CHOUYOU YOUCANG GAOWEN HUOSHAO QUYOU JISHU

著　　者：陈　龙　潘竟军　杨凤祥　关文龙　席长丰　陈莉娟　展宏洋

策划统筹：李　锋(电话　0532-86983571)

责任编辑：岳为超(电话　0532-86981532)

责任校对：袁超红(电话　0532-86981532)

封面设计：王凌波

出 版 者：中国石油大学出版社
(地址：山东省青岛市黄岛区长江西路 66 号　邮编：266580)

网　　址：http://cbs.upc.edu.cn

电子邮箱：shiyoujiaoyu@126.com

印 刷 者：山东临沂新华印刷物流集团有限责任公司

排 版 者：青岛友一广告传媒有限公司

发 行 者：中国石油大学出版社(电话　0532-86983440)

开　　本：787 mm×1 092 mm　1/16

印　　张：15.5

字　　数：399 千字

版 印 次：2023 年 12 月第 1 版　2023 年 12 月第 1 次印刷

书　　号：ISBN 978-7-5636-7320-9

印　　数：1-1 000 册

定　　价：108.00 元

序 一

新疆准噶尔西北缘浅层稠油发现于20世纪50年代，探明地质储量5.8×10^8 t，油藏具有埋藏浅、储层疏松、原油以“半固-固态”赋存的特点，油品属优质环烷基原油，是国家重大工程和国防尖端装备急需产品的稀缺战略资源。在当时的技术条件下，此类“浅、薄、稠、松、小”的油藏无有效开发手段。为此，新疆油田科技工作者开展了历时半个多世纪的艰难求索，从20世纪60年代在黑油山浅层稠油开展火烧油层矿场试验探索，到80年代普通稠油注蒸汽吞吐试验成功，拉开了准噶尔盆地浅层稠油工业化开发的序幕。到1996年，准噶尔盆地稠油年产量达到200×10^4 t，初步满足了国内对环烷基油品的需求。

进入21世纪以来，面对稠油吞吐老区持续稳产、超稠油效益开发以及注蒸汽尾矿大幅度提高采收率等稠油开发领域的世界级难题，在几代稠油科研工作者的共同努力下，特别是在孙新革带领的稠油开发科研团队的不懈钻研下，先后开展了一系列技术攻关和先导试验，包括在克拉玛依油田九区部署的特稠油蒸汽驱试验、在风城油田部署的超稠油SAGD试验、在红山嘴油田砂砾岩特稠油油藏注蒸汽后部署的火驱试验陆续取得突破，创新形成了以多介质复合蒸汽驱、多井型SAGD、高温火驱为代表的新一代浅层稠油开发系列关键技术，推动了稠油产量不断跨越新的高峰，2014年年产量突破500×10^4 t，之后保持年产量在400×10^4 t以上稳产至今，为国家重大工程建设、国防重器铸造、新疆地区国民经济发展和社会稳定做出了巨大贡献。准噶尔盆地稠油资源丰富，形成的稠油开发提高采收率技术系列将有力支撑新疆油田稠油长期稳产。

新疆油田通过梳理多年来浅层稠油开发取得的成果和经验，凝练形成了“砂砾岩强非均质稠油油藏开采机理及提高采收率基础研究丛书”。该丛书汇聚了几代石油科技工作者的成果与智慧，形成的创新成果和技术装备可以为从事稠油开发的科技工作者提供重要借鉴和示范。该丛书的出版将为我国稠油的高效开发和科技进步做出重要贡献。

中国工程院院士

2023 年 11 月

序 二

环烷基原油属稀缺资源，其储量仅占全球原油总储量的2.2%。目前，世界上只有美国、委内瑞拉和中国拥有环烷基原油资源。新疆浅层稠油是我国唯一的环烷烃含量高达69.7%的优质环烷基原油，资源总量超过10×10^8 t，占我国环烷基原油资源总量的70%，是生产火箭煤油、冷冻机油等国防用高端特种油品的稀缺原材料，其规模效益开发对保障我国国防尖端装备建设和新疆地区稳定发展具有重大的战略意义。

新疆浅层稠油油藏以陆相近源辫状河沉积为主，岩性混杂多样，孔隙结构复杂，储层物性复杂，非均质性极强，具有温度低、压力低、孔渗低、流度低、产量低、采收率低的特点，其渗透率仅为国外海相稠油油藏的1/4。与我国东部中深层稠油相比，新疆浅层稠油的黏度更高，且地层温度低，地层压力低，原油黏温反应不敏感，储层的复杂性、流体的特殊性国内外罕见，其规模效益开发技术难度非常大，是公认的世界级难题。

为破解上述难题，从1996年开始，新疆油田联合30余家科研院校，依托多个国家、中石油集团公司级项目，建立了14个稠油开发先导试验区，持续开展了20余年技术攻关，突破了多渗流屏障超稠油SAGD开发、多相协同注蒸汽提高采收率、注蒸汽尾矿高温火驱以及注蒸汽开发绿色节能增效四大核心技术，形成了新一代稠油、超稠油开发技术系列，使原油产量显著增加，并已连续稳产12年，累计为国家生产优质环烷基稠油1×10^8 t以上，支撑了国内高端特种油品原材料的持续有效供给。这些业绩的取得是石油科技工作者“把能源的饭碗牢牢端在自己手里”的具体实践，也是能源行业走自主创新、高质量发展之路的有力践行。

"砂砾岩强非均质稠油油藏开采机理及提高采收率基础研究丛书"是对陆相强非均质稠油、超稠油开发机理、技术、工艺和装备的系统梳理与总结，相信该丛书的出版将对推动稠油开发技术的进步发挥重要作用。

中国工程院院士

2023 年 11 月

丛书前言

能源是国民经济发展的命脉，石油天然气是当今社会发展最重要的能源之一。习近平总书记高度重视石油工业的发展，2021 年 10 月 21 日，他在考察调研胜利油田时强调："石油能源建设对我们国家意义重大，中国作为制造业大国，要发展实体经济，能源的饭碗必须端在自己手里。"为保障国家能源安全，广大石油战线科研人员持续推进技术进步，近年来非常规油气资源开发迅速扩大，开发理论、技术与装备取得大的突破，石油工业进入新阶段。

稠油、致密油、煤层气、页岩气和天然气水合物并称为五大非常规油气资源，是公认的 21 世纪最具前景和最为现实的接替资源。其中，稠油探明储量约为 8 150×10^8 t，占全球石油剩余储量的 70%，但优质环烷基稠油仅占全球资源量的 0.15%。环烷基稠油是炼制火箭煤油、军用柴油、高等级变压器油、耐极寒机油等的最优质原材料，是国防军工和国家重大工程建设不可替代的资源，被誉为石油中的"稀土"。随着国民经济的快速发展、世界政治格局的变化，航空航天、尖端装备、极地科考等重大领域对高端特种油品需求的迅猛增加，优质环烷基稠油规模保供意义重大！

我国优质环烷基稠油主要分布在新疆准噶尔盆地西北缘，三级储量超过 10×10^8 t，原油中沥青质含量(1.1%)低，环烷烃含量高达 69.7%，在世界上极为罕见。新疆准噶尔盆地西北缘稠油资源，从红山嘴油田到风城油田，绵延 150 km，多为砂砾岩强非均质稠油油藏，以陆相近源辫状河沉积为主，岩性混杂多样，孔隙结构复杂，储层物性差，非均质性极强，具有温度低、压力低、孔渗低、流度低、产量低、采收率低的"六低"特点。随着开发的不断深入，开发对象日趋复杂，开发难度日益加大，开发理论、技术不相适应，急需发展新一代砂砾岩强非均质稠油油藏开发理论、技术与先进装备，大幅提高优质环烷基稠油产量及采收率，满足国家重大工程需要。

自1996年起，新疆油田依托国家、中石油集团公司18个重大科技专项，建立14个稠油开发先导试验区，持续开展技术攻关20余年，攻克了一批瓶颈技术，形成了砂砾岩强非均质稠油油藏多相协同蒸汽驱、蒸汽辅助重力泄油、火烧驱油三大技术系列及配套工程技术体系，2006年年产量突破400×10^4 t，并连续稳产12年，新增可采储量2×10^8 t，奠定了再稳产20年以上的理论、技术支撑和物质基础，建成了国内规模最大的强非均质稠油油藏蒸汽驱、蒸汽辅助重力泄油及火烧驱油开发基地，开发技术整体达到了国际领先水平，技术、装备全面实现自主化。总体来看，主要取得以下4个方面的重大进展：

(1) 发展气-汽-液-固多相协同耦合驱油理论与方法，揭示砂砾岩强非均质稠油油藏多重孔隙结构储层蒸汽窜流机制和扩大热波及机理，发明低成本耐高温颗粒封堵汽窜通道体系，形成多相协同自适应扩大蒸汽热波及体积技术，工业化应用提高采收率35个百分点；

(2) 创新砂砾岩强非均质稠油油藏多渗流屏障双水平井蒸汽辅助重力泄油理论与方法，发明井网优化、升级扩容启动、高温汽液界面精准控制等核心技术，形成强非均质超稠油油藏高效泄油技术系列，突破了6×10^8 t超稠油难采储量开发"禁区"；

(3) 建立砂砾岩强非均质稠油油藏高温火驱提高采收率理论与方法，发明低饱和度油层高效点火核心技术，创新火驱井网优化设计和火线监测调控等关键技术，延长尾矿开发周期15年，提高采收率36个百分点；

(4) 研发浅层砂砾岩强非均质稠油油藏配套工程技术，创新超浅层钻井、高温高压采油工艺和高温复杂采出液高效处理技术，形成绿色节能降耗技术系列，取得13项自主创新产品、105种新设备。

这些科技成果的取得是国家实施建设创新型国家战略的成果，是广大石油员工和科技人员发扬"为国分忧、一心为油"的爱国情怀和"安下心、扎下根、不出油、不死心"的克拉玛依石油精神的实践结果，充分体现了石油人独立自主、艰苦奋斗的创业精神。在实施攻关过程中，创建"产学研用"相结合的创新团队，创新科技研发平台，创新先导试验基地建设，创新人才队伍建设，促进了石油领域科技创新能力的大幅提升。

为了系统总结砂砾岩强非均质稠油油藏研究成果，推动该类油藏开发水平的提高，组织撰写了本丛书。丛书共4卷，第一卷《砂砾岩强非均质稠油油藏多相协同蒸汽驱技术》，系统介绍砂砾岩强非均质稠油油藏剩余油分布规律、流场精细表征、蒸汽驱全生命周期开发体系、多相协同提高采收率机理及开发效果评价、配套工艺技术等方面的研究成果；第二卷《砂砾岩强非均质稠油油藏蒸汽辅助重力泄油技术》，在系统分析开发实例的基础上，提出SAGD蒸汽腔扩展和流体泄流的关键参数设计思路，描述SAGD蒸汽腔发育与产量上升、稳定和递减之间的内在联系，深化浅层超稠油双水平井SAGD开采机理，制定油藏工程研究技术政策，形成生产调控、立体井网模式和储层升级扩容等关键技术；第三卷《砂砾岩强非均质稠油油藏高温火烧驱油技术》，着重阐述注蒸汽后油藏火驱的地质和开发特点，深入研究原油氧化动力学特征以及火驱过程中的物理化学变化过程，创新注蒸汽后稠油油藏高温火驱开发机理，并总结油藏工程优化、高效点火、高温燃烧前缘监测与优化调整等核心技术；第四卷《砂砾岩强非均质稠油油藏开发工程技术》，总结不同开发方式下的钻采工程技术，阐述地面工程中注汽、密闭集输、原油脱水、采出水处理、采出气处理以及形成的核心装备等。

丛书内容翔实、资料丰富，展示了砂砾岩强非均质稠油油藏开发的重大标志性成果，是科学研究与现场试验的真实记录，是科研成果的提升和总结，凝聚了众多专家与科研人员的智慧。

中国工程院罗平亚院士、孙金声院士、李阳院士等专家和中国石油大学(北京)王志章、岳大力教授，西南石油大学张烈辉教授在本丛书撰写过程中给予了多次指导，在此一并表示感谢！

新疆油田公司企业首席专家

2023 年 11 月

前言

新疆浅层稠油储量资源极为丰富，且原油中环烷基含量高达67%，属于国际上较为稀缺的油品。目前多采用注蒸汽开发方式，但浅层稠油储层物性较差，多为砂砾岩油藏，具有极强的非均质性，大多数油藏标定的注蒸汽开发采收率不足30%。因此，注蒸汽后如何进一步提高采收率是油田可持续发展面临的首要问题。稠油油藏注蒸汽后的接替开发方式有多种，与其他开发方式相比，火驱注入剂——空气来源广泛，不受地域和空间的限制，成本低廉，对于缺乏水资源的新疆油田适应性更强，是具有明显技术优势和潜力的稠油热力开采接替方式。

目前经典的火驱理论认为可有效开发的稠油油藏地层条件下原油黏度一般不超过5 000 mPa·s。从国内外公开报道的文献来看，火驱技术成功应用的对象主要是原始或者正在开发的低黏度砂岩稠油区块。对于蒸汽开采末期濒临废弃的砂砾岩油藏，由于蒸汽开采后油层平面及纵向动用不均匀、高渗通道和次生水体并存、井间剩余油饱和度低等问题，传统的火驱开发模式和相关技术在矿场应用上适应性较差，给火驱高效开发机理、油藏工程设计、点火方式、动态监测技术、燃烧前缘监测与调控等方面带来很大挑战。本书以新疆准噶尔盆地西北缘浅层注蒸汽后濒临废弃的砂砾岩稠油油藏为研究对象，利用各类室内物理模拟装置和实验仪器，结合数值模拟以及现场试验，系统性地开展了原油注空气氧化机理和火驱过程物理化学变化规律的研究，可为深化火驱机理研究提供依据。在此基础上，深入研究了注蒸汽后稠油油藏高温火驱过程中的驱替模式、燃烧区带运移特征等核心开发机理，填补了相关领域的空白，将火驱开发应用的油藏黏度范围的上限从5 000 mPa·s拓展到25 000 mPa·s。同时，结合新疆油田红浅1井区火驱先导试验，在油藏工程优化、高效点火及火线监测与优化调整等关键技术方面开展了一系列攻关研究，并获得这些研究成果在新疆油田试验区的攻关试验和生产应用情况。

新疆油田红浅1井区火驱先导试验区位于准噶尔盆地西北缘东端，前后经历了蒸汽吞吐和蒸汽驱开发过程，采出程度为28.9%，1999—2009年油藏处于停产状态（待报废），是一个注蒸汽后浅层稠油油藏。2008年11月中国石油天然气股份有限公司启动了重大试验项目“新疆红山嘴油田红浅1井区火驱重大试验”。火驱试验开展以来，受到中国石油天然气集团有限公司、中国石油天然气股份有限公司的高度重视和大力支持，新疆油田调集优势技术力量，经过10多年开发试验和攻关研究，已基本形成了浅层稠油油藏注蒸汽后火驱开发技术和配套工艺技术，现场试验取得了良好的社会效益和经济效益，对注蒸汽后濒临废弃油藏实施火驱，可提高采收率36个百分点，验证了火驱技术应用于浅层砂砾岩稠油油藏注蒸汽后接替开发大幅度提高采收率的可行性。

本书是针对砂砾岩强非均质稠油油藏注蒸汽后开展火驱试验多年探索与攻关的系统总结，全书共分九章：第一章主要介绍火驱技术的基本原理、国内外火驱技术及发展现状等内容；第二章主要介绍近年来在原油注空气氧化机理方面取得的研究进展和认识；第三章主要介绍火驱过程中受不同储层燃烧温度、注气参数、含油及含水饱和度影响下储层的岩矿变化规律；第四章重点介绍注蒸汽后稠油油藏高温火驱开发机理，包括注蒸汽后油藏剩余油分布特征、高温改质降黏机理、注蒸汽后油藏火驱生产特征；第五章至第七章主要介绍砂砾岩强非均质稠油油藏转火驱开发形成的关键技术，包括油藏工程优化技术、高效点火技术、高温燃烧前缘监测与优化调整技术；第八章主要介绍研究成果在新疆油田红浅1井区火驱先导试验区的应用情况及取得的效果；第九章主要介绍浅层稠油注蒸汽后火驱规模化开发面临的挑战与攻关的方向。

火驱技术经过半个多世纪的发展，在稠油乃至稀油二次开发中已经极具潜力，这与相关机理、关键技术和核心设备的进步密不可分，解决了上述问题之后应关注油藏适应性和调控等开发方面的问题。因此，本书针对红浅1井区火驱先导试验区注蒸汽后油藏地质和开发特点，重点关注火烧区带运移、高温燃烧前缘优化调整等关键问题，深入研究原油氧化动力学特征以及火驱过程中的物理化学变化规律。相信通过发扬石油人锲而不舍的钻研精神，不断加强理论和实践的结合，最终能使火驱成为稠油注蒸汽后开发的主体接替技术。

本书由中国石油新疆油田组织撰写，其中第一章、第六章和第九章由陈龙负责撰写，第二章的第一、第二节和第四章的第一节由席长丰负责撰写，第三章由潘竟军负责撰写，第四章的第二、第三节和第五章的第二节由关文龙负责撰写，第五章的第一节、第三至第七节以及第七章的第二、第三节由杨凤祥负责撰写，第二章的第三节、第七章的第一节以及第八章第三节的部分内容由陈莉娟负责撰写，第八章的主体内容由展宏洋负责撰写。全书由新疆油田公司企业首席专家孙新革负责统稿与定稿。此外，新疆油田的宋晓、苏日古、李海波等也参与了本书部分内容的撰写工作。本书撰写过程中得到了中国石油勘探开发研究院唐君实博士、中国石油大学（北京）赵仁保教授、清华大学宋蔷教授、西南石油大学蒲万芬教授、成都理工大学李洪奎教授以及中国科学院兰州化学物理研究所郭勇教授的大力支持和帮助，在此一并表示感谢！

由于作者水平有限，书中难免存在不足之处，敬请各位读者批评指正！

目　录

第一章
绪 论

火烧油层又称火驱，是通过注入井连续注入空气，点燃油层并以原油中10%～15%的重质组分为燃料，在高温改质原油、燃烧烟气和水蒸气多重驱替作用下的一种稠油热采技术。火驱的燃烧前缘是移动的，具有蒸汽驱和热水驱的作用，但其热利用率和驱油效率高得多；而且与常规蒸汽驱和热水驱相比，节省了水处理设施和隔热措施投资，井筒工艺条件也比较简单。火驱作为油藏热力开采的一种方式，虽然存在工艺难度大、地下燃烧不易控制、高压注入大量空气成本高的劣势，但是由于热量由原地产生，不存在沿井筒的热损失，所以火烧油层的热效率比其他热采方式高，且驱油效率高达80%以上。该技术于20世纪50年代中期开始现场应用，目前已经有大量的关于火驱实验和数值模拟的文献资料，但是火驱的商业化应用程度比其他热采方式低。

从国内外公开报道的文献来看，火驱技术应用的对象主要是原始或者正在开发的稠油区块。国外罗马尼亚Suplacu、印度Balol等油田成功实施火驱的油藏原油黏度小于1 000 mPa·s，渗透率大于1 000 mD(1 mD=10^{-3} μm^2)，含油饱和度大于70%，为原始油藏。对于蒸汽开采末期濒临废弃的油藏，未见有火驱接替开发的实例报道。以新疆红浅稠油为例，此类油藏黏度(23 000 mPa·s)更高，含油饱和度(40%)更低，油藏采出程度已达30%，由于蒸汽开采后油层平面及纵向动用不均、高渗通道和次生水体并存、井间剩余油饱和度低等问题，在高温燃烧驱替机理、油藏工程设计以及矿场动态调控等方面存在挑战，需要进一步攻关研究。

第一节　火驱技术基本原理

根据燃烧前缘移动方向与注入空气的流动方向异同，燃烧方式分为干式燃烧、湿式燃烧和反向燃烧三种。

一、干式燃烧

干式燃烧又称正向干式燃烧，是指燃烧前缘从注入井向生产井推进，前缘推进方向与注入空气的流动方向一致。随着燃烧前缘离开注入井向生产井推进，形成了火烧油层不同区带的稳定推进模式，构成了干式向前燃烧驱油的各种作用机理。对于干式燃烧，研究认为可以大致划分为几个明显的区带(图 1-1-1)。

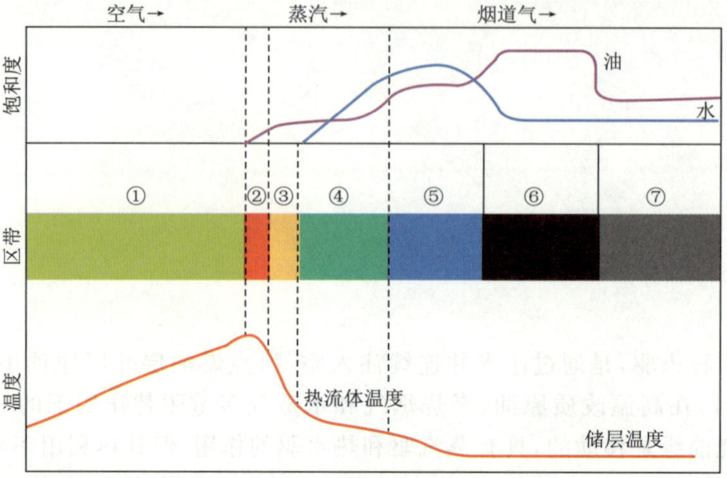

① 已燃区;② 燃烧前缘;③ 结焦区;④ 冷凝区;⑤ 集水带;⑥ 油墙;⑦ 原始油区。

图 1-1-1　干式燃烧区带划分

已燃区:已燃区被空气充满,基本上不含有机燃料,但岩层内滞留大量反应热,因此温度较高。

燃烧前缘:该区域温度最高,可达 400 ℃以上。原油以焦炭形式沉积在岩层内,生成燃烧气体,燃烧生成的水一般以过热蒸汽形式存在。

结焦区:结焦区内温度低于燃烧前缘温度,在此温度下地层水变成过热蒸汽,轻质原油蒸发,重质原油裂解成焦炭和气态烃,过热蒸汽和气态烃向前流动,焦炭沉积在岩石上,成为燃烧的燃料。

冷凝区:来自结焦区的气体向前流动时,过热蒸汽把热量传递给岩石,释放出潜热,使原油黏度迅速降低,流动性增加;气态烃则与原油混合后冷凝,产生混相驱替作用,区带内蒸汽和烃类组分含量增加。

集水带:经过冷凝区后,水的相态由气态转变为液态并大量聚集,由于蒸汽发生相变,基本上保持饱和温度状态,所以该区域的温度变化比较平缓。冷凝区和集水带的边界不太好区分,有时统一将两者称为蒸汽带或高温凝结水带。

油墙:和蒸汽驱基本相似,由于原油黏温关系的可逆性特征,冷凝区和集水带下游与原始油区之间产生原油富集。

原始油区:该区域的温度、含油和含水饱和度基本保持不变。

二、湿式燃烧

湿式燃烧是干式燃烧与水驱相结合的方法。它是在干式燃烧达到一定程度后再注入水,将水、气交替注入井中(或将气和水一起注入井中),这时水将全部或部分汽化,穿过燃烧前缘,扩大蒸汽作用的范围(主要为冷凝区),从而大大降低了原油黏度,改善了火烧效果。湿式燃烧是干式燃烧的改良,干式燃烧在地下产生的热有约一半以上存在于燃烧前缘和注入井之间;当注入水后,水与燃烧前缘后面的高温岩石接触而蒸发,热流体的膨胀作用使具有一定高温的区带加宽,原油黏度下降,有利于提高采收率。

与干式燃烧相比,湿式燃烧具有以下优点:

(1) 湿式燃烧时注入水流经已燃区变为过热蒸汽,通过燃烧前缘形成了一段蒸汽区,相当于蒸汽驱替作用;

(2) 注入水变为过热蒸汽与 N_2,CO_2和 CO 等燃烧气体形成的混合气体驱替燃烧前缘前面的原油,并通过传质与传热,气体降温而原油升温,使原油黏度迅速减小,流动性增加;

(3) 湿式燃烧采出水的 pH 比干式燃烧高,从而其腐蚀性较低;

(4) 湿式燃烧的注水能够降低生产井温度;

(5) 湿式燃烧的空气用量较少,使生产井的产气量降低,从而减少了生产井腐蚀问题的发生。

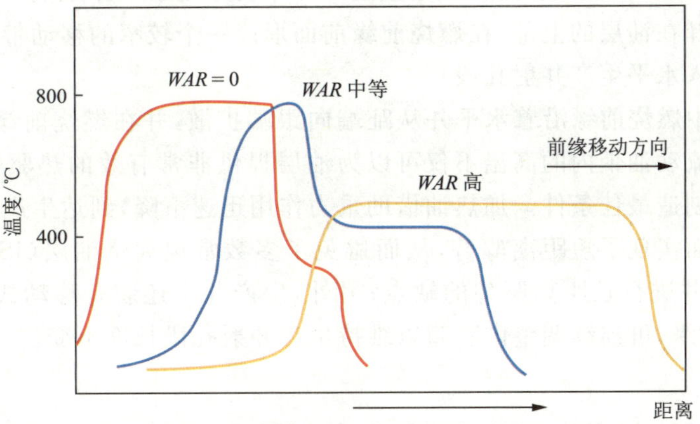

图 1-1-2 湿式燃烧水气比(*WAR*,m^3/m^3)与温度剖面关系图

三、反向燃烧

反向燃烧又称逆燃,是在准备成为生产井的井中注入空气并点火燃烧。当短距离燃烧后,停止注气,然后转入邻井注空气,使原始点火井变成生产井,前缘推进方向与注入空气的流动方向相反(图 1-1-3),采收率可达 50%。反向燃烧所需空气量为干式燃烧的两倍。

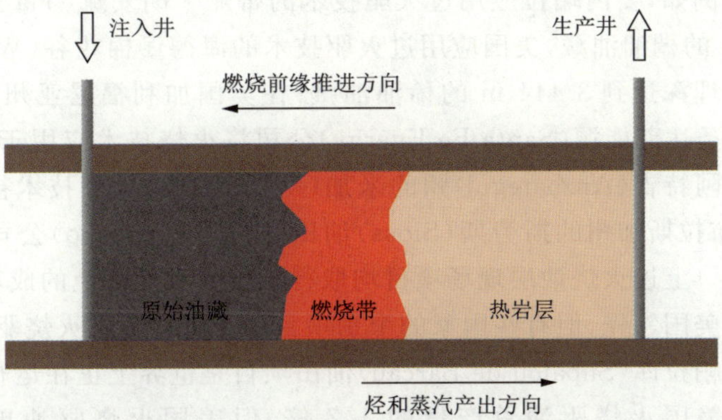

图 1-1-3 反向燃烧火烧油层示意图

反向燃烧克服了干式燃烧存在原始油区为冷油区，未被热波及，原油流动性差的缺点。当原油和高温燃烧前缘汇合后，产生热裂解反应，使轻质部分蒸发，重质部分形成残渣。当蒸汽到达已燃区的较冷地带时，一部分蒸汽会发生凝结，在出口附近生成液体和水。燃烧前缘上游区域因热传导而受热，这将导致发生低温氧化反应，产生热量。

1993 年英国 Bath 大学的化学工程师 Malcolm Greaves 首次提出了在火烧过程中利用水平井实现短距离驱油的一种新技术——THAI[toe-to-heel air injection，从趾端（也称水平井脚趾，或者 *B* 点）到跟端（也称水平井脚跟，或者 *A* 点）的注气]。THAI 是一种改进的火烧油层技术，井网由一口垂直井和一口水平井组成，其中垂直井注空气，水平井采油。

THAI 组合了垂直注气井和水平生产井，可实现全新的火烧油层方式。常规火烧油层燃烧前缘被加热的原油需经过冷油区稠油的阻碍作用，使产出井受效缓慢。而 THAI 将水平生产井平行地布在稠油油藏的底部，垂直注入井布在距离水平井趾端一段距离的位置，垂直井的打开段选择在油层的上部，在燃烧前缘前面形成一个较窄的移动带，在移动带内可动油和燃烧气将流入水平生产井射孔段。

THAI 过程中燃烧前缘沿着水平井从趾端向跟端扩散，并在燃烧前缘前面迅速形成一个流动油带。该流动油带内的高温不仅可以为油层提供非常有效的热驱替源，还可以为滞留稠油的热裂解创造最佳条件。加热油借助重力作用迅速下降，到达生产井的水平段，不用从冷油区内流过而实现了短距离驱替，从而避免了多数常规火烧油层（ISC）工艺中使用垂直注入井与生产井进行长距离驱替的缺点；另外，生产井中还装有移动式内套筒来进行控制，相对于燃烧前缘，可连续调整内套筒以维持生产井射孔段长度不变。

第二节　国内外火驱技术及发展现状

一、国外火驱技术及发展现状

在国外开展火烧油层采油的国家有委内瑞拉、美国、荷兰、德国、匈牙利、土耳其、日本、印度等 40 余个。迄今为止，世界范围内实施过不少于 300 个火烧驱油现场试验项目。在稀油油藏和稠油油藏，在浅层油藏和中深层油藏，在一次采油、二次采油和三次采油过程中都应用过火驱技术。例如，委内瑞拉应用过火驱技术的蒂亚·胡安娜（Tia Juana）油藏是埋深为 1 219～1 326 m 的稠油油藏，美国应用过火驱技术的海德堡棉花谷（W. Heidelberg Cotton Valley）油藏是埋深达到 3 444 m 的稀油油藏；在美国加利福尼亚州的中途日落（Midway Sunset）油田，圣达菲能源（Santa Fe Energy）公司将火烧技术应用于一次采油过程中；在委内瑞拉的安索阿特吉（Anzoategui）州的米加（Miga）油田，火驱技术被应用于二次采油过程中；在美国内布拉斯加州的斯劳斯（Sloss）油田，阿莫科（Amoco）公司将火驱技术应用于三次采油过程中。上述火烧油层现场项目均取得了技术和经济上的成功。在运行的火烧驱油项目数量方面美国领先，但有些国家的个别项目的产量比美国火烧驱油总产量还多，如罗马尼亚的巴考苏帕拉库（Supalcu de Barcau）油田项目是世界上正在运行的最大的火驱油层项目，其产量是美国火烧驱油总产量的 1.7 倍，但美国火烧驱油单井产量（平均为

4.5 m^3/d)比大多数国家多。

在1970—1995年期间，国外最多记录了19个商业化ISC项目，然而，2014年活跃的商业化ISC项目已减少至4个。过去几年来，涉及常规ISC工艺的现场先导试验的数量很少。

据统计，美国已经实施的各类火烧油层项目(表1-2-1)中，44个项目被认为经济上取得成功，另外57个项目只是技术上成功。

表1-2-1　美国火烧油层项目的开展情况

时　间	项目总数/个	经济上成功项目数/个	技术上成功项目数/个	失败的项目数	
				数量/个	所占比例/%
1950—1959年	42	6	10	26	61.9
1960—1969年	127	16	35	76	59.8
1970—1979年	33	12	6	15	45.5
1980—1989年	22	5	5	12	54.5
1990—2014年	7	5	1	1	14.3
总　计	231	44	57	130	56.3

二、国内火驱技术及发展现状

我国自1958年起先后在新疆、玉门、胜利、吉林和辽河等油田开展了火烧油层试验研究，其中以新疆克拉玛依油田持续的时间最长(1958　1976年)，积累的经验和资料较为丰富。国内火驱技术发展大致可分为四个时期。

1. 探索时期(1958—1961年)

为了获得感性认识，探索克拉玛依稠油油层能否点燃、如何点燃的问题，进行了一系列实验室和现场中试。1958—1961年间研制成功了一套汽油点火器，并完成两次中试。1959年当试验汽油点火器时，在黑油山露头2.5 m深的坑中点燃了油层，持续燃烧37 h，剖视油层之后丰富了对火烧油层的感性认识。为了加深对油层点火和油层燃烧过程的规律认识，1960年在黑油山点燃了14 m深的浅层，燃烧24 d；1961年在同一地区又点燃了18 m深的油层，燃烧34 d。两次中试使难以用常规方法开采的稠油油田井组采收率达到50%以上，收到了良好的效果。

2. 理论研究期(1962—1964年)

为了进一步掌握油层燃烧过程的内在变化规律，了解影响油层燃烧的诸多因素，以及火烧油层对油品性质的影响程度等问题，进行了一系列实验室物理模拟实验研究。

3. 工业试验时期(1965—1976年)

1965年6月在黑油山三区点燃了油层深度为85 m的8001井组，油层燃烧获得初步效果之后，原石油工业部决定扩大试验规模。1966 年在二西 1 区点燃了 414 m 深的自喷井组；1969 年在黑油山四区同时点燃了三口井的行列火驱井组，并拉成了火线；1971—1973 年又开辟了三个面积井组。在此期间，为了配合解决先导试验中出现的问题，进行了一次大规模的露头直观燃烧试验和百余次模拟实验，成功研制出管状元件的电热点火器。各次试验均采用干式或湿式燃烧方式。胜利油区 20 世纪 70 年代初曾经在胜 21 井进行过一次火烧驱油现场试验，但是由于技术条件等各方面因素的影响和限制，火烧驱油技术没有形成配套的生产能力。

4. 室内研究和现场先导试验(1977 年至今)

我国对火烧油层的室内研究一直没有停止过，主要包括室内燃烧管实验、数值模拟实验等，利用火烧油层的室内实验来确定现场所用的基本设计参数，模拟油层条件下有关的燃烧特性参数及注采参数。进入 20 世纪 90 年代以后，随着稠油油藏的开发，国内再度开展了火烧油层室内研究和现场先导试验，并在许多方面取得了突破性进展，形成了一系列火烧油层配套技术。

在燃烧管室内实验方面，中国石油勘探开发研究院于 1989 年建立了火烧驱油物理模拟系统。1992 年，中国石化胜利石油管理局在借鉴国外实验装置的基础上，研制成功了一套火烧油层室内模拟系统，并先后进行了多次室内实验，积累了大量经验。1997 年，李少池对火烧物理模拟相似准则和三大燃烧参数(燃料生成量、自燃点及通风强度)进行了介绍。2000 年，张毅等进行了火烧油层湿式燃烧室内实验，得出了湿式燃烧的最优注水时间。2002 年，张琪等自行设计了一套火烧油层室内模拟系统，可模拟不同地层条件下干式和湿式两种方式的燃烧管实验，具有控制热损失和高空气流通强度的功能。2009 年，辽河油田勘探开发研究院自主设计了一套高温高压的部分比例模型，并利用天然油砂完成点火实验，成功模拟了真实的油藏状况。2010 年后，中国石油勘探开发研究院研制和引进了高温高压燃烧管、三维火驱模拟装置等设备，形成了以燃烧模拟、流体检测、结果表征为特色的火驱实验研究基地。

火驱数学模型是指建立一组描述油藏内火烧驱油过程的偏微分方程，这些方程主要涉及火驱过程中发生的各种物理、化学现象。火驱数值模拟的主要目的是研究火驱过程的动态特性，从而为火烧油层的筛选、方案设计提供基础资料。火驱数值模拟由一维逐步发展到二维和三维，相一般可分为三相(气、油、水)或四相(气、油、水、固)；组分数有四种或多至七种，有些组分还可以存在于一相或两相中；化学反应数由一个至四个。现在火驱数值模拟已发展成适用于各种热采方法的多用途数值模拟技术。

2002 年，李迎春等利用数值模拟技术研究了不同注气速度下的开发效果，得出分段式变速率注气方式更符合火烧油层驱油机理。2004 年，崔玉峰等建立了一维六组分的火驱数学模型，认为相对渗透率是采收率和空气消耗量最主要的影响因素。2005 年，蒋海岩等利用 CMG 软件中的 STARS 热采模块(四相、六组分、四个化学反应)，对燃烧管内干式燃烧的动态变化特征进行了模拟，并给出了参数敏感性分析。2006 年，雷占祥等利用室内实验和数值模拟研究了火烧油层采油过程中的燃烧及传热机理，得出火烧油层传热方式以导热和气液相之间的热交换为主。

中国石油勘探开发研究院于2010年进行了低渗油藏注空气开发方面的相关研究，2011年通过室内一维、三维物理模拟实验和油藏数值模拟，研究了稠油油藏注蒸汽后期转火驱开发的机理和相关油藏工程问题。

火烧油层技术逐渐被人们所重视，特别是在国际油价居高不下的情况下，在人均占有石油资源量偏低的国家显得更为突出。伴随着稠油热采理论和技术的不断深化，火烧油层技术的应用前景得到了普遍的认可。运用各种方法提高或改善火烧油层的燃烧工艺已经成为未来发展的主体。

截至2017年，国内进行的火烧油层大规模现场先导试验共包括九个区块，见表1-2-2。其中，新疆油田红浅1井区蒸汽吞吐后稠油油藏火烧油层，不论是注气井数，还是试验时间，都具有一定规模，取得了宝贵的经验。

表1-2-2 我国火烧油层现场先导试验统计表

序　号	项目名称	试验时间	规　模
1	新疆克拉玛依油田黑三、四区	1965—1973年	浅层稠油5个井组(已停)
2	辽河科尔沁油田庙5块	1996—1997年	浅层稠油1个井组(已停)
3	胜利油田郑408块	2003—2009年	敏感性稠油1个井组(已停)
4	辽河油田杜66块	2005年至今	薄互层稠油16个井组
5	吉林套保白92块	2007—2009年	出砂冷采后期浅层稠油3个井组
6	吉林长春岭油田长107块	2008年至今	浅层稀油6个井组
7	辽河高升油田高3618块	2008年至今	深层巨厚层稠油11个井组
8	新疆油田红浅1井区	2009年至今	蒸汽吞吐后稠油7个井组
9	辽河高升油田高3块	2010年至今	深层巨厚层稠油19个井组

总之，目前国内火驱技术仍处于单个井组或几个井组的现场先导试验阶段，经常因为油层缺少连续性、注入空气窜流、原油燃烧特性差、压缩机故障或压缩能力不足、井故障等原因造成火驱试验失败或部分失败。国内火驱技术与国外火驱技术的差距主要体现在以下几个方面：

(1) 注气流程方面。例如，胜利油区每次火烧驱油现场试验时间短，试验井组少，地面注气流程多为临时铺设，不能重复使用，不但造成了浪费，而且安全性差。

(2) 注气安全方面。例如，胜利油区金家油田在开展火烧驱油先导试验过程中，注气系统曾经发生二次注气管线爆炸事故，并且每次试验均存在空气压缩机或注气流程因故障而被迫停机事件，一定程度上影响了试验效果。

(3) 机理研究方面。国外注重原油氧化过程中的反应及相关动力学研究，有其配套的研究方法和手段，而国内长期处于技术跟踪地位。

新疆油田以新疆红山嘴浅层稠油(红浅稠油)为代表的浅层砂砾岩特稠油油藏目前普遍处于蒸汽开采末期，存在油汽比低、经济效益差、无有效接替技术的现状。通过与火驱开发条件对比，此类油藏除黏度和变异系数超出筛选指标外，其余条件均满足火驱开发的筛选条件，开展火驱先导试验具有一定的挑战性。针对国内在火驱方面和国外的差距，新疆油田组织人力、物力，结合油藏实际特点开展了火驱先导试验，通过攻关形成了几大特色技术，并在氧化机理和火驱动态分析方面填补了国内外空白。新疆油田是我国主要的稠油生产区，通过多年来的研究和生产实践，已形成了与火烧油层配套的油藏工程、物理模拟、点火、管火和动态监测等技术。

相对于注蒸汽开采，火烧油层技术在注入介质、热能利用、采收率方面具有优势，学术界已认识到其应用前景无比广阔，因此，世界上许多国家一直在对其进行研究和试验。在我国，浅层稠油油藏采用蒸汽吞吐方法开采，已到了油汽比低、经济效益下降的阶段。蒸汽驱技术对油藏条件要求严苛，在国内的应用规模不大，已开展蒸汽驱的区块后续接替技术不明确。因此，在我国开展火烧油层技术的研究，特别是在注蒸汽开采过的油藏和在浅层薄层、深层稠油油藏中的应用研究的意义非常重大。

第三节　火驱基础研究手段

一、基础物理参数测量仪器

1. 热分析仪

热分析技术可以用于分析原油的燃烧、裂解过程，而且实验成本低、周期短。热分析方法包括差热分析法(DTA)、热重法(TG)、差示扫描量热法(DSC)、同步热分析法等。后来又发展出适用于高压条件的高压差热分析法(PDTA)、高压差示扫描量热法(PDSC)以及微商热重法(DTG)等。

尝试用差热分析法(DTA)研究原油的燃烧最早可追溯到 1959 年，Tadema 通过对砂里面的原油进行燃烧实验获得了 DTA 曲线，发现了两种不同的燃烧区域，这两种区域分别被命名为低温氧化(LTO)区域和高温氧化(HTO)区域。后来又有大量学者采用热分析方法对原油进行了研究。

热重法测量的是物质的质量与温度的关系，代表性仪器是美国 Perkin Elmer 公司生产的 Diamond TG/DTA 热重分析仪。差示扫描量热法测量的是试样与参比物之间的能量差与温度的关系，代表性仪器是德国耐驰公司生产的 DSC 2O4 HP 高压差示扫描量热仪。

Mustafa Versan Kok 利用 DSC 和 DTA 分析了两种稠油热解和燃烧的特点，在燃烧实验中，观察到三个不同的反应区域，即低温氧化区域、原油分解(FD)区域、高温氧化区域，氧化动力学参数可以通过 TGA(热重分析)和 DSC 曲线求得。

2. 燃烧釜

燃烧釜是火烧油层室内实验经常采用的装置。实验时空气从进口进入耐压的外罩，由外罩外的保温电热器和点火电炉对空气进行加热，将进入油砂模型的空气温度加热到设定温度；被加热的空气进入油砂并点燃油砂，形成火烧油层过程。

燃烧釜主要用于确定原油的自燃温度以及研究影响原油的燃料生成量(焦炭含量)的因素。例如，用燃烧釜实验研究焦炭含量与通风强度、含油饱和度、孔隙度、注气压力等参数的关系。研究得到的规律性认识对现场火烧油层的参数设计与效果预测都是最基本和极为重要的。

在某些特殊的油藏条件下，可以利用低温氧化前缘推进快的特性进行火烧油层，这时同样可以用燃烧釜实验来确定不同的点火温度和通风强度对燃烧前缘推进速度、空气耗量和驱油效果的影响，以获得最佳的操作参数。

二、一维燃烧管模型

燃烧管是一种模拟实际油层条件下火烧油层的室内实验装置。燃烧管具有管状结构，实验时由一端注入空气，注入端设置有点火器，尾气由另一端产出并计量。燃烧管实验可以用于模拟和研究现场注入井与采油井连线方向上的火烧动态过程，包括油层点火、油层温度分布及其变化过程，如燃烧前缘位置及其运动速度与各种影响因素（如通风强度和孔隙度、渗透率、饱和度参数等）的关系，以及燃烧前缘位置与产物变化之间的关系；还可以用于研究已知油品特性、地层特性、控制参数、操作因素和燃烧模式下的火烧动态变化规律。

通过燃烧管实验不仅可以获得现场火烧油层设计和数值模拟所需的基础数据，还可以进一步确定火烧油层的空气耗量等燃烧数据及有关火烧油层驱油特性的数据。

三、三维火烧模拟装置

三维火烧模拟装置考虑了储层边界形状、厚度和井网等多方面因素，较一维燃烧管增加了在几何尺寸模拟、地层压力模拟等方面的功能，所得结果更接近实际条件下，因而是更为有用的。一维和三维模型模拟结果的真实性关键在于：一是要模拟实际油层在燃烧过程中的热平衡条件，这是设备设计制造中要考虑的问题；二是要把握物理模拟相似准则，这是模型使用中的问题。

四、火驱物理模拟相似准则

任何物理模型都是实际情况的某种相似，要想进行物理模拟实验或把物理模拟结果运用于真实油藏，需要依照模型的相似准则进行一定的推算。

在物理模型与实际油藏之间，有许多参数很难或无法进行相似模拟，如在火烧油层物理模拟中的毛管效应、相对渗透率、燃烧带反应动力学及井眼效应等。在某些具体条件下，有些参数的影响可以忽略，而采用部分相似的原则。例如，毛管效应在稠油油藏模拟中的影响并不明显，特别在渗透率较高的油藏模型中更是如此，因此可以忽略；在燃烧管模型中，燃烧反应动力学对实验结果的影响不敏感，这主要是因为火驱燃烧过程通常是控制传质，燃烧反应动力学参数不会对燃烧本身造成任何直接影响，因而燃烧管模型中一般不考虑反应动力学参数。但是，物理模型必须有基本的相似准则。

首先研究火驱物理模拟相似准则的是 Binder，他提出了如下相似准数：

$$\frac{1}{h},\quad a\,\frac{t}{l^2},\quad \frac{vt}{l\phi},\quad \frac{\mu_g v}{K_v K_{rg}}\Delta p,\quad \frac{K_v}{K_h} \tag{1-3-1}$$

这些准数中，h 为比焓，l 为长度，t 为时间，a 为热扩散系数，v 为速度，ϕ 为孔隙度，μ_g为气体黏度，K_v为垂直渗透率，K_h为水平渗透率，K_{rg}为岩芯气相渗透率，Δp 为压差。

李少池认为，对火驱物理模拟而言，采用 Garon 的四条准则（几何相似准则、流态相似准则、动态相似准则、重力相似准则）一般就可以够用。

几何相似准则即对应的几何尺度成比例以及时间相似，可表示为：

$$\left(\frac{t}{L_1^2}\right)_{模}=\left(\frac{t}{L_1^2}\right)_{实} \tag{1-3-2}$$

式中 L_1——特征长度；

下标“模”——模型；

下标“实”——油藏。

流态相似准则涉及通风强度（G）、孔隙度（ϕ）及注采井距（L），可表示如下：

$$\left(\frac{GL}{\phi}\right)_{模}=\left(\frac{GL}{\phi}\right)_{实} \tag{1-3-3}$$

如果实验的原油和现场一样，密度、黏度相同，则有动态和重力相似准则，表示为：

$$\left(\frac{KL}{\phi}\right)_{模}=\left(\frac{KL}{\phi}\right)_{实} \tag{1-3-4}$$

式中 K——渗透率。

由于火烧过程的复杂性，更完整的火驱物理模拟相似准则应包括蒸汽驱、焦化、蒸发-凝结现象、混相驱、二氧化碳驱、乳化液驱等的影响。但 Farouq Ali 认为，就干式或湿式火烧实验而言，上述相似准则就已足够，且据报道，这种模型实验与现场试验结果有较好的一致性。

五、火驱产物测试方法

火驱室内研究和矿场试验中涉及的产出流体（油、气）及残余油砂有机成分分析方法主要有经典柱层析法（族组分分析）、气相色谱法（GC）、气相色谱-质谱法（GC-MS）、液相色谱法（LC）、液相色谱-质谱法（LC-MS）、元素分析法（EA）、红外光谱分析法（IRS）、萃取重量法。

火驱实验产出液体分析流程如图 1-3-1 所示。将产出液用石油醚萃取后挥发去除石油醚，称量产出油的质量。然后将所得到的油用适当的溶剂溶解后，用 GC-MS 分析其中所含的饱和烃和芳香烃。

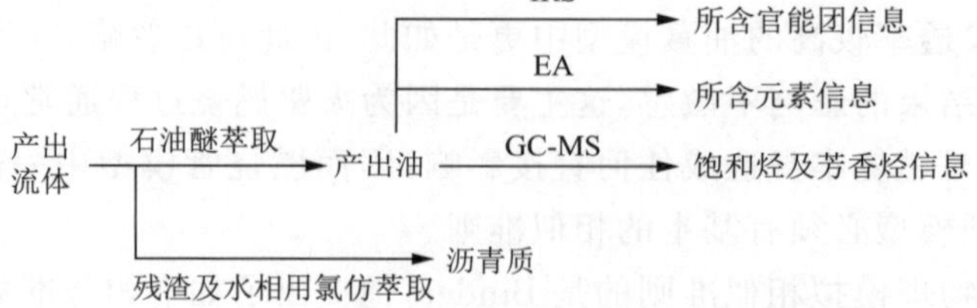

图 1-3-1 产出液体分析流程图

火驱实验油砂中有机成分分析流程如图 1-3-2 所示。将样品(原始油砂、模拟火驱后的残余油砂)中可溶有机质用正己烷溶解后，用经典柱层析法分离成饱和烃、芳香烃、胶质组分，用萃取重量法测量此三组分的含量，然后分别用 GC-MS 和 LC-MS 等进一步剖析其物质组成。将不溶部分用氯仿溶解，用萃取重量法测量沥青质含量。样品有机质元素组成信息通过元素分析法获得。各组分所含官能团信息由 IRS 获得。

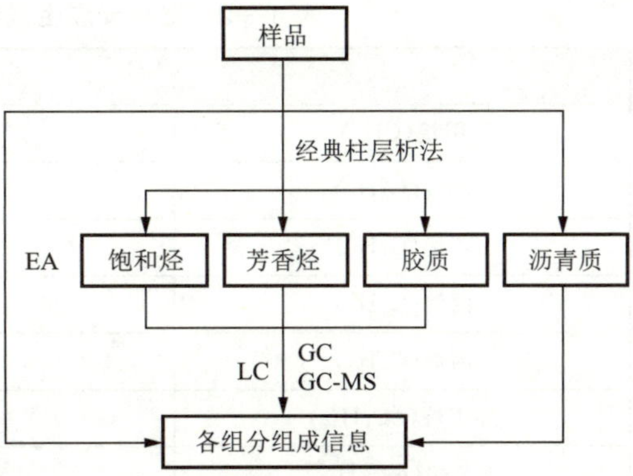

图 1-3-2　油砂分析流程

火驱实验产出气体用 GC 进行分析。用 GC 检测产出气体的具体条件见表 1-3-1。无机气体检测时采用热导检测器(TCD)，有机气体检测时采用氢火焰离子化检测器(FID)。

采用表 1-3-1 所示条件测定得到的无色气体和有机气体的气相色谱图分别如图 1-3-3 和图 1-3-4 所示。可以看出，得到的气相色谱图各组分间分离良好，没有出现伸舌、拖尾、肩峰等不良分离情况。每种组分所对应的保留时间列于表 1-3-2 中。

表 1-3-1　GC 测定无机气体、饱和烃、不饱和烃的条件

系　统	程　序
柱温箱系统	平衡时间 1 min；68 ℃，保持 7 min；10 ℃/min 升温到 90 ℃，1.5 min；15 ℃/min 升温到 175 ℃，5 min；运行时间 25 min
进样系统	载气 He，压力 7.146 7 psi(1 psi＝6.895 kPa)，总流速 58 mL/min，隔垫吹扫流量 3 mL/min，分流比 10∶1，分流流量 50 mL/min
色谱柱	Angilent-1(50 m×530 μm×10 μm)，载气 He
检测器	加热器 250 ℃，氢气流量 35 mL/min，空气流量 350 mL/min，关闭恒定柱流量＋尾吹气流量 35 mL/min。有机气体采用 FID 检测器，无机气体采用 TCD 检测器

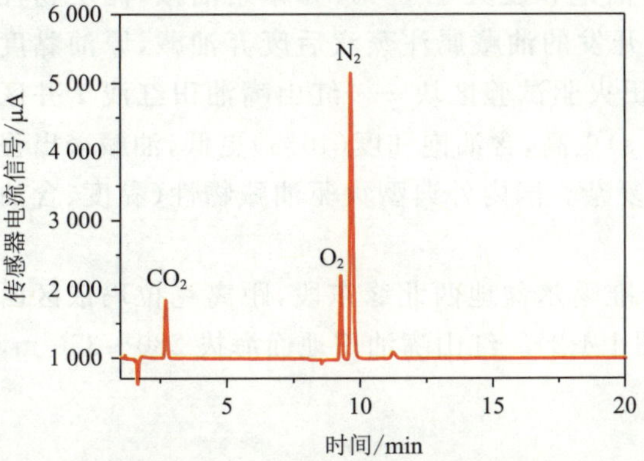

图 1-3-3　无机气体的气相色谱图

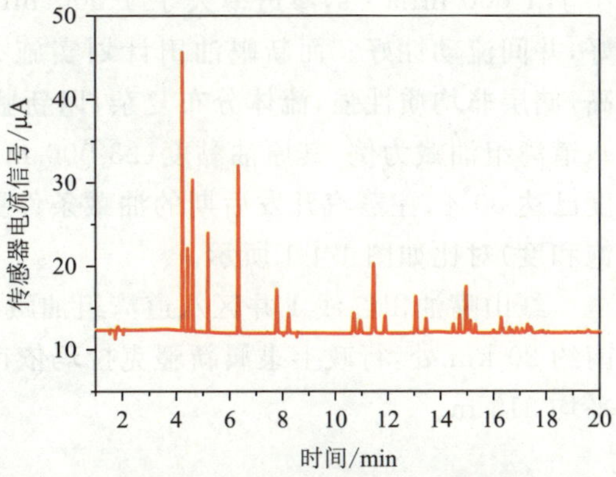

图 1-3-4　有机气体的气相色谱图

表 1-3-2 燃烧反应生成的饱和烃、不饱和烃的保留时间表

物　质	类　型	保留时间/min
甲烷(CH_4)	饱和烃	4.203
乙烷(C_2H_6)	饱和烃	4.398
乙烯(C_2H_4)	不饱和烃	4.585
丙烷(C_3H_8)	饱和烃	5.185
丙烯(C_3H_6)	不饱和烃	6.295
异丁烷(i-C_4H_{10})	饱和烃	7.751
正丁烷(n-C_4H_{10})	饱和烃	8.196
反-2-丁烯(t-2-C_4H_8)	不饱和烃	10.665
1-丁烯(1-C_4H_8)	不饱和烃	10.916
异丁烯(C_4H_8)	不饱和烃	11.419
顺-2-丁烯(c-2-C_4H_8)	不饱和烃	11.857
异戊烷(i-C_5H_{12})	饱和烃	13.034
正戊烷(n-C_5H_{12})	饱和烃	14.420
3-甲基-1-丁烯(3-CH_3-1-C_4H_7)	不饱和烃	14.451
反-2-戊烯(t-2-C_5H_{10})	不饱和烃	14.680
2-甲基-2-戊烯(2-CH_3-2-C_5H_9)	不饱和烃	14.930
2-甲基-1-戊烯(2-CH_3-1-C_5H_9)	不饱和烃	15.023
顺-2-戊烯(c-2-C_5H_{10})	不饱和烃	15.092

第四节　红山嘴油田地质特征

由前文可知，国外罗马尼亚 Suplacu、印度 Balol 等油田成功实施火驱的油藏原油黏度小于 1 000 mPa・s，渗透率大于 1 000 mD，含油饱和度大于 70%，为原始油藏，储层物性好，井间流动性好。而新疆油田计划实施火驱开发的油藏属注蒸汽后废弃油藏，原油黏度高，储层非均质性强，流体分布复杂，以新疆油田火驱试验区块——红山嘴油田红浅 1 井区八道湾组油藏为例，其原油黏度(23 000 mPa・s)更高，含油饱和度(40%)更低，油藏采出程度已达 30%，注蒸汽开发后期的油藏条件更为复杂。国内外典型火驱油藏物性(黏度、含油饱和度)对比如图 1-4-1 所示。

红山嘴油田红浅 1 井区八道湾组油藏位于准噶尔盆地西北缘东段，距离克拉玛依区西南约 20 km 处，行政上隶属新疆克拉玛依市(图 1-4-2)。红山嘴油田地面海拔 280～350 m，平均 315 m。

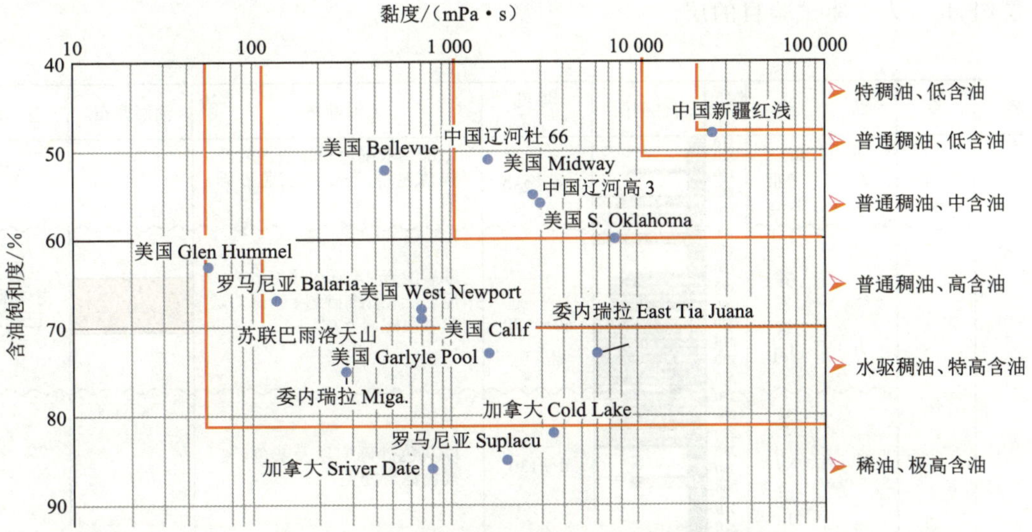

图 1-4-1　国内外火驱项目油藏主要指标对比

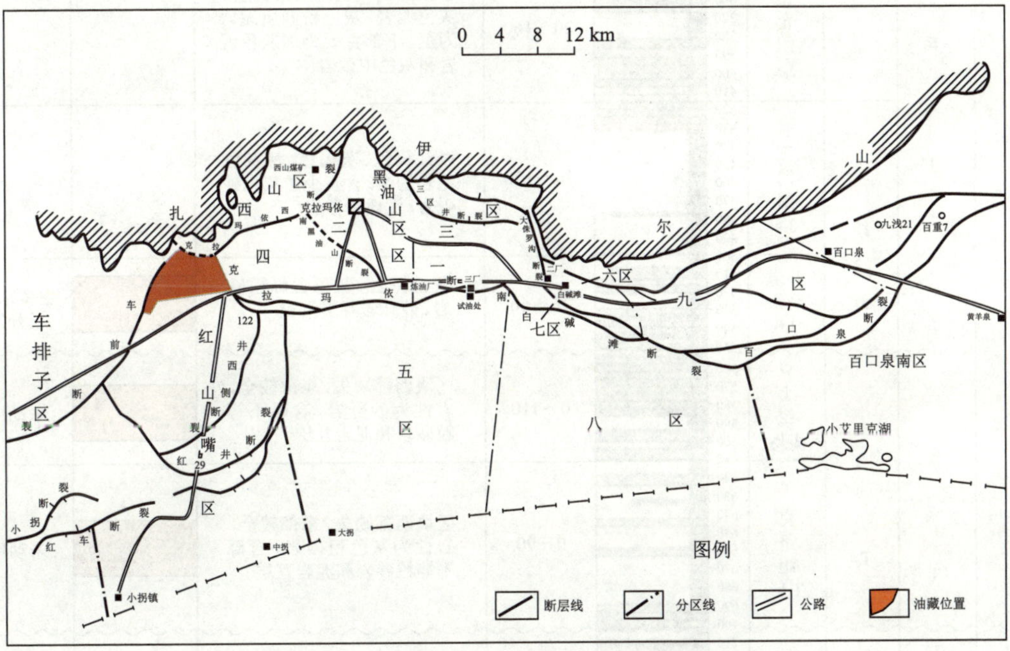

图 1-4-2　红山嘴油田红浅 1 井区地理位置图

一、构造与沉积特征

红山嘴油田红浅 1 井区地层自上而下可划分为白垩系吐谷鲁群（K_1tg）、侏罗系齐古组（J_3q）、头屯河组（J_2t）、西山窑组（J_2x）、三工河组（J_1s）、八道湾组（J_1b）、克拉玛依组上段（克上组，T_2k_2）、克拉玛依组下段（克下组，T_2k_1）及石炭系（图 1-4-3）。火驱试验区地层划分与全区一致，含油层系为侏罗系齐古组、八道湾组（J_1b）。八道湾组埋深 478～573 m，平均 525 m，沉积厚度 40～54 m，平均 47 m。纵向上自上而下分为 J_1b_1，J_1b_2，J_1b_3，J_1b_4 四个砂层组，J_1b_4为火驱试验目的层。

界	系	统	组	深度/m	岩性剖面	厚度/m	岩性简述	油层分布	备注
中生界 Mz	白垩系 K	下统 K_1	吐谷鲁群 K_1tg	110 120 130 140 150		30～250	上部为灰褐色粉砂质泥岩及褐色泥岩，下部为灰色砂砾岩		
	侏罗系 J	上统 J_3	齐古组 J_3q	160 170 180 190 200 210 220 230 240		60～130	砂质泥岩、含砾泥质细砂岩、泥岩、泥质细砂岩、砂砾岩、粉砂质泥岩互层		主体部分已开发
		中统 J_2	头屯河组 J_2t	250 260 270 280 290 300 310 320		0～130	以灰色砂砾岩以及灰色、红褐色泥岩为主		
			西山窑组 J_2x	330 340 350 360 370 380 390 400 410		20～160	中上部以灰色泥质细砂岩、灰色泥岩、灰色粉砂质泥岩为主，下部主要为深灰色泥岩和灰色中砂岩		
		下统 J_1	三工河组 J_1s	420 430 440 450 460 470 480 490 500		30～130	以红褐色、灰褐色、深灰色泥岩为主，含有少量灰色砂砾岩、泥质粉砂岩		
			八道湾组 J_1b	510 520 530 540 550		16～66	灰色泥岩、灰色含砾粗砂岩、砂砾岩互层沉积		主体部分已开发
	三叠系 T	中统 T_2	克上组 T_2k_2	560 570 580 590 600		0～110	区块西部缺失，东部较全，岩性为砂砾岩，含砾不等粒砂岩和泥岩互层		未动用
			克下组 T_2k_1	610 620 630 640 650 660 670 680 690 700		0～90	区块西部缺失，东部较全，岩性为灰色粗砂岩，含砾不等粒砂岩和泥岩互层		未动用
古生界 Pz	石炭系 C			710 720 730 740 750 760		未穿	浅灰色、灰色凝灰岩为主，顶部发育红褐色风化壳泥岩		

图 1-4-3 红浅 1 井区地层柱状图

红浅 1 井区三维地震解释结果表明，红浅 1 井区断裂比较发育，油藏边界由克—乌断裂、克拉玛依西断裂、红浅 8 井断裂三条大断裂控制；新发现红 004 井小断块和内部一些小的次级断裂，区内次级断裂向上断开了八道湾组底部，八道湾组以上地层内部断裂不发育。火驱试验区附近J_1b_4地层内的断层均为早期断层，在局部向上略有延伸，但延伸的幅度很小，进入 J_1b_4 后断距迅速消失，对油层不起遮挡作用。区内无断裂发育，其构造形态为南东缓倾的单斜，地层倾角为 4°。

红浅 1 井区八道湾组为辫状河流相沉积。从 J_1b_4 到 J_1b_2 水动力不断减缓，河道逐渐向物源方向萎缩，主要产油层 J_1b_4 在沉积时水动力较强，试验区范围主体以河道微相沉积为主，局部为心滩微相沉积(图 1-4-4)。

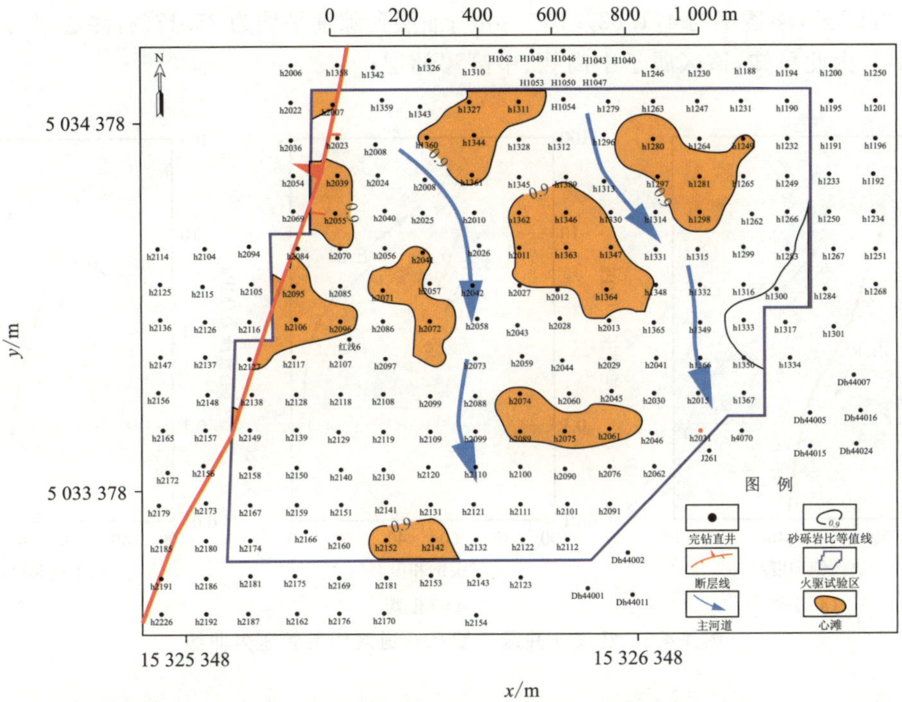

图 1-4-4 火驱试验区八道湾组 J_1b_4 层沉积相图

二、储层特征

1. 岩性特征

八道湾组储层岩性主要为砂砾岩，约占 85%；其次为砂岩，约占 15%。砂砾岩中砾石含量占 75.5%，成分以凝灰岩为主，占 29.4%，泥岩类占 14.2%，硅化岩占 11.5%，变泥岩占 7.6%，此外还有少量的流纹岩、花岗岩等；砂屑含量为 16.6%，成分以凝灰岩(占 3.7%)、石英(占 3%)为主，此外还有少量的变泥岩类、硅化岩、泥岩、花岗岩等。胶结物含量为 7.92%，成分以泥质(占 3.19%)和方解石(占 3%)为主。砂岩中砂屑含量为 85.4%，成分以变泥岩(占 29.4%)为主，此外还有少量的凝灰岩、石英、泥岩类、硅化岩、长石等。胶结物含量为 11.33%，成分以泥质(占 8.17%)为主。

2. 储集空间特征

依据岩石、铸体及荧光等薄片鉴定资料，八道湾组的主要孔隙组合类型为原生粒间孔-剩余粒间孔-粒内溶孔，粒间溶孔、杂基溶孔次之，含有少量界面孔和微裂缝；孔隙直径在 16～

336 μm之间,平均为105.4 μm,面孔率为2.07,孔喉配位数为0~1。

3. 储层孔渗特征

根据红浅1井区八道湾组的毛管压力曲线和计算的参数,以排驱压力、中值压力、束缚水饱和度、退汞效率及地质混合经验参数作为分类标准,可将孔隙结构分为分选较好的偏粗歪度、偏细歪度、分选中等的细歪度三类(图1-4-5)。据岩芯分析资料统计,该区储层孔隙度平均为22.97%,渗透率为471.82×10^{-3} μm^2;油层孔隙度平均为25.17%,渗透率为632.9×10^{-3} μm^2。由此可知,该区属于中高孔、中高渗储层。

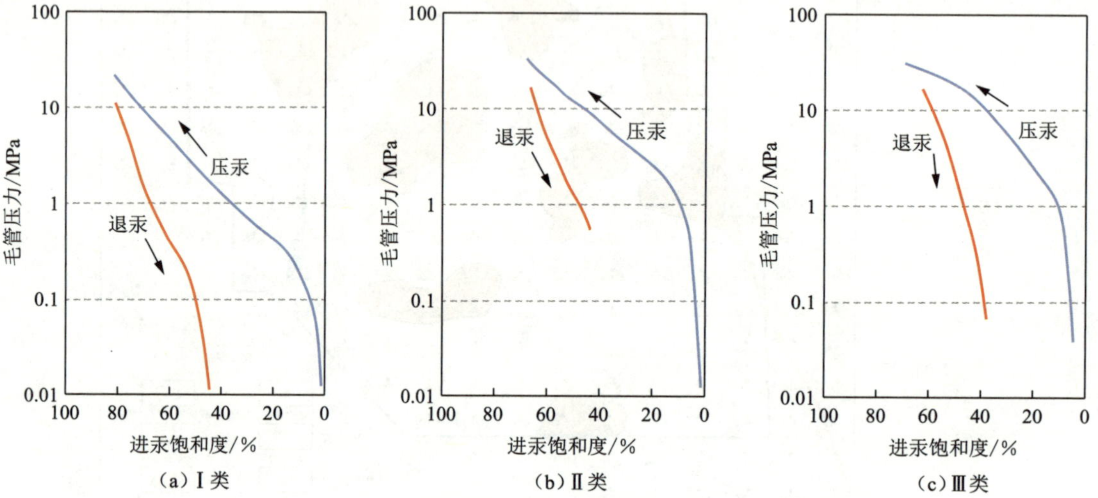

图1-4-5 红浅1井区侏罗系八道湾组毛管压力曲线

三、油层分布及其非均质性

储层非均质性包括层内非均质性和层间非均质性,红浅1井区八道湾组含油层系岩性变化复杂,并且多夹有一些不含油的物性夹层,储集层非均质性较为严重,主要表现在以下几个方面。

1. 岩性纵向分布特征

火驱试验区内的J_1b_4地层上部为稳定的泥岩沉积,下部为块状发育的砂砾岩。*VPC*(垂直纵向百分比)曲线(图1-4-6)较好地反映了不同岩性的发育情况。由图1-4-6可知,$J_1b_4^2$层底部与顶部泥岩、泥质粉砂岩、细砂岩含量较高,中部含砾粗砂岩、砂砾岩含量较高。整个区块内,砂岩与砂砾岩为块状分布,除顶部和底部外,绝大多数井段泥岩含量仅为2%以下。两个韵律层之间有一泥岩发育段,但也仅达到7%左右。全区内岩性以砂砾岩为主,占50%以上,顶部砂砾岩较少,仅为30%左右,向下部逐渐增加,在第Ⅱ韵律层达到60%。各类砂岩(含砾粗砂岩、中砂岩、细砂岩)分布比较稳定,在各井段均为40%~50%,泥质粉砂岩最少,仅在顶部和底部达到2%以上。

2. 储层非均质特征

火驱试验区虽然面积不大，但油层的分布并不均一。从南北向平行构造等高线剖面（图 1-4-7）来看，油层分布比较稳定，横向连通性好。除顶部和底部外，其他部位均以油层为主，油层系数达到 0.8 以上。而在垂直构造线的东西方向，油层厚度变化较大，自北向南油层厚度明显变薄。至区块的最南部，油层系数降到 0.4 以下。

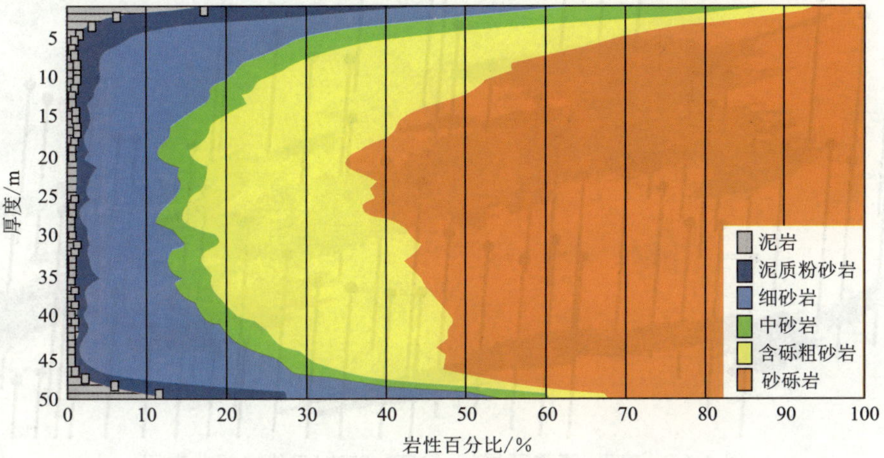

图 1-4-6 红浅 1 井区 $J_1b_4^2$ 层岩性 *VPC* 曲线

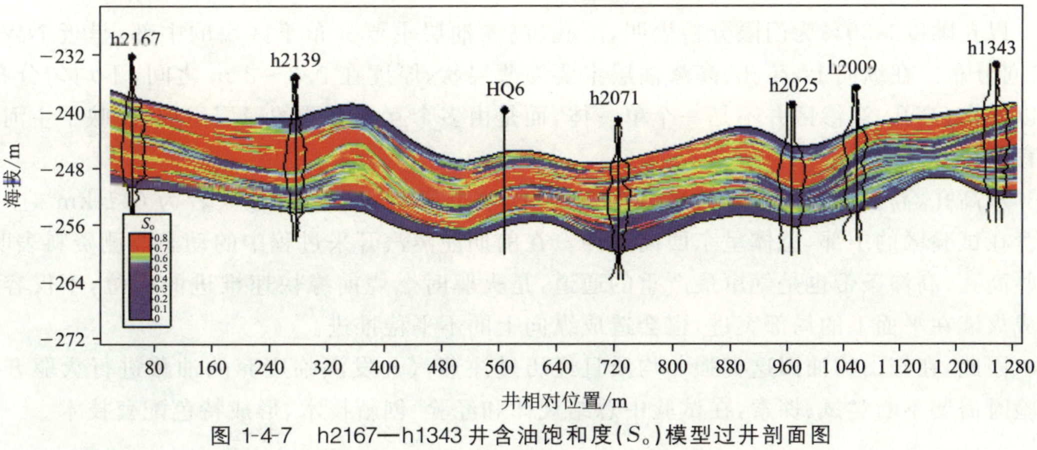

图 1-4-7 h2167—h1343 井含油饱和度（S_o）模型过井剖面图

3. 渗透率分布特征

八道湾组在平面上渗透率级差达 26 倍，变异系数为 0.79，突进系数为 4.03，而在纵向上渗透率级差达 80 倍，可见其非均质程度非常严重。目的层 J_1b_4 在平面上渗透率级差为 22 倍，在油藏主体部位西部及西南部区域渗透率较高，向东北、东南区域逐渐降低。

4. 高孔、高渗条带分布特征

对火驱效果影响比较大的是高孔、高渗条带。试验区内孔隙度＞20％的油层分布与油层总的分布特征相一致，而孔隙度＞25％的油层呈现出窄条带状分布的特征，说明试验区内油层物性总体较好，高孔、高渗油层受到主河道的控制，并反映了沉积时期主河道的位置。这些高孔高渗条带有可能成为火驱时燃烧前缘快速推进区（图 1-4-8）。

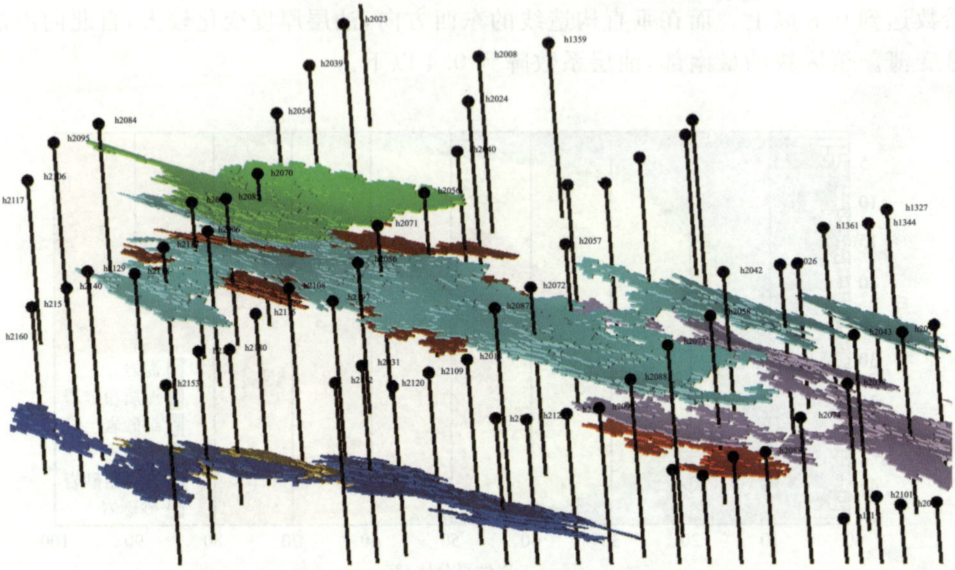

图 1-4-8　高孔、高渗薄层（孔隙度＞30%）三维空间分布图

不同颜色代表不同层位的高孔、高渗薄层

以孔隙度＞30％为门限分析表明，高孔、高渗油层主要分布于区块的中部，呈近 NW—SE 向分布。在纵向上，高孔、高渗油层主要为薄层状，厚度在 0.3～2 m 之间，不均匀分布。可以看出，高孔、高渗区并不是一个单一体，而是由多个互相叠置的薄层组成，反映了主河道发育部位。

从高孔、高渗薄层条带平面叠合分布来看，单个薄层分布面积最大者为 0.1 km^2，主要发育在试验区的中部，总体呈东西向延伸。在前期注蒸汽开采过程中的动态监测资料表明，这些高孔、高渗条带也是气窜最严重的通道，是火驱时燃烧前缘快速推进的部位，不仅容易造成火墙在平面上的局部突进，也会造成纵向上的不平稳推进。

因此，在红山嘴油田这类强非均质且经历过注蒸汽开发濒临废弃的油藏进行火驱开发试验时需要不断尝试、探索，在试验中总结规律和经验、创新技术，形成特色配套技术。

第二章
原油注空气氧化机理

无论稀油还是稠油油藏，注入油藏中的空气都会与原油发生复杂的氧化反应，并且在不同油藏条件下，不同温度范围内包含着数以百种的中间产物和反应方程。Zelenko 等的研究明确指出，单一反应模式实际上无法代表复杂的原油氧化燃烧过程。但是，大量的文献研究指出，尽管空气与原油在地层条件下发生的反应复杂，但是可以基于不同温度阶段内原油的质量损失和热效应特征，把原油空气氧化反应归纳为两大类：一类是低温氧化(LTO)反应，另一类是高温氧化(HTO)反应。稠油火驱能够有效实施的关键在于原油与注入空气之间的氧化反应，由于原油的组成及影响因素复杂、实验手段不完善，目前有关原油氧化的反应机理和反应模式认识模糊，区间划分不够明确，这极大地影响了注空气技术的有效实施。因此，需要结合就地火驱目前存在的理论认识不充分等问题，采用多种手段和方法对原油系统展开了氧化行为、氧化模式等研究。

第一节　氧化模式的划分

空气注入油藏后会发生一系列复杂的化学反应，关键在于空气中的氧气能否和储层中的原油(中、低温)或者焦炭(高温)充分氧化，在提高油藏温度和驱油效率的同时，使采出气中氧气含量降低到爆炸极限以内，以确保现场生产的安全性。轻质油在油藏温度和压力下的氧化反应和稠油火烧油层的燃烧反应有着很大不同，氧化反应中原油和氧气的自发反应温度(小于 350 ℃)较低，燃烧反应中人工点燃的反应温度(大于 450 ℃)较高，矿场条件下两种反应中原油和氧气的接触关系也不一样。对原油氧化阶段进行划分，需要考虑轻质油和稠油在不同温度下的氧化机理以及矿场注空气开发过程中氧气与地层原油的实际接触关系。

一、传统原油氧化模式

图 2-1-1 描述了目前普遍采用的轻质油和稠油的氧化反应特征和注空气的采收率的趋势图。可以看出，氧化率作为温度的函数，在低温和高温区分别出现峰值，双峰呈现一大一小；随着温度的升高，轻质油的峰值先大后小，稠油的峰值先小后大。在低温区，轻质油可实现很好的氧化反应，而稠油只能在高温区实现较好的氧化反应。另外，从图上第一个峰值到

第一个谷底，呈现负温度梯度区，在这个区域里，随着温度的升高，原油对氧的摄取和产能率降低，氧化反应率下降。

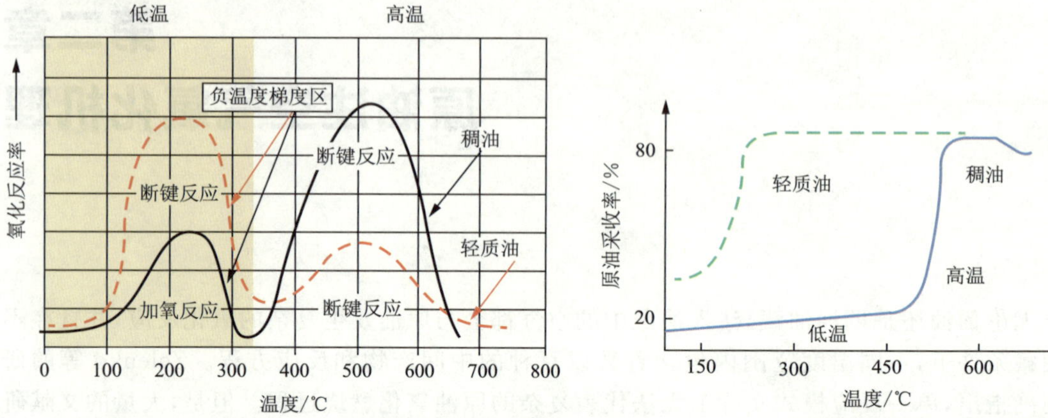

图 2-1-1　轻质油和稠油的氧化反应特征和注空气的采收率

确定负温度梯度区是十分重要的。负温度梯度区代表反应温度从低温区到高温区过渡的障碍，并且当氧化反应率达不到平衡传导和对流的热损失率时，负温度梯度区代表着反应温度从高温区降到低温区的过渡区。对于稠油，负温度梯度区对氧化反应的影响很大，应尽量避开，即确保氧化在高温区进行。对于轻质油，负温度梯度区对氧化反应的影响不大。

对提高采收率而言，高温氧化对稠油最有效，而低温氧化的作用很小。对轻质油而言，恰恰相反。原油的氧化反应率、活化能和产热率是原油氧化特征的关键指标，也是评估油田注空气开采可能性，制订开发方案和实施过程，监控开采状态，预测采收率等的重要参数。

二、原油在不同温度区间的放热特征

1. 轻质油氧化反应特征

空气驱是通过注气井向油藏中注入空气，利用空气对原油的溶胀、氧化等作用，降低地层原油黏度，驱替水驱难以启动的残余油，大幅度提高原油采收率的开发技术。空气注入油藏后的运移过程如图 2-1-2 所示。

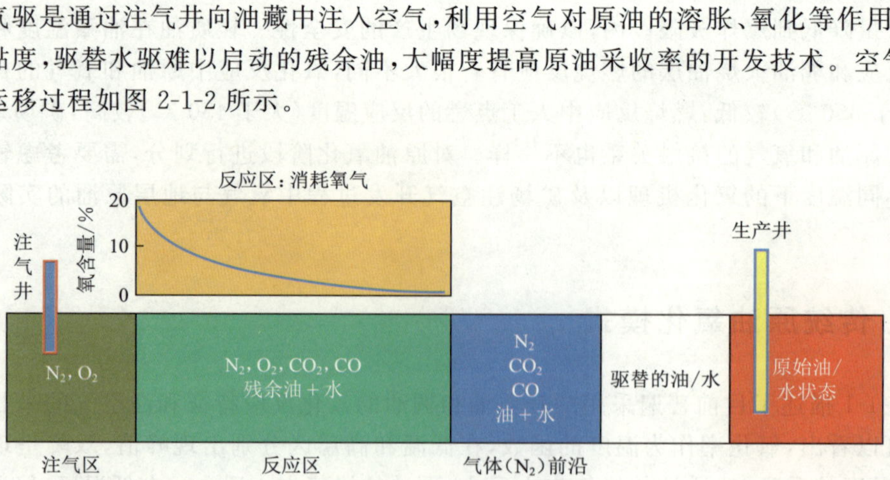

图 2-1-2　注空气驱油机理

在这一过程中，氧气与原油、地层水、黏土矿物都是直接接触，其消耗主要是与地层原油的氧化、溶解于地层水和吸附在黏土矿物中，耗氧速率主要受温度、原油组分、压力、含水率和黏土矿物含量等因素影响。

选取新疆油田 X 区块轻质油开展氧化实验，地层原油黏度为 2.0 mPa·s(58 ℃)，密度为 0.767 g/cm³。实验使用热重(TG)-差示扫描量热(DSC)分析仪器在常压空气流环境下对原油进行测试，空气流量为 50 mL/min，采用行业标准的样品处理步骤对样品进行脱水、除杂处理，处理后的脱水油样含水率小于 0.5%。称取 10～25 mg 样品放入坩埚，设定升温范围为 25～600 ℃，升温速率为 10 ℃/min，观察原油质量损失情况和放热情况，其原油热重(TG)-微商热重(DTG)分析曲线和差示扫描量热(DSC)-动态差示扫描量热(DDSC)分析曲线如图 2-1-3 所示。

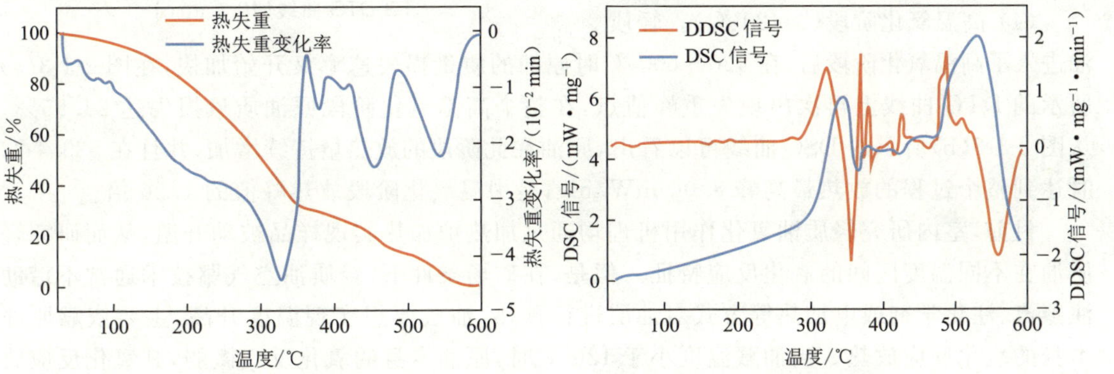

(a) TG-DTG 曲线　　(b) DSC-DDSC 曲线

图 2-1-3　轻质油的 TG-DTG 和 DSC-DDSC 曲线

当温度上升到 120 ℃以前，原油以轻质组分蒸馏为主，氧化反应微弱。从图 2-1-3 可以看出，轻质油氧化反应主要发生在 120 ℃以后，在整个升温过程中，原油氧化表现出低温氧化、中温氧化、焦炭沉积和高温氧化四个阶段。

(1) 低温氧化阶段(120～250 ℃)。此阶段轻质油以空气溶胀作用为主，氧化作用为辅。图 2-1-3(a)所示的 TG 曲线表明，样品质量大幅度下降，损失比例达 30%，图 2-1-3(b)所示的 DSC 曲线表明放热量较小，因此，在低温氧化阶段原油失重的主要原因不是氧化反应消耗，而是轻质组分的蒸馏。此阶段原油氧化反应生成了酸、醛、酮、醇和过氧化物等中间组分，这些中间组分不稳定，容易发生剥离反应，生成 CO 和 CO_2。断链反应使原油重质组分含量减少，轻质和中质组分含量增加。当温度达到约 200 ℃时，缩合反应加快，有氧条件下的焦炭沉积量增加，此时由于温度不够高，焦炭芳构化程度低，尤其是焦炭表面存在大量活性极强的含氧官能团，导致这些焦炭容易被再次氧化放热。

(2) 中温氧化阶段(250～350 ℃)。此阶段轻质油以氧化作用为主，空气溶胀作用为辅。受温度升高影响，低温氧化阶段的四种主要化学反应在此阶段都有加剧趋势，放热速率成倍增长。在图 2-1-3(a)所示的 TG 曲线上，可以观察到原油的质量损失明显加速，质量损失达到 33.27%，DTG 曲线产生了第一失重峰值点，而在图 2-1-3(b)所示的 DSC 曲线上，原油在此阶段大量放热，峰值达到了 6.42 mW/mg，远高于 250 ℃时的 1.87 mW/mg。中温氧化阶段的热量主要来源于两个方面：① 原油氧化反应放热；② 前期沉积的焦炭氧化反应放热。当温度超过 250 ℃时，低温氧化阶段沉积的焦炭发生了快速失重，其本身发生了氧化反应，产生较大热量，并与原油氧化放热协同产生了中温放热峰值点（图 2-1-4）。

(3) 焦炭沉积阶段（350～420 ℃）。从图 2-1-3(a)所示的 DSC 曲线可知，轻质油在此阶段的反应相对平稳，单位质量燃料的放热量仅为第一峰值放热量的 2/3，原油通过持续的缩合反应产生焦炭并沉积，从而为高温氧化提供燃料支持。

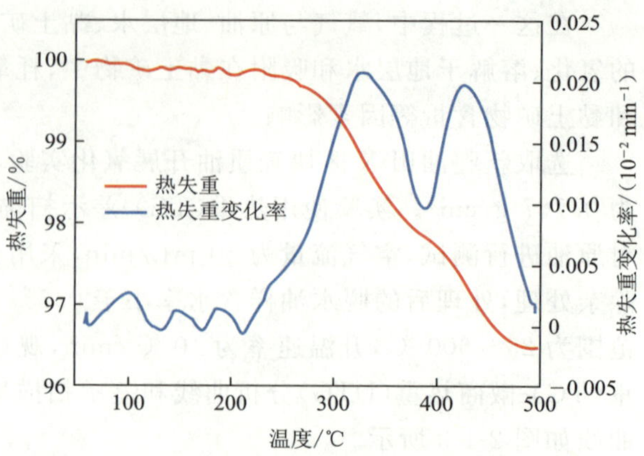

图 2-1-4　空气气氛下 250 ℃生成的结焦砂 TG-DTG 曲线（10 ℃/min）

(4) 高温氧化阶段（>420 ℃）。轻质油进入了高温氧化阶段后，在 420～600 ℃时原油的质量损失速率又开始加快，在图 2-1-3(a)所示的 DTG 曲线上再次出现失重峰值点，在整个高温氧化阶段原油质量损失达 24.95%。从图 2-1-3(b)所示的 DSC 曲线可以看出，原油在此阶段的放热量持续增加，并且在 533.4 ℃时达到整个过程的放热最高峰 8.06 mW/mg，是中温氧化阶段放热峰值的 1.26 倍。

目前，室内研究轻质油氧化作用机理均通过加热炉加热实现样品被动升温，从而研究轻质油在不同温度区间的氧化反应特征。但是，在矿场条件下，轻质油空气驱技术通常不借助注蒸汽、注化学剂或电加热等方式对油层进行预热，油层要想实现温度升高，主要依靠原油本身的氧化反应放热。当油藏温度小于 120 ℃时，原油本身的氧化反应微弱，其氧化反应放热能否将油藏（原油、地层水和岩石）温度加热到 120 ℃以上，达到原油氧化反应的温度区间，需要进一步深入研究。

2. 稠油氧化反应特征

稠油注空气火驱技术能够实现原油在地层中的高温氧化，但是与中、低温氧化阶段原油氧化反应有着明显不同。在中、低温氧化阶段，氧气直接与原油发生氧化反应，但注空气火驱氧气主要与焦炭发生氧化反应，焦炭高温氧化放热持续加热油藏。热量通过对流、传导和辐射等方式向生产井运移，从注入端到生产端形成了不同的温度场，因此可将火驱储层按照第一章第一节中划分为已燃区、燃烧前缘（火墙）、结焦区、冷凝区、集水带、油墙和原始油区七个区带。

为研究稠油氧化反应特征，选取新疆油田 X 区块稠油开展氧化实验，地层原油黏度为 3 450 mPa·s（120 ℃），密度为 1.024 3 g/cm^3。实验条件与轻质油氧化实验相同，其 TG-DSC 曲线如图 2-1-5 所示。可以看出，稠油与轻质油升温氧化的过程大致相同，只是受油品组分和性质影响，各阶段温度区间和反应强弱有所差异。在 120 ℃之前，DTG 曲线产生第一失重峰值点，DSC 曲线表现出吸热，此阶段与轻质油一样，以轻质组分蒸馏为主，同时有残余水分的蒸发。在 120 ℃以后，稠油氧化同样表现出低温氧化、中温氧化、焦炭沉积和高温氧化四个阶段。

(1) 低温氧化阶段（120～350 ℃）。在图 2-1-5 所示的 TG-DTG 曲线上，样品质量缓慢下降，质量损失仅为 20%，而轻质油在此温度区间的质量损失高达 63.27%，说明轻质油比稠油更容易在此温度段发生氧化反应。在图 2-1-5 所示的 DSC 曲线上低温放热不明显，主要原因是稠油本身含有的轻质组分少，前期升温中轻质组分的蒸馏进一步减少了在此温度区间能参与氧化反应的物质，而以胶质、沥青质为主导的重质组分在此温度条件下不能有效诱发氧化反应。

(2) 中温氧化阶段(350～430 ℃)。在图 2-1-5 所示的 TG 曲线上可以观察到稠油发生了快速失重，在 DTG 曲线上产生了第二失重峰值点，在 DSC 曲线上出现了多个放热小峰，表明稠油氧化反应加快，多个放热小峰与不同烃类的氧化差异有关，最大放热峰值为 3 mW/mg，不足轻质油中温氧化放热峰值(6.42 mW/mg)的 50%。

(3) 焦炭沉积阶段(430～450 ℃)。以电加热点火为例，向注入井下入电加热点火器，点火器升温，逐渐加热目的层段。在此阶段虽然没有空气注入，但受地层水溶解氧和岩石吸附氧的影响，油藏仍然处于有氧或弱氧环境。在点火器加热初期，随着温度升高，原油中的轻质组分和地层水逐渐被蒸馏出来并向油藏深部运移。在点火器加热中后期，井筒周围油藏温度进一步升高，近井地带原有的地层水溶解氧和岩石吸附氧被耗尽，形成了无氧环境。在图 2-1-5 所示的 DSC 曲线上，当加热温度达到约 430 ℃时，高温无氧焦炭开始沉积，约 450 ℃时 DSC 曲线出现峰值点，单位结焦量达到峰值，此阶段原油缩合反应是焦炭的主要来源。高温无氧焦炭的沉积为下一步注空气火驱做好了燃料准备。

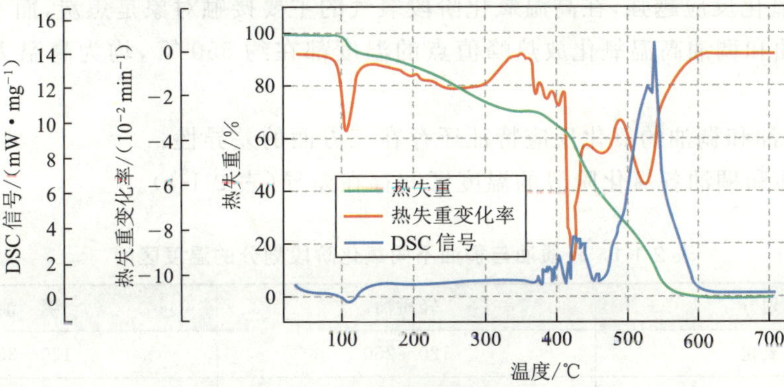

图 2-1-5　稠油的 TG-DSC 曲线

(4) 高温氧化阶段(>450 ℃)。稠油火驱点火过程中，电加热点火器将近井地带油藏温度加热到 450 ℃以上时，开始通过注入井向油藏注入空气。在此温度下，空气中的氧气迅速与沉积的焦炭发生高温氧化燃烧并释放大量热量(图 2-1-6)。持续注入空气后，火墙将逐渐远离注入井并向生产井推进。在焦炭氧化燃烧阶段，绝大部分氧气在火墙带与焦炭发生氧化反应被消耗。受储层非均质性等因素影响，少量的氧气会突破火墙带和结焦区而到达油藏深部，但总体含量很低。新疆红浅 1 井区火驱先导试验已持续注空气火驱 8 年，生产井持续监测产出气中氧气含量低于 0.4%。

三、原油高、中、低温氧化模式的划分

通过对轻质油和稠油从低温到高温全过程氧化反应特征对比分析发现，其主要具有三方面的共同点：

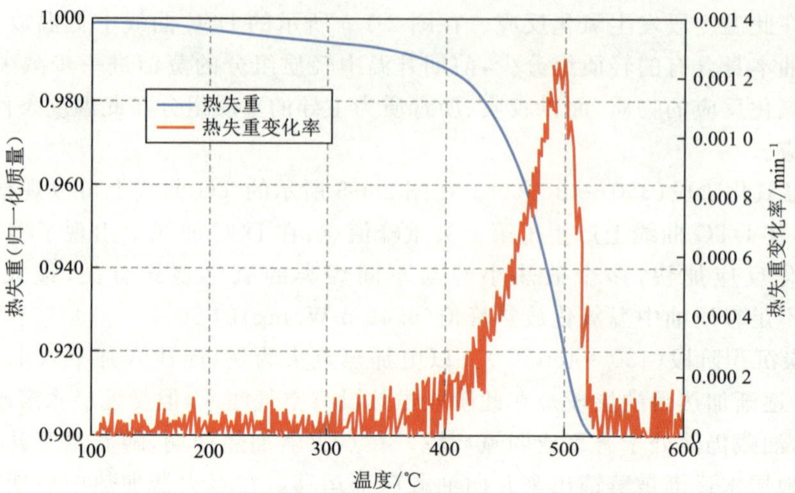

图 2-1-6　高温焦炭氧化 TG-DTG 曲线(5 ℃/min)

(1) 轻质油和稠油的氧化反应都存在低温氧化、中温氧化、焦炭沉积和高温氧化四个阶段。

(2) 各氧化阶段氧气与原油的接触关系相同，在中、低温氧化阶段中氧气与原油直接接触，温度越高，氧化反应越强，在高温氧化阶段氧气的主要接触对象是焦炭，而不是原油。

(3) 轻质油和稠油高温氧化放热峰值点的温度都在约 550 ℃，均为高温无氧焦炭的氧化燃烧。

同时，轻质油和稠油的氧化反应特征还存在三方面的差异性：

(1) 轻质油和稠油各氧化阶段的温度区间存在差异(表 2-1-1)。

表 2-1-1　轻质油与稠油不同氧化阶段划分的温度区间　　单位：℃

阶段划分	轻质油	稠　油
低温氧化	120～250	120～350
中温氧化	250～350	350～430
焦炭沉积	350～420	430～450
高温氧化	＞420	＞450

(2) 稠油中温氧化反应的起始温度(350 ℃)比轻质油高约 100 ℃，但是单位质量稠油的放热量(3 mW/mg)不足轻质油的 50%，说明轻质油比稠油更容易诱发氧化反应。

(3) 轻质油高温放热峰值(8.06 mW/mg)略高于中温放热峰值(6.42 mW/mg)，但是稠油高温放热峰值是中温放热峰值的五倍，因此稠油注空气火驱开发应以实现高温氧化为主要目标。

综上，在传统高、低温氧化模式基础上提出了轻质油和稠油氧化反应四个阶段划分的温度区间。在不同氧化阶段氧气与地层原油的氧化反应特征存在明显差异。在中、低温氧化阶段，氧气直接与原油发生氧化反应，温度越高，氧化反应越强，其中还伴随着有氧条件下的焦炭沉积与氧化；焦炭沉积阶段主要是高温无氧(贫氧)焦炭的沉积；高温氧化阶段主要是焦炭(非原油)氧化放热。根据氧化阶段的划分,不同油藏温度对应的注空气开发方式存在差异。当油藏温度小于 120 ℃时,由于氧化放热不明显,同时考虑到我国低渗透油藏注采井距小且存在压裂缝,氧气在地层内有效停留时间短,为了避免注空气开发的爆炸风险,应以减氧空气驱有效补充地层能量的开发方式为主;当油藏温度大于 120 ℃时,在油藏条件下原油就可发生明显的氧化反应,此时可实施不减氧空气驱,充分利用原油氧化反应放热提高采收率;对于油藏温度小于 120 ℃的稠油油藏,可通过电加热点火器等人工手段实现高温点火,进行高温火驱开发。

第二节　氧化动力学研究

一、稠油活化能的测定

1. 活化能测定原理

根据热分析动力学的相关理论可知,等温、均相反应体系的动力学方程为:

$$\frac{\mathrm{d}c}{\mathrm{d}t}=f(c)k(T) \tag{2-2-1}$$

式中　c——产物质量浓度,$\mathrm{kg/m^3}$;

t——时间,s;

T——温度,℃;

$k(T)$——速率常数的温度关系式;

$f(c)$——反应的机理函数。

由于大多数热力学过程是非等温的,所以需对式(2-2-1)进行处理。对于非均相反应,质量浓度的概念已经不再适用,可用转化率 α 来代替质量浓度 c,并且引入升温速率 β 的概念[式(2-2-2)],得到非等温、非均相体系中的反应动力学方程(2-2-3)。

$$\beta=\mathrm{d}T/\mathrm{d}t \tag{2-2-2}$$

$$\frac{\mathrm{d}\alpha}{\mathrm{d}T}=\frac{1}{\beta}f(\alpha)k(T) \tag{2-2-3}$$

式中　α——转化率;

β——升温速率(一般为常数),℃/min;

$f(\alpha)$——反应的机理函数。

根据阿伦尼乌斯(Arrhenius)方程,有:

$$k(T)=A\mathrm{e}^{-E/(RT)} \tag{2-2-4}$$

式中　A——指前因子,$\mathrm{s^{-1}\cdot Pa^{-1}}$;

E——活化能,kJ/mol;

R——通用气体常数,8.314 kJ/(mol·K)。

将式(2-2-4)代入式(2-2-3),可得到非均相体系在非定温条件下常用的动力学方程为:

$$\frac{\mathrm{d}\alpha}{\mathrm{d}T}=\frac{A}{\beta}\mathrm{e}^{-\frac{E}{RT}}f(\alpha) \tag{2-2-5}$$

热分析动力学的数据处理方法包括单一扫描速率法和多重扫描速率法。其中，单一扫描速率法需要假定反应的机理函数 $f(\alpha)$，在某一升温速率下计算动力学参数，该方法又称模式函数法；而多重扫描速率法是指在几种不同的升温速率下得到多条浓度或质量随温度变化的曲线，采用这种方法计算动力学参数，可以排除机理函数的影响，因此也称无模式函数法。

可利用多重扫描速率法中的等转化率法进行活化能的计算。所谓等转化率法，就是假设转化率 α 一定时，反应的机理函数 $f(\alpha)$ 也一定，即假设火驱时所发生的化学反应过程仅与转化率有关，与温度无关。因此，对于同种原油在不同升温速率下的反应，当转化率一定时，其机理函数相同，活化能也相同。

在等转化率法假设的基础之上，根据 Friedman 方法，对式(2-2-5)两侧取对数，整理得：

$$\ln\frac{\beta \mathrm{d}\alpha}{\mathrm{d}T}=\ln[Af(\alpha)]-\frac{E}{RT} \tag{2-2-6}$$

根据等转化率法的假设，当转化率为 α 时，对应的活化能 E 及反应的机理函数 $f(\alpha)$ 一定，因此 $\frac{\beta \mathrm{d}\alpha}{\mathrm{d}T}$ 与 $\frac{1}{T}$ 呈线性关系，据此作出两者的关系曲线，采用最小二乘法拟合，通过斜率求出活化能。采用相同的方法，对应不同的转化率可以求得相应的活化能，最后得出活化能随转化率的变化曲线，称之为“活化能的指纹图”。

燃烧反应动力学的另一关键参数是指前因子，它要通过 Arrhenius 方程进行计算才能确定。根据式(2-2-4)可知，$k(T)=A\mathrm{e}^{-E/(RT)}$，其中温度可以通过热电偶监测到，因此当求出活化能之后，只需要确定反应速率常数 $k(T)$，就可以求得指前因子。

为了衡量不同求取方法对动力学参数测试的影响，获得适用于稠油高温氧化过程的动力学参数求取方法，选取典型的单一扫描速率积分法（Coats-Redfern 法）、单一扫描速率微分法（Achar-Brindley-Sharp-Wendworth 法，简称 ABSW 法）和等转化率法（Flynn-Wall-Ozawa 法，简称 FWO 法）对稠油高温氧化动力学参数进行求取。

1) Coats-Redfern 法

积分法中具有代表性的方法是 Coats-Redfern 法。假设反应温度按照一定的升温速率升高，则有：

$$\beta=\mathrm{d}T/\mathrm{d}t \tag{2-2-7}$$

将 $\mathrm{d}t=\mathrm{d}T/\beta$ 代入式(2-2-5)得：

$$\frac{\mathrm{d}\alpha}{\mathrm{d}T}=\frac{A}{\beta}\cdot\exp\left(-\frac{E}{RT}\right)\cdot f(\alpha)\cdot p_{O_2} \tag{2-2-8}$$

式中　p_{O_2}——氧气分压。

当采用 n 阶指数机理函数表达式时，将式(2-2-6)代入式(2-2-8)，可得：

$$\frac{\mathrm{d}\alpha}{\mathrm{d}T}=\frac{A}{\beta}\cdot\exp\left(-\frac{E}{RT}\right)\cdot(1-\alpha)^n\cdot p_{O_2} \tag{2-2-9}$$

对式(2-2-9)两边移项、积分并取对数，可得：

$$\ln\frac{1-(1-\alpha)^{1-n}}{T^2(1-n)}=\ln\left[\frac{Ap_{O_2}R}{\beta E}\left(1-\frac{2RT}{E}\right)\right]-\frac{E}{RT},\quad n\neq 1 \tag{2-2-10}$$

$$\frac{-\ln(1-\alpha)}{T^2}=\ln\left[\frac{A\cdot p_{O_2}R}{\beta E}\left(1-\frac{2RT}{E}\right)\right]-\frac{E}{RT},\quad n=1 \tag{2-2-11}$$

方程(2-2-10)和(2-2-11)即 Coats-Redfern 方程。由于不同反应的反应级数 n 并不相同，所以需要对不同的 n 值进行计算，选择使曲线线性度最好的值作为最终的反应级数。

2) ABSW 法

微分法是通过对反应速率方程微分求取活化能的方法，研究中多采用 ABSW 法。对式(2-2-9)分离变量，两边取对数，得

$$\ln\frac{\mathrm{d}\alpha}{(1-\alpha)^n\mathrm{d}T}=\ln\frac{Ap_{O_2}}{\beta}-\frac{E}{RT} \tag{2-2-12}$$

由 $\ln\frac{\mathrm{d}\alpha}{(1-\alpha)^n\mathrm{d}T}$ 对 $\frac{1}{T}$ 作图，用最小二乘法拟合实验数据，从直线斜率求 E，从截距求 A。

3) FWO 法

对式(2-2-8)两边移项并积分得：

$$\beta\int_0^{\alpha}\frac{\mathrm{d}\alpha}{f(\alpha)}=A\int_{T_0}^{T}\exp\left(-\frac{E}{RT}\right) \tag{2-2-13}$$

经过积分、化简并取自然对数，可以得到 Ozawa 公式：

$$\lg\beta=\lg\frac{AE}{RG(\alpha)}-2.315-0.4567\frac{E}{RT} \tag{2-2-14}$$

其中

$$G(\alpha)=\int_0^{\alpha}\frac{\mathrm{d}\alpha}{f(\alpha)} \tag{2-2-15}$$

对于 Ozawa 公式中的 E 值，Ozawa 认为，若在不同 β 下选择相同的 α，则 $G(\alpha)$ 是一个与温度无关的定值，这样 $\lg\beta$ 与 $\frac{1}{T}$ 就呈线性关系，从斜率就可以求出 E。在稠油高温氧化实验中，选取高温氧化峰峰值处所对应的特征转化率，而对于不同升温速率实验，选取特征转化率所对应的温度，这样就可以得到稠油高温氧化特征转化率所对应的一组数据(β_i，T_i)(i 代表不同的升温速率)，对其进行线性拟合可以求得焦炭燃烧的活化能。指前因子可由以下 Kissinger 表达式求取：

$$\frac{E\beta}{RT^2}=A\exp\left(-\frac{E}{RT}\right) \tag{2-2-16}$$

2. 活化能测定的实验方法

实验所用油样为新疆风城某区块稠油油样。实验之前，采用 SY/T 0520—2008 标准的样品处理步骤对样品进行脱水、除杂处理。处理后的脱水油样含水率小于 0.5%。

采用瑞士 Mettler Toledo 公司生产的 TG/DSC 同步热分析仪研究稠油高温氧化过程。同步热分析仪可以同时测量质量信号和放热量信号，具备热重(TG)和差示扫描量热(DSC)分析功能。实验过程中保护气为 N_2，流量为 79 mL/min；反应气为氧气，流量为 21 mL/min。两路气体在反应室内混合均匀后横掠过坩埚表面，经过扩散作用到达物料层，物料表面的氧含量为 21%。

采用纯油样品进行热重实验时，高温氧化区反应速率多峰的现象在文献中也有报道。

当油样在分析仪样品盘内结焦后，由于焦炭内无法形成规则有效的气体通道，底部样品只有在表层焦炭被消耗后才可参与反应，分析仪内的样品很难处于均匀反应状态，整个样品不能作为点源进行处理。

为了让油样在样品盘内可以均匀地参与反应，将脱水稠油与粒径为 100～200 目的分析纯 SiO_2 颗粒按质量比 1∶9 进行混合，将油样吸附分散在颗粒表面。SiO_2 颗粒可以提供支撑骨架，形成有效 O_2 扩散通道，使样品底部与表面同时参与反应，且 SiO_2 为惰性物质，不对稠油反应性质造成影响，测试结果反映的是稠油自身的氧化动力学特性。采用 50 mg 混合 SiO_2 的油样（含 5 mg 纯油），在 5 ℃/min 升温速率下得到的 TG 曲线如图 2-2-1 所示。可以看出，在整个实验的温度区间内，样品的 TG 曲线十分光滑，在高温氧化阶段没有多级台阶。相应的反应速率曲线如图 2-2-2 所示。可以看出，陡峭的小峰消失，在高温氧化阶段有一完整光滑的热失重速率峰，可用于动力学参数求取。

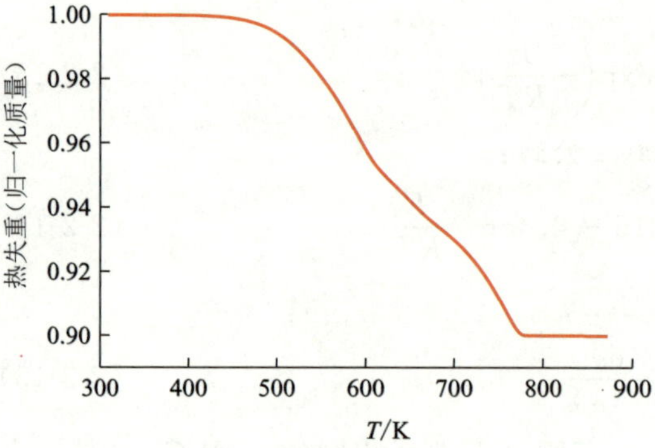

图 2-2-1　混合 SiO_2 后样品 TG 曲线

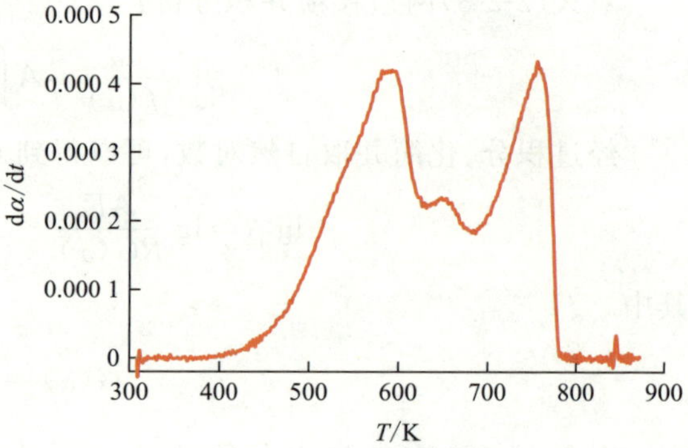

图 2-2-2　混合 SiO_2 后样品反应速率曲线

二、指前因子的确定

已有对稠油氧化过程开展的热重研究中，原油的机理函数多简化为 n 阶指数型函数，采用单一扫描速率法拟合反应级数 n，并在此基础上求取活化能 E 和指前因子 A。由于只需要单次实验即可得到活化能和指前因子，所以这种求取方法十分便捷，但其缺点是需要对机理函数模型进行简化假设。下面采用单一扫描速率法中典型的 Coats-Redfern 法和 ABSW 法对实验数据进行处理，求取焦炭燃烧反应的动力学参数。

根据图 2-2-2 中实验数据，确定高温氧化动力学参数计算的温度区间为 700～770 K。两种方法计算得到的用于求取动力学参数的 Arrhenius 曲线分别如图 2-2-3 和图 2-2-4 所示，两种方法拟合的曲线方差分别为 0.997 2 和 0.996 8。采用 Coats-Redfern 法拟合得到的反应级数为 0，活化能为 14.3 kJ/mol；采用 ABSW 法拟合得到的反应级数为 0.35，活化能为 93.1 kJ/mol。可以看出，采用两种不同方法得到的反应活化能差异较大。采用 n 阶指数型函数简化机理函数并配合单一扫描速率法求取稠油高温氧化动力学数据时，虽然调整反应级数 n 可以得到较好的线性度，但求取得到的动力学参数可能与本征动力学有较大偏差。

为了排除简化和假设机理函数可能带来的误差，采用 FWO 法来测试稠油高温氧化的活化能。FWO 法避开了反应机理函数的具体形式，可直接求出活化能 E，因此往往被其他

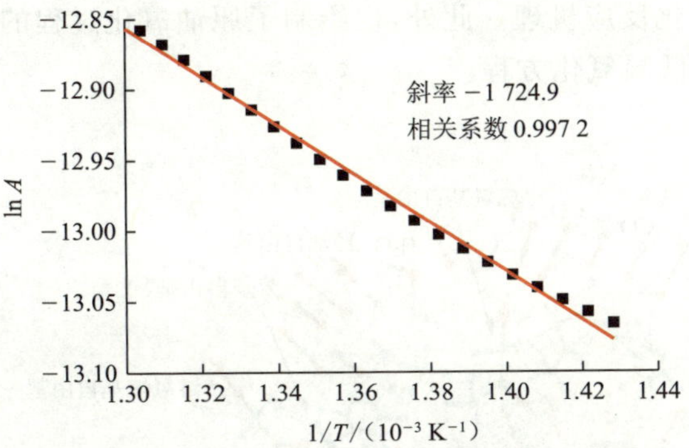

图 2-2-3 Coats-Redfern 法求取动力学参数的 Arrhenius 曲线

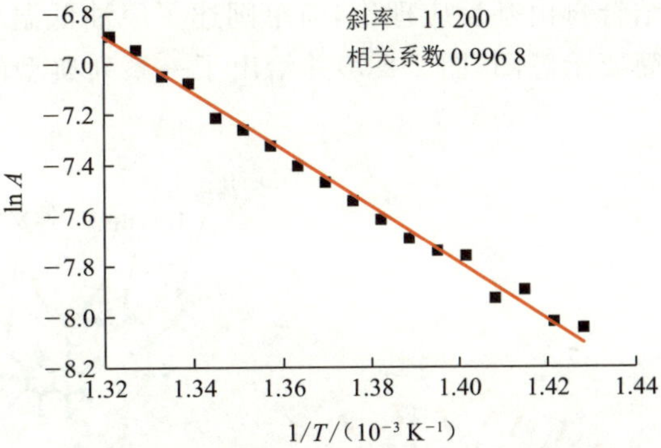

图 2-2-4 ABSW 法求取动力学参数的 Arrhenius 曲线

学者用来检验由他们假设反应机理函数求得的活化能，这是 FWO 法的一个突出优点。测试过程中升温速率为 2，3，5，7，10 ℃/min，试样为 50 mg 混合 SiO_2 颗粒的油样（含纯油 5 mg）。选取图 2-2-5 中高温氧化峰所对应的特征转化率 0.92 计算稠油氧化活化能，计算得到 lg β 随温度倒数变化的曲线如图 2-2-6 所示。将图 2-2-6 中曲线斜率代入式(2-2-14)，计算得到焦炭氧化的活化能为 123 kJ/mol，小于文献中纯碳物质氧化的活化能(168 kJ/mol)。指前因子根据 Kissinger 表达式计算，结果为 31.4 $s^{-1}\cdot Pa^{-1}$。由此可知，两种不同类型的单一扫描速率法得到的动力学数据与等转化率法得到的动力学数据均有一定的差异，其中 Coats-Redfern 法求得的动力学参数和等转化率法计算得到的活化能与真实值差距很大。在稠油高温氧化动力学参数求取时，采用 n 阶指数型简化机理函数并配合单一扫描速率法拟合反应动力学参数可能会产生较大的偏差，给焦炭燃烧活性评价和数值模拟计算带来误差。因此，应采用不依赖机理函数的等转化率法求取火烧过程中焦炭燃烧反应的动力学参数。对于测试油样，其活化能 $E=123$ kJ/mol，指前因子 $A=31.4\ s^{-1}\cdot Pa^{-1}$。

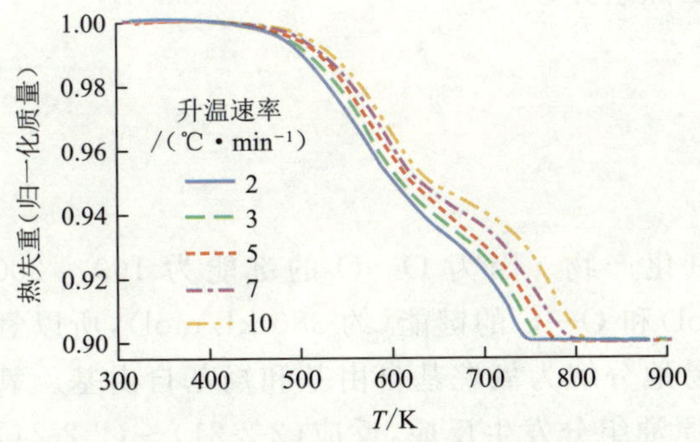

图 2-2-5 不同升温速率 TG 曲线

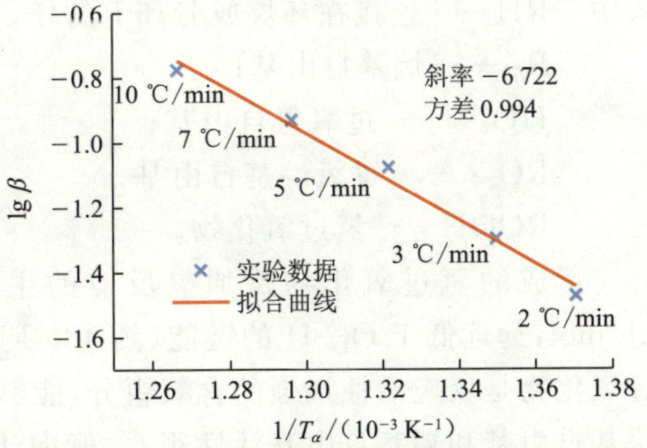

图 2-2-6 lg β 随温度倒数的变化

三、稠油氧化方程式的确定

一些学者根据大量的原油等温和升温氧化实验，以及氧化油的物化测试分析[如黏度、元素、四组分及 GC，GC-MS，TG，DSC，NMR(核磁共振)和 EPR(电子顺磁共振)等]，同时结合自由基反应理论，简单阐述了原油低温氧化反应机理。此外，也绘制了原油氧化过程的简要示意图(图 2-2-7)并给出了一系列典型的低温氧化方程。

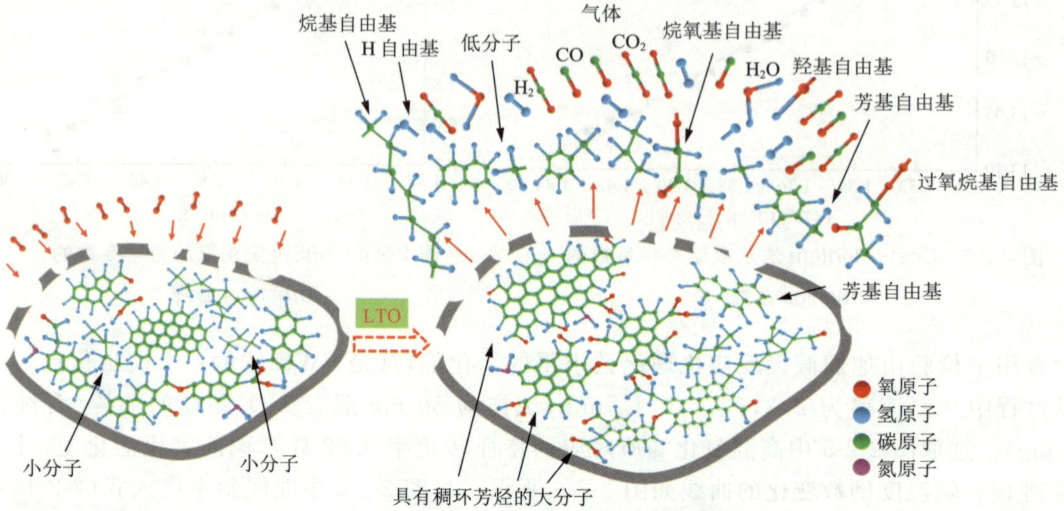

图 2-2-7　原油低温氧化过程示意图

氧化反应总是开始于 C—H 键的断裂。形成氢过氧化物的加氧反应为低温氧化阶段初期的主要反应。随着温度升高，更多的 C—H 键能够断裂，这导致自由基浓度增加。该结论在 EPR 实验结果中已经得到充分的证实。因为在更高温度下更多自由基(特别是烷基自由基)能够与氧气发生反应，所以加氧反应得到显著增强。

$$RH + O_2 \longrightarrow R\cdot + HO_2\cdot \qquad (2\text{-}2\text{-}17)$$

$$R\cdot + O_2 \longrightarrow RO_2\cdot \qquad (2\text{-}2\text{-}18)$$

$$RO_2\cdot + RH \longrightarrow ROOH + R\cdot \qquad (2\text{-}2\text{-}19)$$

式中　RH——连接在环烷或芳环上的任一脂肪族组分；

R·——烷基自由基；

$HO_2\cdot$——过氧氢自由基；

$RO_2\cdot$——过氧烷基自由基；

ROOH——氢过氧化物。

形成的氢过氧化物是加氧反应的主要氧化产物。因为 O—O 的键能为 160～200 kJ/mol，远远低于 O—H 的键能(约 480 kJ/mol)和 O—C 的键能(约 380 kJ/mol)，所以氢过氧化物是反应活性最强的含氧组分，能够容易地分解为氧烷基自由基和羟基自由基。氧烷基自由基和羟基自由基活性很高，倾向于与原油组分发生反应，反应(2-2-21)～(2-2-24)给出了部分典型的反应。除了反应(2-2-20)～(2-2-24)外，仍然有很多其他的氢过氧化物的分解和异构化反应，这些反应能够生成一系列的二次产物，如含氧产物(酮、醛、酸等)，CO_2，CO 和 H_2O。简而言之，分解和异构化过程的总体反应可归纳为反应(2-2-25)。由反应(2-2-25)产生的氧化物进一步经历脱烷基化、脱氢芳构化和缩合反应，最终形成焦炭前置体。当氧化温度进一步升高时，氢过氧化物的分解和异构化速率提高，脱烷基化、脱氢芳构化和缩合反应增强，这使得低温氧化程度增强，生成具有高芳香性的焦炭前置体。不同温度氧化油中芳烃的 GC-MS 结果也证实了该结论。同时，基于这些理论基础，能够很好地解释氧化前后原油的物化参数的变化情况，如元素、四组分、g 因子（朗德因子）、EPR 线宽、芳烃质子等的变化。

$$ROOH \longrightarrow RO\cdot + \cdot OH \tag{2-2-20}$$

$$RO\cdot + RH \longrightarrow ROH + R\cdot \tag{2-2-21}$$

$$\cdot OH + RH \longrightarrow H_2O + R\cdot \tag{2-2-22}$$

$$RO\cdot + ROH \longrightarrow CO_2 + R\cdot \tag{2-2-23}$$

$$RO\cdot + RH \longrightarrow CO + R\cdot \tag{2-2-24}$$

$$ROOH \longrightarrow Oxi + CO_2 + CO + H_2O \tag{2-2-25}$$

式中　Oxi——氧化物。

除了上述反应外，部分油组分（主要为芳香族组分）在低温氧化过程中也起着抑制剂的作用。同时，一些自由基能够被具有大量共轭结构的芳基组分所捕获，产生低活性产物，降低氧化反应的速率。部分自由基被捕获，如反应(2-2-26)～(2-2-30)所示。气体(Gas)主要指的是由于烷基侧链断裂所产生的轻质烃类。氧化产物也能够在这些反应中形成。

$$R\cdot + Inh \longrightarrow Oxi + Gas \tag{2-2-26}$$

$$RO_2\cdot + Inh \longrightarrow Oxi + Gas \tag{2-2-27}$$

$$ROOH + Inh \longrightarrow Oxi + Gas \tag{2-2-28}$$

$$RO\cdot + Inh \longrightarrow Oxi + Gas \tag{2-2-29}$$

$$\cdot OH + Inh \longrightarrow Oxi + Gas \tag{2-2-30}$$

式中　Inh——抑制剂。

对于稠油氧化，高温燃烧前缘燃烧的焦炭主要通过两种反应途径形成：一种是原油中原始存在的非挥发性烃类的直接分解，这些烃类在燃烧前缘靠近时未能流走或者蒸发；另一种是初始的挥发性组分的分解，这些挥发性组分可以蒸发，但是由于 LTO 过程滞留下来而没有被蒸发。经过部分氧化，这些碳氢化合物没有逃逸，反而成为提供燃料的原料。众所周知，LTO 阶段能够增加燃料沉积，但是并不是这些低温氧化反应产生的残余产物直接被燃烧，而是这些低温氧化产物在低于燃烧前缘温度时发生了裂解/碳化，形成了挥发性组分和易燃烧、高碳氢比的焦炭，挥发性组分中含有大量的二氧化碳，同时也有可能包含水。

稠油的就地燃烧反应中，热解形成的焦炭的燃烧反应最为重要。燃烧前缘在运动过程中不断接触碳氢化合物，但由于燃烧前缘的温度非常高，所以在这些碳氢化合物接触到燃烧前缘之前，它们就会被完全裂解。如果大量的没有被燃烧前缘消耗的氧气穿过燃烧前缘，则这些氧气会在分解区域（燃烧前缘的前端）遇到被加热的原油，或者进入蒸汽腔或蒸汽腔的下游。在这些区域，氧气将参与低温加成反应，这就是前面所提到的降低原油的挥发（特指前面所提到的那部分本可以挥发，但是没有被挥发的成分）。随着燃烧前缘不断推进，新产生的非挥发性成分（特指前面所提到的那部分本可以挥发，但是没有被挥发的成分）将和其他原始的非挥发性组分一起经历裂解反应。这会导致大量的焦炭在燃烧前缘沉积。只要燃烧前缘和燃料形成区域产生的热量大于由于热损失所消耗的热量，燃烧前缘就能够稳定持续地不断推进。

基于这种化学机理，还不能够完全清楚地认识负温度系数反应［也称负温度梯度行为

(NTC),具体是指在某一特定温度区间,氧化速率随温度的升高而降低的行为]是否严重影响高温燃烧前缘的形成。在气相组成中,负温度系数反应仅仅在气相碳氢化合物和氧气同时存在于 400～500 ℃范围时才会有影响。在更低的温度范围内,气相中没有负温度系数反应,在油相中也不可能发生。如果在油相中发生了负温度系数反应,那必然是在更高的温度范围内发生的。因此,仅仅在裂解反应提供的轻质挥发性组分进入负温度系数温度范围内,且含有未反应的氧气的蒸气中,负温度系数反应才是有影响的。而在这些温度条件下,碳化/裂解反应十分迅速,因此当地层中任何一个区域开始经历这样的反应时,在地层中已经形成了大量的可利用且可以很快燃烧的焦炭。

一些燃烧管实验表明,除非点火区的温度达到 200 ℃以上,否则不能确保就地燃烧可以成功点火。这种对温度的要求与氧化抑制剂(芳香烃)失效的温度范围有关。不同于稀油,稠油中含有非常少的低相对分子质量的脂肪烃类化合物,因此当被加热时,蒸发进入气相中的碳氢化合物因含有足够量的芳香族化合物,进而能够抑制饱和烃类的氧化,正如在油相中发生的情况一样,故经常因氧化反应速率太低而导致无法及时补偿损失的热量。因此,只有温度(>200 ℃)提高至可以使芳香族氧化物进行支化反应(即链支化,是使大分子链中产生支叉结构的过程。在连锁聚合中向大分子的转移反应、缩聚反应中三个或三个以上官能团单体参与的聚合反应,以及接枝反应都能使大分子链支化。支化可产生长支链和短支链,能够改变线型大分子的性能),进而形成稳定的芳香族化合物,才能保证可观的氧化反应速率。同时,由于芳香烃类在低温氧化后形成的物质不容易被进一步氧化,只有在更高的温度条件下才会发生裂解和燃烧,所以单位质量的稠油释放的热量较少。虽然上述解释不能说明燃烧前缘熄灭的可能性,但是能够说明燃烧前缘被再次点燃存在的阻力情况。显然,在 250～400 ℃温度范围内,生成的芳香类衍生物能够发生支化反应,加热油层,同时最关键的是在即将熄灭的燃烧前缘周围,大部分的原油经历了低温氧化反应。除非这个区域被来自地层其他地方的新鲜原油再次填充,否则这个区域剩余的未被氧化的原油氧化释放的热量不足以达到触发焦炭燃烧所需要的热量。

稠油注空气氧化主要包括一步氧化反应模型、两步氧化反应模型及多步氧化反应模型。

1) 一步氧化反应模型

Mamora 等从稠油高温氧化和低温氧化两个角度出发,针对原油高温氧化是含氧碳氢化合物的氧化,提出了一个可能的一步反应模型,即

$$\mathrm{CH}_x\mathrm{O}_y+\left(1+\frac{m'}{2}+\frac{x}{4}+\frac{y}{2}\right)\mathrm{O}_2 \longrightarrow (1-m')\mathrm{CO}_2+m'\mathrm{CO}+\frac{x}{2}\mathrm{H}_2\mathrm{O} \tag{2-2-31}$$

该模型主要考虑稠油组分中含氧基团的高温氧化,并没有考虑焦炭的生成和碳氢化合物的氧化。

稠油注空气一步氧化反应模型涉及的参数和反应物较少,简单、直观,但不能反映稠油氧化的整个过程,且结果的准确性有待进一步研究。

2) 两步氧化反应模型

稠油两步氧化反应模型是在一步氧化反应模型的基础上,将氧化过程涉及的多个反应简化为两步而得到的。Ursenbach 等基于稠油油藏注空气火烧油层采油的可行性提出了一个可能的氧化模型,即

$$CH_x + O_2 \longrightarrow CH_xO_y \tag{2-2-32}$$

$$CH_x + O_2 \longrightarrow CO_x + H_2O \tag{2-2-33}$$

该模型考虑的是稠油组分中碳氢化合物的氧化，忽略了含氧化合物的进一步氧化裂解。

另外，还有一种两步氧化反应模型，即

$$R—CH_x + \frac{y}{2}O_2 \longrightarrow R-CH_xO_y \tag{2-2-34}$$

$$R—CH_xO_y + \left[\frac{2+\beta}{2(1+\beta)} + \frac{x}{4} - \frac{y}{2}\right]O_2 \longrightarrow R' + \frac{1}{1+\beta}CO + \frac{x}{2}H_2O \tag{2-2-35}$$

该模型能很好地说明稠油的氧化过程，但是忽略了热力学部分，同时实验中无法测定中间产物，只能通过测定最终产物来确定反应进程。

与一步氧化反应模型相比，稠油两步氧化反应模型能很好地反映氧化过程的中间环节，但是其涉及反应较多，过程较复杂。

3）多步氧化反应模型

Isiam 等通过油藏模拟提出了稠油油藏四步氧化反应模型，即

$$\text{轻质油} + O_2 \longrightarrow \text{惰性气体} + H_2O \tag{2-2-36}$$

$$\text{重质油} + O_2 \longrightarrow \text{惰性气体} + H_2O \tag{2-2-37}$$

$$\text{重质油} \longrightarrow \text{轻质油} + \text{Coke} + \text{惰性气体} \tag{2-2-38}$$

$$\text{Coke} + O_2 \longrightarrow \text{惰性气体} + H_2O \tag{2-2-39}$$

式中　Coke——焦炭。

该模型包含的组分和反应过程较少，有原油的裂解和焦炭的氧化，与实际火烧油层驱油氧化过程相近。

Freitag 等基于对稠油 SARA［四组分，即饱和分(saturate)、芳香分(aromatic)、胶质(resin)、沥青质(asphaltene)］氧化的分类研究，得出了稠油各族组分不同的氧化规律，并组合成一个多步氧化反应模型，即

$$\text{Asp} + O_2 \longrightarrow H_2O + CO_2 + \text{OxdAsp} \xrightarrow{O_2} H_2O + CO_2 \tag{2-2-40}$$

$$\text{Res} + O_2 \longrightarrow H_2O + CO_2 + \text{OxdRes} \xrightarrow{O_2} H_2O + CO_2 \tag{2-2-41}$$

$$\text{Sat} + O_2 \longrightarrow H_2O + CO_2 + \text{OxdSat} \xrightarrow{O_2} H_2O + CO_2 \tag{2-2-42}$$

$$\text{PyrCoke} + O_2 \longrightarrow H_2O + CO_2 \tag{2-2-43}$$

式中　Asp——沥青质；

Res——胶质；

Sat——饱和烃；

OxdAsp——氧化后的沥青质；

OxdRes——氧化后的胶质；

OxdSat——氧化后的饱和烃；

PyrCoke——热解反应生成的焦炭。

该模型能很好地说明稠油各组分的氧化情况，但忽略了 CO 的生成和热力学部分。Cinar 等研究稠油在多孔介质中的燃烧时，发现原油氧化过程中生成了两种不同的焦炭，据此提出了一个简化的多步燃烧反应模型，即

$$\text{Oil} \xrightarrow{k_1} \text{Coke}_1 + \text{VC} \tag{2-2-44}$$

$$\text{Oil} \xrightarrow{k_2} \text{Coke}_2 + \text{VC} \tag{2-2-45}$$

$$\text{Oil} + O_2 \xrightarrow{k_3} \text{Coke}_1 + H_2O \tag{2-2-46}$$

$$\text{Oil} + O_2 \xrightarrow{k_4} \text{Coke}_1 + H_2O \tag{2-2-47}$$

$$\text{Coke}_1 \xrightarrow{k_5} \text{Coke}_2 \tag{2-2-48}$$

$$\text{Coke}_1 + O_2 \xrightarrow{k_6} CO + CO_2 + H_2O \tag{2-2-49}$$

式中　$k_1, k_2, k_3, k_4, k_5, k_6$——反应速率常数；

VC——产生的轻烃组分。

该模型没有包含原油的任何直接反应，涉及中间过程和产物较多，模型较复杂，但它能很好地反映低温氧化阶段产生的焦炭向高温氧化燃料燃烧阶段转变的中间过程及物质浓度的变化。

稠油的氧化反应模型必须包含焦炭燃烧反应。尽管两步的焦炭燃烧反应并没有表现出比一步反应更优越的效果，但是，如果通过低温氧化产物裂解所产生焦炭的反应活性和直接通过初始油样分解生成焦炭的反应活性差距很大，那么可以将该过程看作类似于反应(2-2-50)，即包含不同反应动力学参数和化学计量系数的两个平行的焦炭燃烧反应。同时，也可将焦炭细分为两种不同的焦炭拟组分。

$$\text{Coke} + O_2 \longrightarrow CO + CO_2 + H_2O \tag{2-2-50}$$

由于低温氧化反应进程决定了后续稠油氧化生成的焦炭量，所以在最低反应温度下，低温氧化因氢过氧化物的生成而终止。氢过氧化物将依据自身浓度的不同而转化生成不同的氧化产物，该过程可以表示为：

$$\text{ROOH} \longrightarrow \text{LTO}_{\text{residue}} + CO_2 + CO + H_2O \tag{2-2-51}$$

式中　$\text{LTO}_{\text{residue}}$——低温氧化后的物质。

如果具体分析低温氧化反应生成的醇、醛、酮和羧酸等中间产物，那么上述反应可进一步分解成多个反应，涉及更多的拟组分，反应模型也随之变得更加复杂、困难。如果只是为了研究低温条件下稠油的耗氧速率，只考虑反应(2-2-51)就足够了，因为低温条件下氧气进入这些氧化产物分子上的唯一途径就是生成氢过氧化物。

四、稠油燃烧参数的确定

燃烧釜是火驱基础实验装置，主要用于燃烧反应的化学计量学参数的测定。燃烧釜实验装置简单、实验操作简便，控制温度和气体流量精确，可用于研究不同油藏条件和原油性质下不同点火温度和通风强度对空气耗量和燃烧模式的影响。

空气耗量是指消耗的空气量与火驱燃烧前缘扫过的区域体积之比，其值越小说明燃烧前缘推进速度越快，燃烧越稳定。在现场实施中，可用这个参数判断火驱的驱扫体积。该参数也是火烧油层主要的经济效益指标，是反映火烧状态的重要参数。另外，空气耗量还可以反映烧掉的物质量，在火烧油层中烧掉的一般是重质组分，在高温氧化状态下，一般每消耗10～12 m^3空气烧掉1 kg燃料。已燃区残余油饱和度接近0，可以认为除去烧掉的部分外其余原油全部被驱走。因此，一旦确定了空气耗量，就可以相应得到火驱的驱油效率。

1. 燃烧釜实验原理及实验步骤

燃烧釜功能介绍见第一章第三节，其实验模型如图 2-2-8 所示，主要实验步骤如下：

(1) 从进口向耐压的外罩通入空气，通过空气质量流量控制器设定空气流量值，并由此控制进入的空气流量。

(2) 用外罩外的保温电热器和点火电炉对空气进行加热(图 2-2-8)，根据点火控温热电偶反映的信号通过自动控制系统控制点火电炉的加热量，将进入油砂模型的空气温度加热到设定温度。

(3) 被加热的空气进入样品，点燃油砂，开始火烧油层过程，燃烧温度可以通过模型内部热电偶测出。

(4) 产出油水和烟道气一同从模型出口排出，烟道气与油水分离后计量气量，并且采集分析气体组分中氧气、二氧化碳、一氧化碳和烃类含量，油水收集起来后确定含水量和产出量。

(5) 实验结束，打开模型，取出高温燃烧过的砂、结焦砂以及未动用砂，分别计量体积和质量。

(6) 分析实验结果，确定燃烧参数。

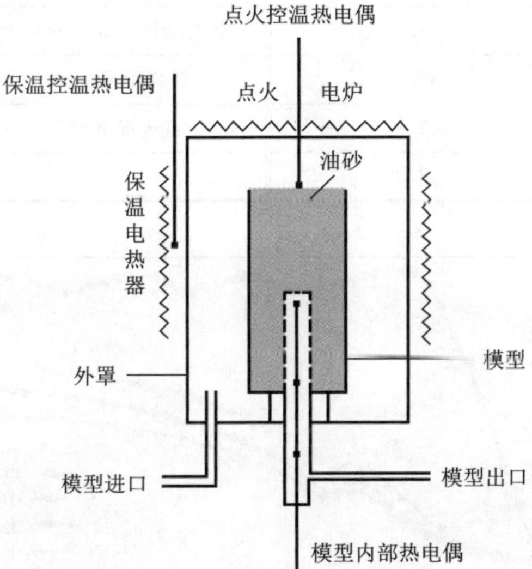

图 2-2-8　燃烧釜模型示意图

2. 燃烧釜实验结果

燃烧釜实验采用石英砂作为模拟砂，实验原油采用新疆红浅八道湾组地层原油，原油黏温关系测定结果如图 2-2-9 所示。表 2-2-1 给出了燃烧釜实验过程中模型装填参数及实验结果。图 2-2-10 给出了燃烧釜实验过程中各测温点的温度随时间的变化曲线，图 2-2-11 给出了燃烧釜实验过程中注入压力随时间的变化曲线，图 2-2-12 给出了产出气体中二氧化碳和氧气含量随时间的变化曲线。

从实验结果可以看出，空气加热到 420 ℃点火可以点燃油层。点燃后二氧化碳含量上

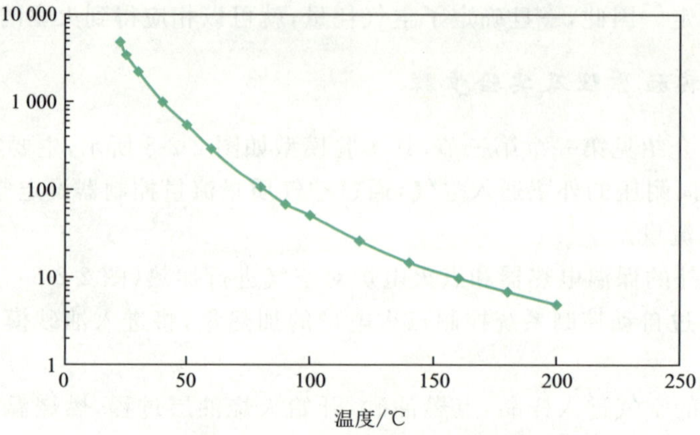

图 2-2-9 新疆红浅八道湾组油藏脱气原油黏度-温度关系

表 2-2-1 燃烧釜模型装填参数及实验结果

参 数	数 值	参 数	数 值
实装粗砂/g	2 447	烧出白砂/g	1 874
实装细砂/g	408	燃烧体积/mL	1 031
实装油/g	281	消耗空气/L	236
实装水/g	82	空气耗量/($m^3 \cdot m^{-3}$)	229
孔隙度/%	30.0	燃烧距离/mm	131
含油饱和度/%	62.8	点火温度/℃	450
含水饱和度/%	18.2		

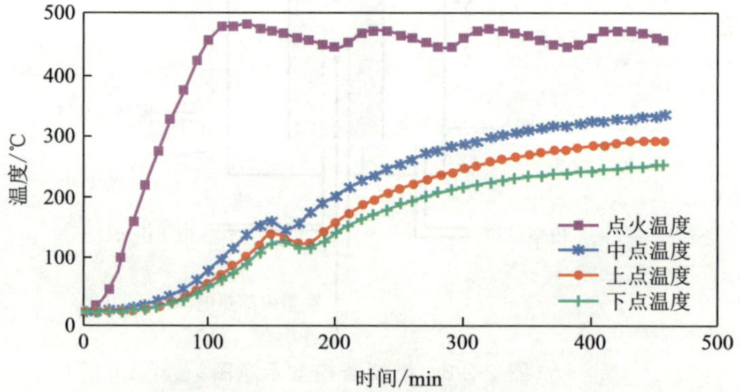

图 2-2-10 燃烧釜实验温度场

采用红浅油砂装填，模型与图 2-2-8 一致。

点火温度为装填油砂最上部温度，中点温度为装填油砂中部温度，

上点温度为装填油砂底部温度，下点温度为燃烧釜出口温度

升到 12.5%以上，氧气含量下降到 0.7%以下。为了确保点燃油层，点火温度应在 450 ℃以上。实验结束后，取出烧成白砂的量为 1 874 g，燃烧体积为 1 031 mL，消耗空气量为 236 L，空气耗量为 229 m^3/m^3，属于正常范围。根据空气耗量指标，计算得到每燃烧 1 m^3 油层烧掉 19 kg 原油，火烧驱油效率为 89.1%。

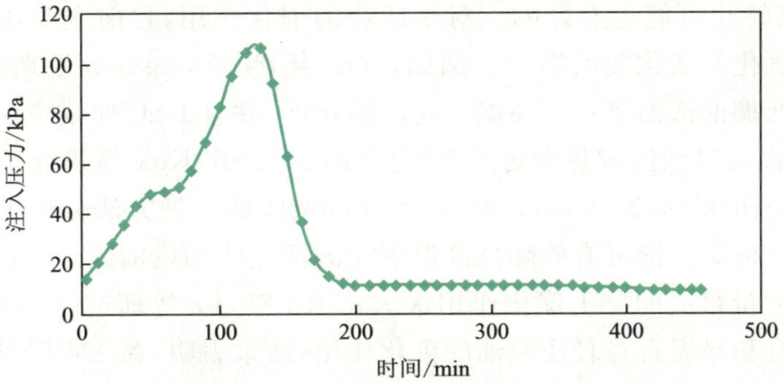

图 2-2-11　燃烧釜实验注入压力变化曲线

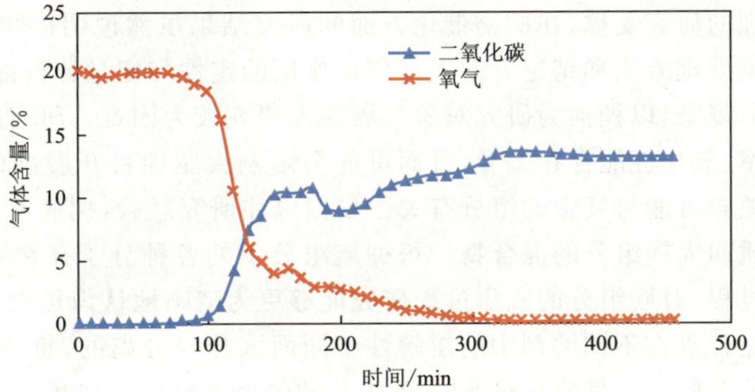

图 2-2-12　产出气中二氧化碳和氧气的含量

燃烧釜产出气体中有害气体组分分析结果显示，红浅 1 井区八道湾组实际地层原油在燃烧过程中会产生微量的硫化氢气体，含量为 1.9×10^{-6} mol/mol，而二氧化硫的含量小于 1×10^{-6} mol/mol。

第三节　稠油不同组分的氧化结焦行为

焦炭是火驱过程中维持燃烧带推进的关键。除了理解焦炭的产生机理外，还需要进一步评估常见外部条件对焦炭性质的影响。从化学反应的角度来说，稠油转变为焦炭的过程受到诸多因素的影响，如压力、气氛、升温历程等转化条件，稠油性质，地层矿物成分等。在不同过程中生成的焦炭的性质与反应性能对燃烧区的设计至关重要。焦炭产率及氧化活性直接影响着火驱过程中火线的推进。这两个指标与焦炭元素组成、物理结构、官能团类型以及原始稠油组成、矿物作用等因素息息相关。目前关于外部条件对焦炭反应性能的影响的研究还比较缺乏，氧含量、升温速率、压力对所得焦炭性质的影响的研究也很少，仅有少数学者使用热重分析仪对稠油的热转化过程进行研究。例如，2016 年，Anto-Darkwoh 和 Cinar 发现，压力增加时，稠油高温氧化活化能增加，但变化的原因以及具体变化机制还需要进一步研究。

我国砂岩中存在高岭石、伊利石、蒙皂石、绿泥石和伊利石/蒙皂石无序间层等黏土矿物，绝对量在 10%左右。这些黏土矿物具有比表面积大、对有机物吸附作用强和酸性催化的作用，对稠油热转化可能也有影响。对于矿物的催化作用，目前主要通过 TGA/DSC 来研究矿物对稠油氧化的活化能的影响。例如，1983 年，Vossoughi 等发现，在稠油中加入高岭石可有效地降低稠油低温氧化和高温氧化的活化能，并且 DSC 曲线中油的放热量增加到 8.1 MJ/kg，油砂混合时油的放热量为 5.8 MJ/kg；2012 年，Kok 等研究了三种黏土对稠油氧化的作用，用 Arrhenius，Kissinger 和 Augis-Bennett 的三种方法分析了高温氧化动力学过程，结果表明，三种黏土都可有效降低高温氧化的活化能和指前因子，且黏土浓度越高，降低得越明显，含 Fe 量最高的黏土催化作用最大；2012 年，Jia 等研究了不同黏土，包括高岭石、蒙脱石、伊利石和绿泥石对轻质原油的催化作用，结果表明，黏土可降低原油低温氧化和高温氧化的峰值温度，他们利用 Arrhenius 方法求得不同黏土作用下原油低温氧化和高温氧化的活化能，发现蒙脱石催化作用最强，其次是伊利石和绿泥石，最后是高岭石。但由于缺乏焦炭生成机理的研究支撑，在矿物催化方面的研究结果虽然说明矿物确实存在催化作用，但从理论、数据处理方法和结论方面对其催化作用的定性与定量分析都存在问题。

稠油组成十分复杂，以稠油为研究对象开展深入研究较为困难。研究发现，不同区块稠油所得焦炭的产率、氧化性能存在差异，进而可能会影响火驱项目开展过程中的参数选配。稠油的结焦特性差异可能与其中的组分有关。根据以往研究经验，稠油可认为是饱和分、芳香分、胶质、沥青质四大族组分的混合物。每种族组分中的各种分子存在一定的相似性，相比于稠油的成焦过程，对族组分的成焦过程研究能够更为清晰地认识焦炭产生过程。

SARA 组分是依靠在不同溶剂中的溶解性不同而区分与分离的，每种组分包括多种物理化学性质相似的有机物。目前针对 SARA 组分的研究主要使用热重（TG）以及差示扫描量热（DSC）的实验方法。采用 TG 对各组分开展程序升温热解实验，发现各组分的热解过程都包括以蒸发为主的低温阶段和以裂解为主的高温结焦阶段；热解后固体残余有机物为沉积燃料，其中饱和分、芳香分沉积燃料占原始稠油的比例低于 5%，而胶质、沥青质沉积燃料所占比例分别约为 20%和 32%。通过各组分的程序升温氧化实验发现，SARA 组分氧化分为低温和高温两个区间，在低温区间稠油经历了加氧、缩聚及裂解等反应，在向气相释放有机组分的同时生成了固体沉积燃料，在高温区间发生沉积燃料的氧化反应。不同稠油分离出的同种组分在两区间的失重比例存在差异，因此有必要探究源自不同稠油的同种组分成焦特性的差异大小，以及评估新疆油田稠油的 SARA 组分结焦特性。稠油及其组分的 TG 实验中，沉积燃料主要为焦炭（定义为甲苯不溶物），通过沉积燃料的比例估算焦炭产率，可以发现不同稠油及其组分的焦炭产率不同，但由于 TG 实验样品量小，难以对样品进一步表征，因此有必要采用制取焦炭样品量更大的实验系统对稠油及其组分的结焦特性开展系统研究。

将 SARA 组分分别研究后还需要考虑组分间是否具有相互作用。若相互作用显著，则在建立焦炭生成模型时应通过某种方式考虑组分间的相互作用。目前，仅有极少数学者在组分间的相互作用方面开展了研究。例如，2009 年，Freitag 使用加压 DSC 得到了 SARA 组分氧化过程的放热情况，发现四种组分的放热特性差异显著，他认为饱和分的氧化过程受芳香分、胶质、沥青质含量的影响。随着其他组分含量增加，饱和分 250 ℃的放热峰逐渐转移到了 330 ℃。但此研究并未涉及热解气氛组分的相互作用以及对焦炭产生的影响，同时对氧化气氛中各组分的相互作用的探究也不够全面。在其他文献中未见对此问题的报道，因此，组分间的相互作用是值得研究的课题。

为了研究不同组分的成焦特性，首先依据NB/SH/T 0509—2010《石油沥青四组分测定法》分析新疆油田风城和红浅区块稠油族组分含量，并分离制备族组分样品。该方法使用正庚烷、甲苯、甲苯-乙醇(体积比 1∶1)、乙醇作为分离溶剂，使用索氏抽提器和层析柱两种实验装置。分离基本过程如下：将层析用中性氧化铝置于马弗炉中，于 500 ℃活化 6 h；称取油样，每克稠油加入 50 mL 正庚烷，放入抽提器中加热煮沸溶解 2 h；冷却后过滤，将滤纸放入索氏抽提器中，用正庚烷-稠油溶液抽提，直至流下的液体无色，然后改用甲苯抽提，直至流下的液体无色，得到沥青质-甲苯溶液；将正庚烷溶液倒入用正庚烷润湿过的中性氧化铝层析柱中，依次使用正庚烷冲洗出饱和分，甲苯冲洗出芳香分，甲苯-乙醇(体积比 1∶1)、甲苯、乙醇冲洗出胶质，蒸去溶剂即可得到饱和分、芳香分、胶质、沥青质四种组分。

一、不同稠油 SARA 组分程序升温氧化及热解反应过程

新疆油田典型的风城、红浅 SARA 组分测定结果见表 2-3-1。可以看出，稠油组分与稠油物理性质存在关联，稠油中胶质和饱和分的相对含量可能影响稠油的黏度和密度。在风城稠油中，胶质的含量较高。对于有机分子，相对分子质量越大，液体分子间的作用力越强，同时极性分子数量增多时，分子间靠极性作用吸引，间距减小，作用力增强。由于胶质具有相对分子质量大、极性强的特点，所以胶质相对含量高的风城稠油有更大的黏度和密度。

表 2-3-1　风城、红浅稠油四组分含量

样　品	饱和分/%	芳香分/%	胶质/%	沥青质/%
风城稠油	38.0	24.8	35.6	1.6
红浅稠油	60.0	24.2	15.4	0.4

由于两种稠油中沥青质含量极少，分离时易掺杂其他组分，所以在此仅对主要组分，即饱和分、芳香分、胶质进行研究。同时，有研究表明，胶质的反应特性与沥青质存在一定的相似性，因此胶质的实验结果可以借鉴到沥青质的反应过程分析上。

图 2-3-1 所示为风城和红浅稠油族组分表面官能团性质，主要关注烷基(2 851 cm^{-1}，2 925 cm^{-1})、芳环(3 071 cm^{-1}，1 500 cm^{-1})以及含氧官能团(3 100～3 300 cm^{-1}，1 730 cm^{-1})吸收。三种组分中均包含大量的烷基，但烷基的吸收强度从饱和分至胶质依次下降，说明烷基含量依次下降。芳香分和胶质的 DRIFTS(diffuse reflectance Fourier transform infrared spectroscopy，即漫反射傅里叶交换红外光谱，是一种有机官能团测试方法)结果显示其中存在一些芳香结构，使芳环的吸收峰显著提高。对于胶质，羰基和羟基的吸收峰存在，暗示其本身含有一些含氧官能团，而这些含氧官能团是分子极性的重要来源。

为了探究稠油组分在氧化和热解气氛下的成焦过程，使用热重分析仪，在 5 K/min 程序升温条件下研究各组分的热转化过程。将稠油组分与石英砂混合，组分质量分数为 15%，采用烘箱烘制-研磨的实验方法进行油砂混配。每次实验取约 12 mg 油砂样品，置于氧化铝坩埚内。将坩埚置于热重分析仪的天平正中位置，通反应气进行实验。氧化气氛中

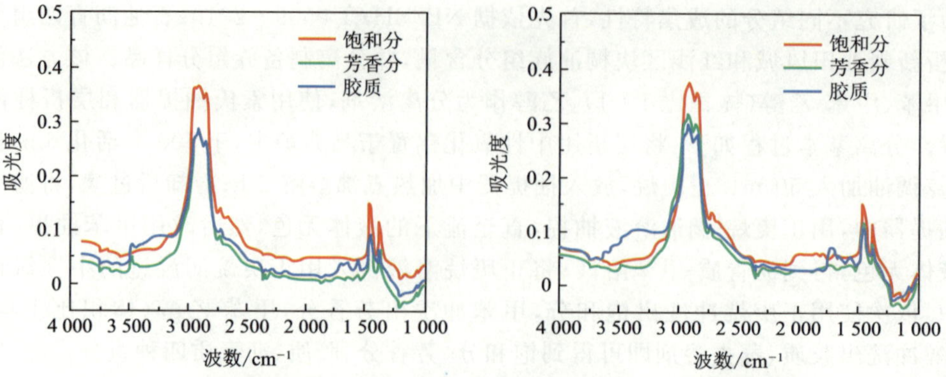

(a) 风城稠油　　　　(b) 红浅稠油

图 2-3-1　风城和红浅稠油族组分 DRIFTS 实验所得表面官能团性质

羟基 3 400 cm^{-1}；芳环 3 071 cm^{-1}，1 450～1 650 cm^{-1}；烷基 2 851 cm^{-1}，2 925 cm^{-1}；羰基 1 730 cm^{-1}

使用含 5%氧气的氩气混合气为反应气，惰性气氛中采用氩气为反应气。实验过程中采用恒定升温速率加热的方式，样品各升温速率下的热失重保持为一定值。热重分析实验温度范围取为 80～700 ℃，升温速率为 5 K/min，以去除低温阶段油砂配制中烘制过程以及稠油脱水过程的影响。同时，由于重质组分单独氧化时速率较慢，所以提高了终止温度。

采用 TGA 对稠油中的饱和分、芳香分、胶质进行程序升温热解及氧化实验，获得的热失重曲线及热失重速率曲线如图 2-3-2 所示，其中实线为热失重随温度的变化曲线，对应左侧 y 轴；虚线为热失重速率随温度的变化曲线，对应右侧 y 轴，下同。以风城稠油组分为例，其热解过程分为低温蒸发和高温热解两个阶段，最终剩余燃料质量占原始稠油质量的比例为燃料沉积率。热解过程中，饱和分出现两个热失重阶段，其中低温阶段温度范围为 100～400 ℃，热失重 95%，主要为蒸发作用，伴随少量侧链裂解过程；高温阶段温度范围为 400～480 ℃，热失重小于 5%。饱和分热解沉积的燃料约为 0.4%，可以忽略。芳香分低温阶段温度范围为 180～380 ℃，热失重 36%；高温阶段温度范围为 380～520 ℃，热失重 59%，燃料沉积率为 5%。胶质仅在高温阶段出现明显热失重过程，温度范围为 350～520 ℃，热失重 78%，燃料沉积率为 17%，低温蒸发过程热失重较少，约为 5%。

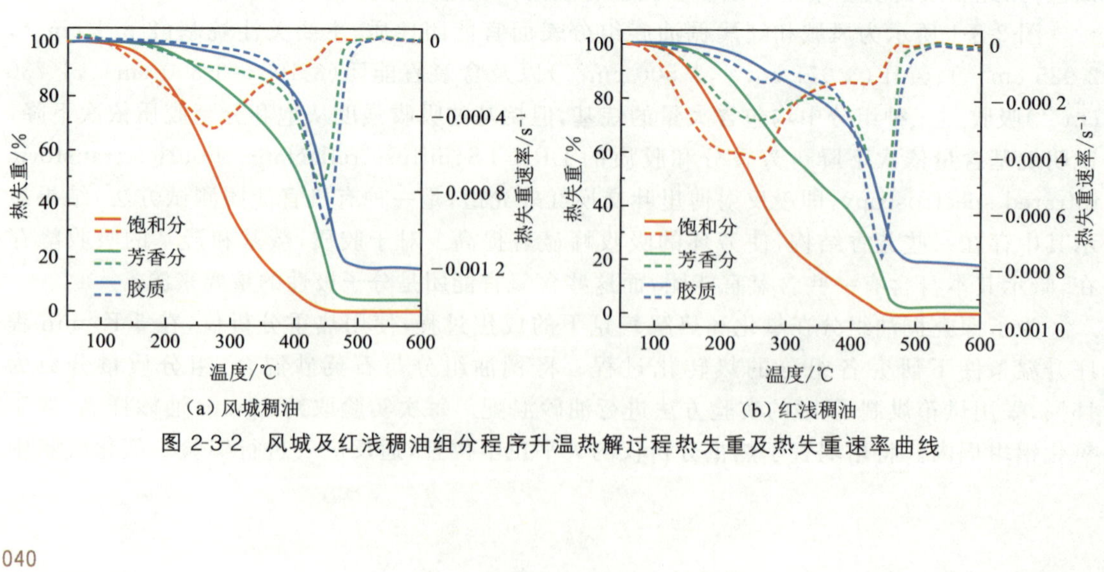

(a) 风城稠油　　　　(b) 红浅稠油

图 2-3-2　风城及红浅稠油组分程序升温热解过程热失重及热失重速率曲线

两种稠油组分热解过程存在差异，其中红浅稠油组分中含有更多低沸点物质，因此它在低温阶段的热失重速率较快，芳香分、胶质在低温蒸发阶段相比于风城稠油相同组分增加了20%。但两种稠油组分的热解成焦温度范围以及最终的焦炭产率差距不大。

在程序升温氧化过程中，各组分均存在低温、高温两个热失重区域。低温区域对应低温氧化成焦以及部分蒸发过程，高温区域对应所得燃料的氧化，焦炭产率一般定义为高温区域失重比例。以风城稠油为例，饱和分在氧化气氛下程序升温时存在低温和高温两个反应区域（图 2-3-3），以 400 ℃为分界温度。饱和分低温氧化温度区间为 100～430 ℃，热失重91%，峰值约为 240 ℃，远低于其他组分。饱和分在高温区间 400～530 ℃存在明显的热失重峰，有 9%的热失重，说明氧化条件下饱和分能够产生部分成焦物质。芳香分氧化存在两个热失重区域，以 420 ℃为分界温度，420 ℃之前有 66%的热失重，高温区域（420～540 ℃）热失重 34%，对应芳香分焦炭产率。胶质的程序升温氧化过程较为特殊，存在三个热失重温度区间，其中低温区域（150～400 ℃）热失重 27%，高温区域分为 400～480 ℃与 480～570 ℃两个部分，热失重分别为 23%与 50%。对比胶质的氧化与热解过程可以发现，胶质的低温氧化热失重相比热解过程有所增加，说明有少部分胶质在氧气作用下发生氧化、裂解及缩聚反应。胶质氧化的第一个高温热失重峰与热解的高温热失重峰对应的温度均为 450 ℃，说明在氧化气氛下在此温度也会发生部分活性成分烃类的裂解过程，此阶段热失重约为23%。但由于加氧低温氧化过程的存在，胶质氧化焦炭产率仍大于热解。此区域的出现与胶质性质可能有关联：红浅胶质可能较为轻质，大部分烷基及活性部分可参与低温氧化反应，因此 400～475 ℃区域并未出现明显的热失重速率峰，而在风城胶质中，此峰较为显著。对比饱和分、芳香分、胶质的氧化热失重峰可以发现，低温氧化和高温氧化的峰值温度从饱和分到胶质均逐渐升高，低温氧化过程以及所得焦炭氧化特性可能均存在差异。

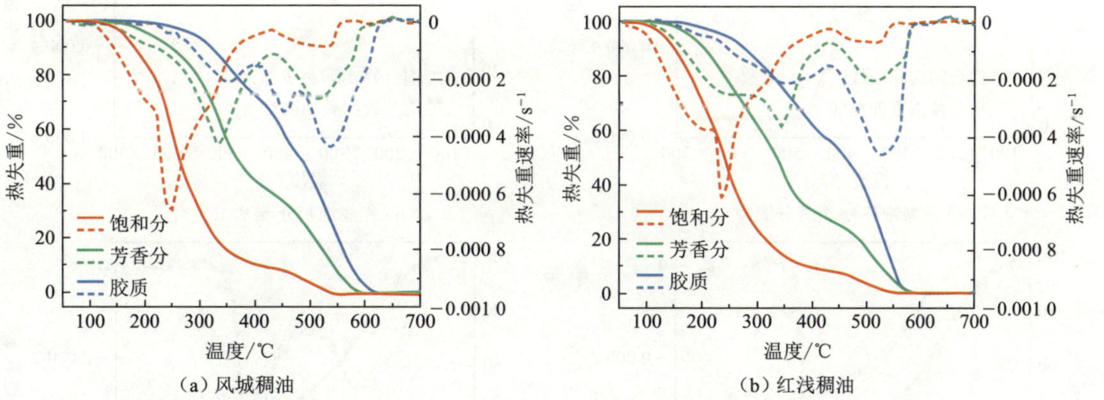

图 2-3-3　风城及红浅稠油组分程序升温氧化过程热失重及热失重速率曲线

二、不同稠油 SARA 组分在氧化和热解气氛下的相互作用规律初探

通过单独组分在氧化及热解气氛[根据耗氧速度和温度的差异，火驱过程中原油存在有氧（即氧化气氛）和无氧（即热解气氛）两种条件下的生焦过程]中的热重分析发现，在氧化条件下，饱和分和胶质出现了特殊的氧化阶段。稠油作为各族组分的混合体系，却没有出现饱

和分和胶质单独氧化时的特殊氧化阶段，因此推测可能存在组分间的相互作用。

将饱和分、芳香分、胶质按照质量比 1：1 的比例两两混合，使用热重分析仪在氧化和热解气氛下进行混合物的程序升温反应实验，并与单独组分热重数据叠加所得到的计算曲线进行对比，初步探究组分间的相互作用。制备质量比 1：1 混合的组分样品方法如下：依据烘箱烘制-研磨的方法，配置含组分 15％的组分-石英砂混合物；称取同样质量的不同组分-石英砂混合物，放入玛瑙研钵中，在 80 ℃条件下烘热，研磨混合两种样品；重复烘制-研磨过程，直至两种样品混合均匀，即获得两种组分质量比 1：1 的混合物。对于组分混合，还可尝试如下两种其他方法：称取两种相同质量的组分-石英砂样品，放入烧杯，使用正庚烷/甲苯溶解，使两种组分在溶剂中混合，再蒸去溶剂获得两种组分质量比 1：1 的混合物；直接将不含石英砂的组分加热进行液态混合，通过烘箱烘制增加组分流动性，使两种组分自然混合，获得不含石英砂的组分质量比为 1：1 的混合物，再与石英砂混合。这两种方法与烘箱烘制-研磨混合法所得实验结果及基本规律一致。

图 2-3-4 所示为风城及红浅稠油组分混合热解过程与组分单独热解叠加结果对比。可以发现，热解条件下，两者的热失重曲线基本重合，热失重速率曲线峰值位置及高度基本相似，并没有新热失重速率峰的产生或失重速率峰的消失，说明饱和分、芳香分、胶质混合后没有组分间相互作用造成的增重或失重反应，热解反应的焦炭产率基本可以通过单独组分焦炭产率叠加得到。

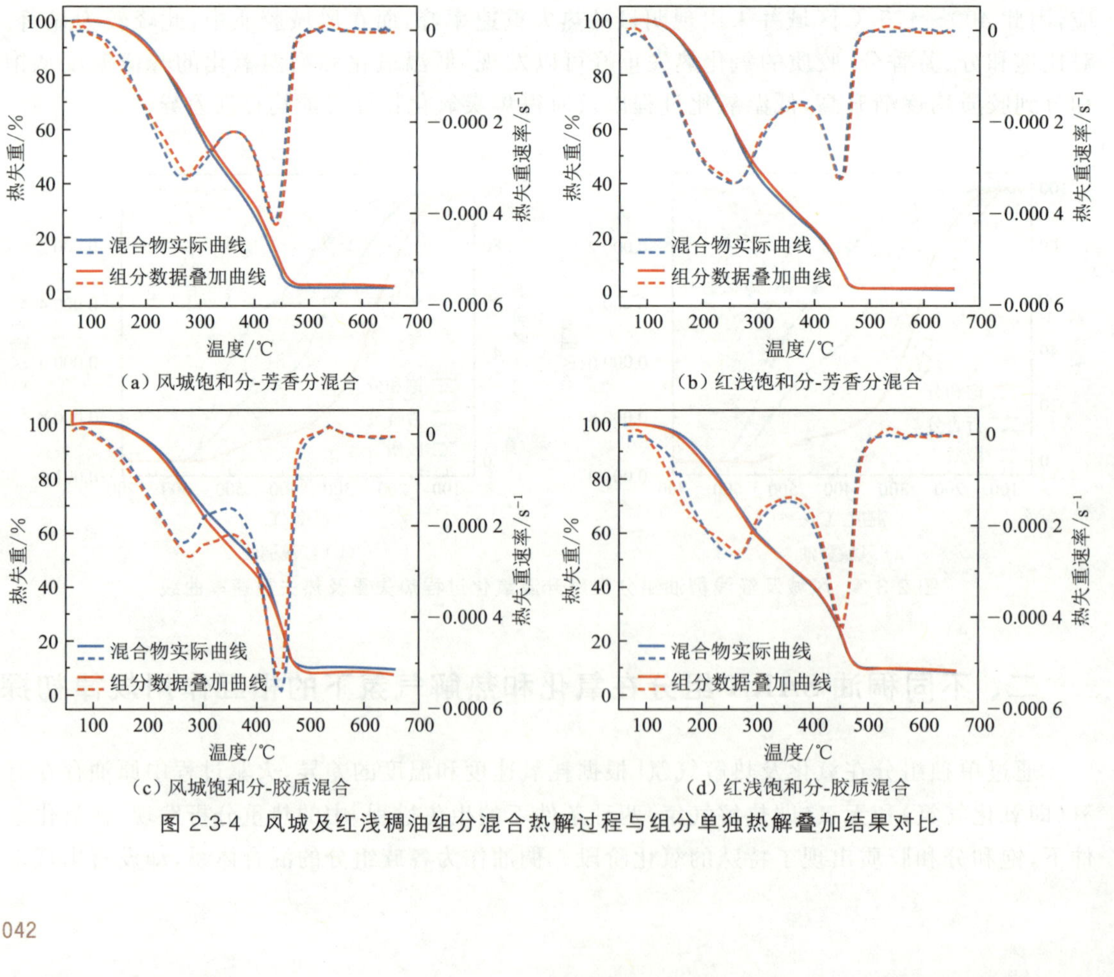

(a) 风城饱和分-芳香分混合
(b) 红浅饱和分-芳香分混合
(c) 风城饱和分-胶质混合
(d) 红浅饱和分-胶质混合

图 2-3-4 风城及红浅稠油组分混合热解过程与组分单独热解叠加结果对比

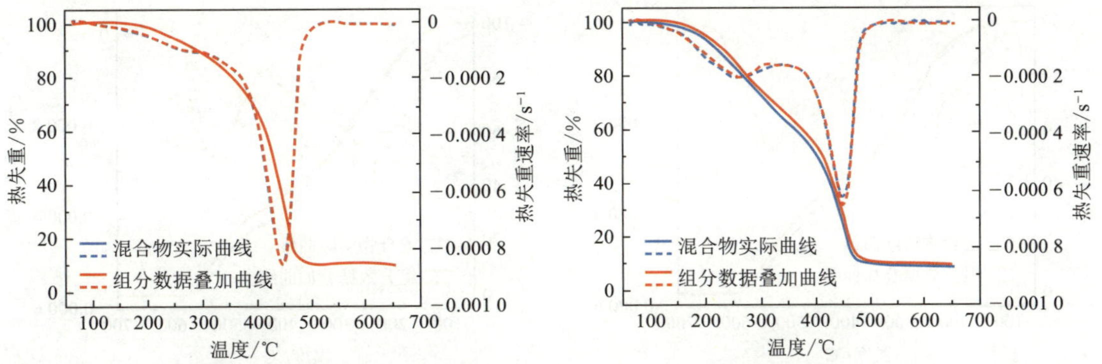

(e) 风城芳香分-胶质混合　　　　(f) 红浅芳香分-胶质混合

图 2-3-4(续)　风城及红浅稠油组分混合热解过程与组分单独热解叠加结果对比

图 2-3-5 所示为风城及红浅稠油组分混合氧化与组分单独氧化叠加结果对比。以风城稠油为例，由图 2-3-5(a)可以看出，饱和分在 240 ℃的热失重峰因为与芳香分共氧化而消失，混合后的低温热失重峰对应的温度为 340 ℃，基本与芳香分相同。饱和分的热失重峰消失说明饱和分的加氧反应中间产物可能与芳香分发生缩聚反应，从而将低温热失重峰延迟至 340 ℃，而共氧化的低温热失重区间、峰值温度与芳香分基本一致，说明两者缩聚产生的中间产物可能与芳香分性质一致。由风城饱和分和胶质共氧化的热失重曲线(图 2-3-5c)可知，叠加曲线与实际曲线在低温与高温区域均有差别；饱和分在 240 ℃的热失重峰消失，在 330 ℃左右出现热失重峰，说明饱和分在加氧反应后也能和胶质发生缩聚反应；同时，胶质单独氧化时在高温区域存在双峰，而在与饱和分共氧化时，胶质在 450 ℃的第一个热失重峰消失，450 ℃的热失重峰可能对应着裂解成焦，在饱和分存在的条件下，饱和分会与胶质发生物理或化学作用，促进胶质向焦炭转化，进而使胶质转变为焦炭的过程转移到低温区域进行。由风城芳香分和胶质共氧化的热失重曲线(图 2-3-5e)可知，芳香分可以起到同饱和分一样的使胶质参与低温氧化的效果，胶质在 450 ℃的高温氧化峰消失。

对于红浅稠油中的族组分，氧化气氛下饱和分与芳香分/胶质的作用机制与风城稠油族组分相似。对于胶质，由于族组分分离时主要依靠分子极性区分胶质与芳香分，而非平均相对分子质量，所以红浅胶质可能与芳香分的相对分子质量相近，区别在于胶质中含有少量杂

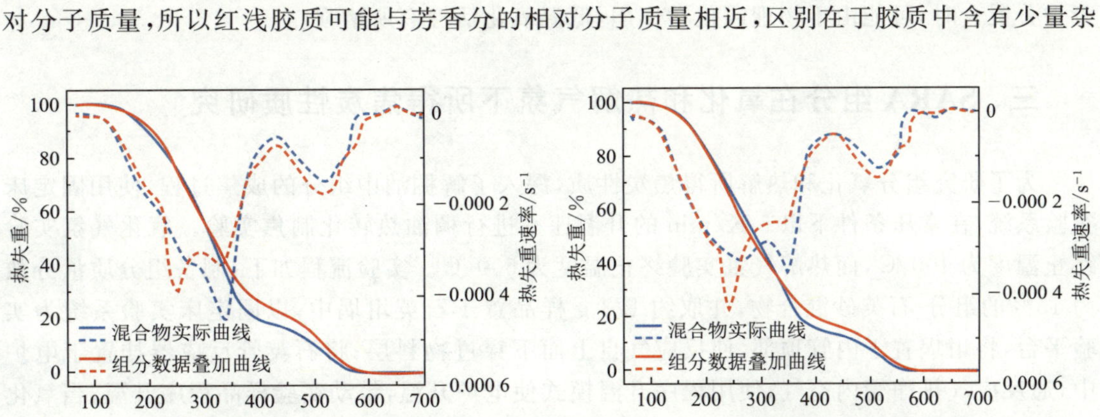

(a) 风城饱和分-芳香分混合　　　　(b) 红浅饱和分-芳香分混合

图 2-3-5　风城及红浅稠油组分混合氧化过程与组分单独氧化叠加结果对比

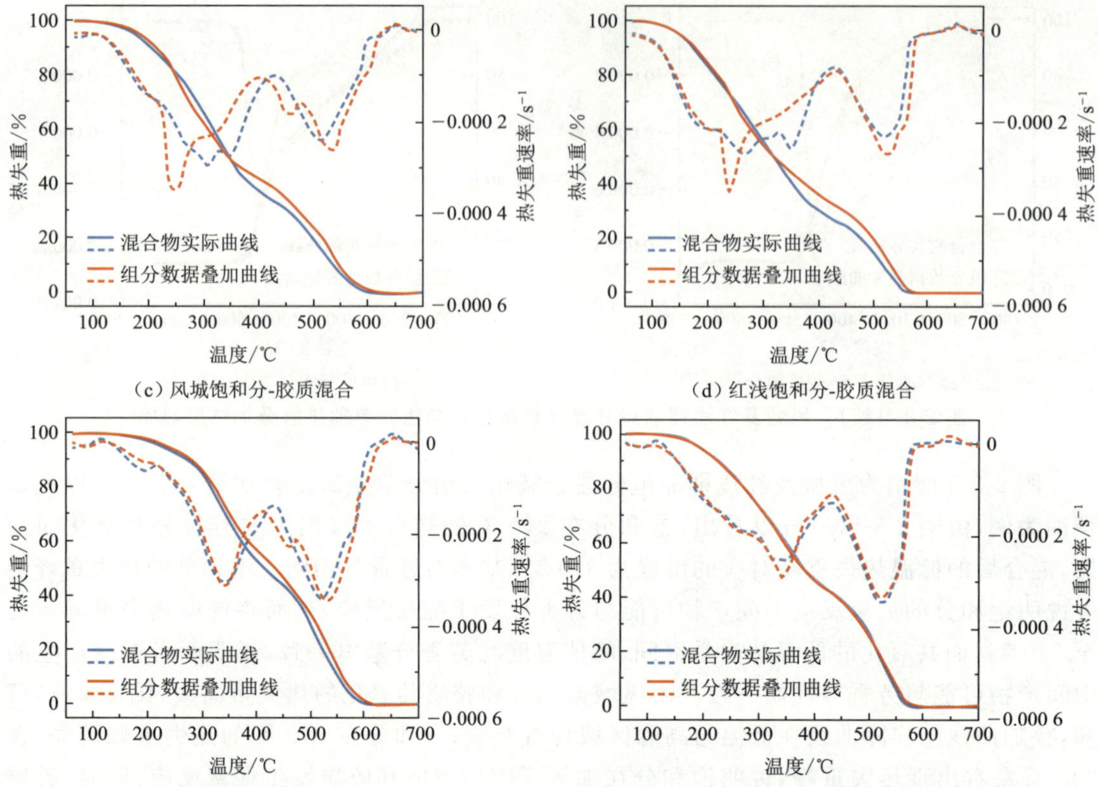

（c）风城饱和分-胶质混合　（d）红浅饱和分-胶质混合

（e）风城芳香分-胶质混合　（f）红浅芳香分-胶质混合

图 2-3-5(续)　风城及红浅稠油组分混合氧化过程与组分单独氧化叠加结果对比

原子。所以，红浅胶质表现出的氧化性质与芳香分相似，在与芳香分掺混时，实际氧化过程与两者单独氧化再叠加的差异不大。

饱和分、芳香分、胶质三种组分两两共氧化特性说明三种组分在氧化过程中存在重要的相互作用。其主要作用机制包括：饱和分会在低温时发生加氧反应，之后中间产物与芳香分或胶质发生缩聚反应，随着温度升高，这些缩聚中间产物会裂解形成焦炭；胶质与饱和分或芳香分混合时，可能由于物理或化学作用，低温氧化活性有所增强。

三、SARA 组分在氧化和热解气氛下所得焦炭性质研究

为了研究组分氧化和热解所得焦炭性质，深入了解稠油中组分的成焦过程，使用固定床实验系统，在常压条件下以 5 K/min 的升温速率进行稠油热转化制焦实验。氧化气氛实验终止温度为 400 ℃，而热解气氛实验终止温度为 600 ℃。实验流程如下：制备组分质量分数为 15%的组分-石英砂混合物，并取约 1.3 g 样品置于石英坩埚中；以固定床实验系统为实验平台，将坩埚置于内管顶部，使反应气自上而下穿过物料层；将石英管反应器挂置于电炉中，通反应气排净管内空气；使用程序升温模式使电炉升温，带动实验样品程序升温；当氧化气氛升至 400 ℃(热解气氛升至 600 ℃)后马上停止加热，打开炉门，使用 1 L/min 氩气使样品在惰性气氛下快速冷却；当温度降至 80 ℃后取出样品进行后续样品分析。氧化气氛对应氧含量为 5%。

表 2-3-2 所示为风城、红浅稠油组分在氧化和热解气氛下的焦炭产率，其中沥青质并非稠油中提取出的沥青质，而是取自国家标准建材用沥青块。焦炭产率由焦炭氧化热重实验获得。在氧化条件下，饱和分、芳香分、胶质的焦炭平均产率分别为 7.0%，25.45%，56.6%；在热解条件下，三者的焦炭平均产率为 0%，2.0%，16.5%。选购的沥青块在氧化条件和热解条件下的焦炭产率分别为 96.5%和 28.1%。可以看出，不论是氧化还是热解条件，稠油成焦的主要组分为胶质和沥青质等重质成分，因此稠油中的重质成分是影响焦炭产率的重要因素。

表 2-3-2 稠油 SARA 组分在氧化和热解条件下的焦炭产率

组 分	氧化气氛下焦炭产率/%			热解气氛下焦炭产率/%		
	风 城	红 浅	平 均	风 城	红 浅	平 均
饱和分	7.5	6.5	7.0	0	0	0
芳香分	29.5	21.4	25.45	2.8	1.2	2.0
胶 质	57.0	56.2	56.6	15.7	17.3	16.5
沥青质	96.5			28.1		

表 2-3-3 所示为风城、红浅稠油组分在两种气氛下所得焦炭的元素组成分析结果。可以看出，元素组成分析结果基本与焦炭产率对应：无论是氧化还是热解条件，C 元素的含量按饱和分、芳香分、胶质的顺序增加。氧化气氛下，对于两种稠油的组分，饱和分、芳香分、胶质的氧碳原子比（O/C）依次下降，如风城稠油组分由饱和分焦炭的 0.350 9 降低至胶质组分的 0.106 9。这说明饱和分是最容易在低温氧化条件下与氧气发生反应的组分，其次是芳香分，胶质受低温氧化的影响较小。两种稠油相比，红浅稠油的各种组分受低温氧化的影响程度强于风城稠油。两种稠油组分中的杂原子（如 N 和 O）在制焦过程中会同时脱除，但脱除比例不及 C 元素：以风城胶质为例，当热解到 600 ℃时，N 元素脱除了 67%，而 C 元素脱除了 80%，说明这些杂环元素主要存在于大分子的环内，而非以氨基等形式存在于侧链上。沥青质在氧化气氛下成焦受氧气的影响程度小于胶质，这是由于沥青中本身烷基较少，易产生含氧官能团的位点较少，所以沥青质在氧化条件下所得焦炭中的 O/C 并不大。

表 2-3-3 风城、红浅稠油组分在两种气氛下所得焦炭元素组成

名 称		N/%	C/%	H/%	O/%	O/C
风 城	饱和分氧化焦	0.75	64.21	5.00	30.04	0.350 9
	芳香分氧化焦	1.74	71.93	2.93	23.40	0.244 0
	胶质氧化焦	2.44	80.54	5.54	11.48	0.106 9
	芳香分热解焦	4.00	67.64	8.83	19.53	(0.217)
	胶质热解焦	4.14	84.92	3.23	7.71	0.068 1
红 浅	饱和分氧化焦	0.68	61.58	5.76	31.98	0.389 5
	芳香分氧化焦	0.92	70.36	2.91	25.81	0.275 1
	胶质氧化焦	1.79	77.48	3.39	17.34	0.167 8

续表

名称		N/%	C/%	H/%	O/%	O/C
红浅	芳香分热解焦	1.80	55.44	12.60	30.16	(0.408)
	胶质热解焦	2.79	87.01	4.20	6.00	0.051 7
沥青	沥青氧化焦	1.45	83.44	3.41	11.70	0.490 9
	沥青热解焦	1.44	81.71	5.64	11.21	0.828 1

注：表中括号内数据仅供参考，原因主要是芳香分热解所得焦炭比例太低，所得焦炭在油砂中占比太少，导致仪器测量误差极大以及焦炭吸水对氧元素含量测量的影响显著增加，因而所测结果不能反映实际焦炭中的O/C。

图 2-3-6 所示为风城及红浅稠油组分在两种气氛下所得焦炭表面官能团 DRIFTS 分析结果。对比氧化条件下饱和分、芳香分、胶质三种组分所得焦炭的含氧官能团可知，每种组分所得焦炭中均包含羰基、羟基等含氧官能团以及芳环吸收峰，部分焦炭中包含烷基吸收峰。饱和分所得焦炭中含氧官能团的吸收峰较强而芳环吸收峰较弱，说明饱和分形成的焦炭芳构化程度不深，主要是由含氧官能团缩聚而成的物质。芳香分所得焦炭存在芳环吸收峰和含氧官能团吸收峰。胶质所得焦炭官能团中除含氧官能团和芳环外，还发现存在大量的烷基没有被氧化，这可能是由于这些烷基难以被氧化，仍然存留在焦炭中。热解条件下芳

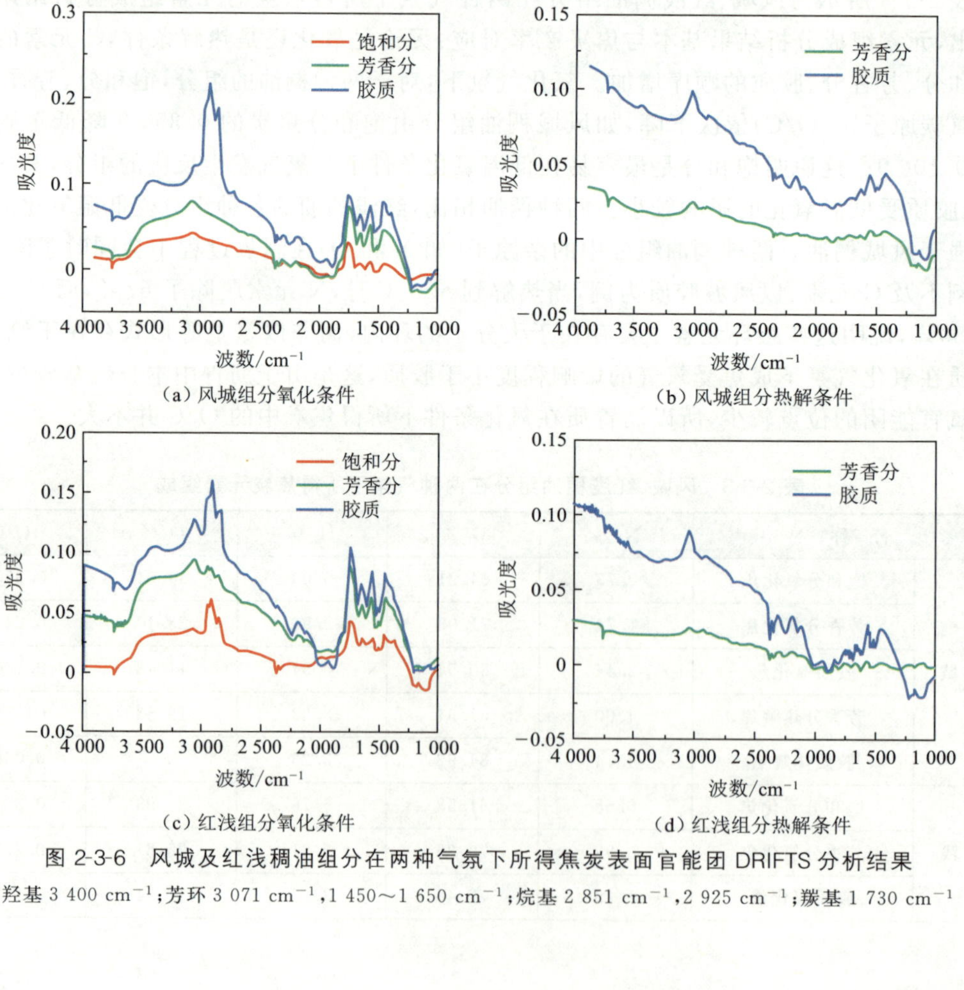

(a) 风城组分氧化条件　(b) 风城组分热解条件

(c) 红浅组分氧化条件　(d) 红浅组分热解条件

图 2-3-6　风城及红浅稠油组分在两种气氛下所得焦炭表面官能团 DRIFTS 分析结果

羟基 3 400 cm^{-1}；芳环 3 071 cm^{-1}，1 450～1 650 cm^{-1}；烷基 2 851 cm^{-1}，2 925 cm^{-1}；羰基 1 730 cm^{-1}

香分、胶质所得焦炭吸收峰主要为芳环吸收峰，胶质所得焦炭吸收峰中 3 071 cm^{-1} 和 1 500 cm^{-1} 附近芳环吸收峰较强，说明所得焦炭的芳构化程度更深。对比红浅和风城稠油组分所得焦炭，其官能团组成基本相似。对比风城和红浅胶质在氧化条件下所得焦炭的 DRIFTS 分析结果可知，风城胶质所得焦炭中烷基残留更多，说明风城胶质中的烷基更难以被氧化，风城胶质重质程度更高。

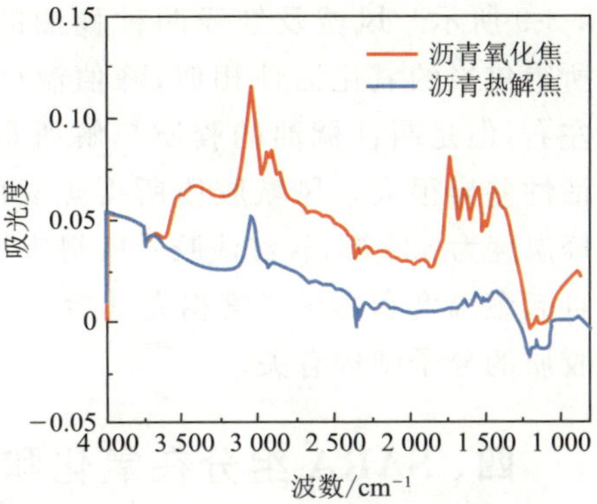

图 2-3-7　沥青质在两种气氛下所得焦炭表面官能团 DRIFTS 分析结果

沥青质与石英砂混合物热解和氧化所得焦炭表面官能团 DRIFTS 分析结果如图 2-3-7 所示。可以看出，两种气氛下所得焦炭官能团种类与其他组分基本一致。由于沥青质本身芳环含量较高，所以在氧化和热解条件下所得焦炭中有大量的芳环吸收峰（3 071 cm^{-1}）。在氧化条件下，焦炭也会形成一些含氧官能团（1 730 cm^{-1}，3 400 cm^{-1}），说明沥青质中的烷基也可以被氧化。

图 2-3-8 所示为风城及红浅稠油 SARA 组分在氧化气氛下所得焦炭的 DTG 曲线，曲线峰值温度越高，样品氧化活性越差。在氧化条件下，对于风城稠油各组分，从轻质的饱和分到重质的胶质，再到沥青块，所得焦炭的氧化活性依次降低，峰值温度从饱和分的 505 ℃增大到沥青质的 530 ℃。这可能是由于重质组分分子结构较大，易被氧化的支链较少，同时由于成焦时重质组分释放到气相的物质较少，形成的焦炭可能更加致密，所以重质组分所得焦炭的氧化活性较轻质组分差。风城及红浅稠油 SARA 组分在氧化条件下所得焦炭氧化活性的变化规律基本相似，只是红浅芳香分和胶质所得焦炭的氧化活性相近，这可能是因为红浅胶质更为轻质。对比风城及红浅稠油 SARA 组分所得焦炭的 DTG 曲线可以发现，红浅饱和分所得焦炭的氧化活性要好于风城饱和分，其峰值温度在 498 ℃左右，而风城饱和分所得焦炭的峰值温度在 509 ℃左右。风城及红浅两种稠油的芳香分所得焦炭的氧化活性均十分相似，峰值温度均在 512 ℃左右。两种稠油的胶质所得焦炭的峰值温度都在 512 ℃左右，但风城胶质所得焦炭的燃尽温度更高，氧化活性略差。

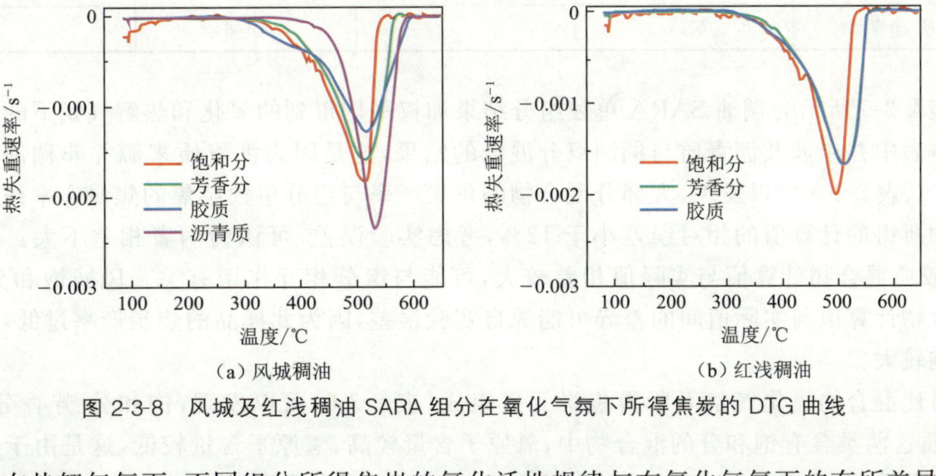

图 2-3-8　风城及红浅稠油 SARA 组分在氧化气氛下所得焦炭的 DTG 曲线

而在热解气氛下，不同组分所得焦炭的氧化活性规律与在氧化气氛下的有所差异，如图

2-3-9 所示。风城及红浅两种稠油的芳香分热解所得焦炭的氧化活性相似，峰值温度均在 515 ℃左右，但是两种稠油的胶质热解所得焦炭的氧化活性差异很大。风城胶质所得焦炭的 DTG 失重峰温度为 536 ℃，较红浅胶质所得焦炭高约 25 ℃，且起燃温度和燃尽温度相应延后。这可能与原始胶质的分子结构有关。

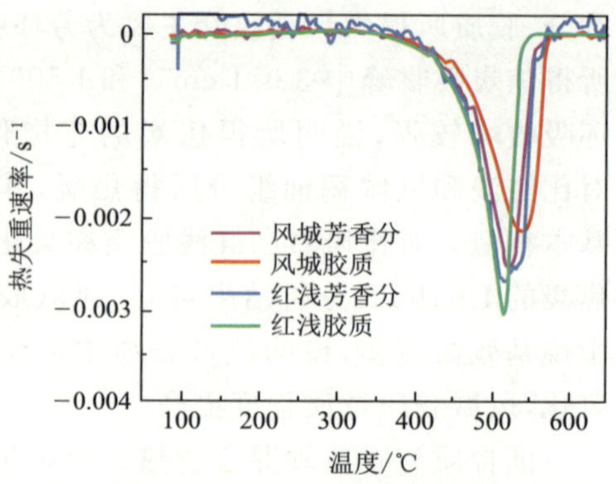

图 2-3-9　风城及红浅稠油 SARA 组分在热解气氛下所得焦炭的 DTG 曲线

四、SARA 组分在氧化和热解气氛下的相互作用对所得焦炭性质的影响

为了研究组分间化学作用对所得焦炭性质的影响规律，将各组分两两混合后所得的混合物样品（油砂）放于固定床反应器中，在 5% 氧含量氧化气氛及热解气氛中进行程序升温制焦实验。氧化气氛终止温度为 400 ℃，而热解气氛终止温度为 600 ℃。

各组分混合后所得混合物的焦炭产率见表 2-3-4。混合物的焦炭产率基本上可通过单独组分的焦炭产率估计：单独组分焦炭产率越高，混合物焦炭产率也越高。风城组分混合物焦炭产率较红浅组分混合物更高，这是由于风城组分中易挥发的组分含量较低。

表 2-3-4　稠油 SARA 组分混合物在氧化和热解气氛下的焦炭产率

混合物	氧化气氛下焦炭产率/%		热解气氛下焦炭产率/%	
	风　城	红　浅	风　城	红　浅
饱和分-芳香分	19.8	16.2	2.1	1.0
饱和分-胶质	29.2	35.4	7.3	9.1
芳香分-胶质	51.8	44.3	9.5	8.8
饱和分-沥青质	37.5		8.2	
芳香分-沥青质	57.7		10.8	
胶质-沥青质	67.6		18.8	

表 2-3-5 所示为稠油 SARA 单独组分结果加权平均得到的氧化和热解气氛下的焦炭产率。本表中并未涉及沥青质与稠油组分混合的结果，这是因为沥青质来源并非稠油。对比表 2-3-4、表 2-3-5 可以发现，大部分混合物的焦炭产率与组分单独结焦的焦炭产率按质量分数叠加所得的计算值的相对误差小于 12%，考虑实验误差，可认为两者相差不大。风城芳香分-胶质混合物计算值与实际值相差较大，可能与组分相互作用有关。风城饱和分-芳香分混合物计算值与实际值间的差异可能源自实验误差，因为此样品的焦炭产率过低，系统误差影响较大。

对比混合物氧化气氛下所得焦炭元素组成（表 2-3-6）可以发现，饱和分-芳香分、饱和分-胶质这两类含有饱和分的混合物中，氧原子含量较高，氢原子含量较低，这是由于饱和分相对于芳香分、胶质，其中的长烃链极其容易被氧化。而芳香分、胶质由于存在一些芳环，碳

表 2-3-5　稠油 SARA 单独组分结果加权平均得到的氧化和热解气氛下的焦炭产率

混合物	氧化气氛下焦炭产率/%		热解气氛下焦炭产率/%	
	风　城	红　浅	风　城	红　浅
饱和分-芳香分	18.5	14.1	1.4	0.6
饱和分-胶质	31.8	31.4	7.8	8.7
芳香分-胶质	42.5	38.8	9.3	9.3

链长度较短，相对不容易受氧气的影响，因而风城及红浅稠油芳香分-胶质混合物中氢含量较高，氧含量较低。三种组分与沥青质混合后所得焦炭的 C，H，O 元素组成差异不显著，这可能与使用的沥青质并非来自稠油有关。

表 2-3-6　风城及红浅稠油组分混合物在氧化气氛下所得焦炭元素组成

混合物		N/%	C/%	H/%	O/%	O/C
风　城	饱和分-芳香分	1.09	77.19	3.00	18.72	0.18
	饱和分-胶质	2.77	73.02	2.65	21.56	0.22
	芳香分-胶质	2.17	82.75	5.31	9.77	0.09
	饱和分-沥青	0.52	84.24	3.41	11.83	0.11
	芳香分-沥青	1.00	80.03	2.95	16.02	0.15
	胶质-沥青	1.84	81.63	3.82	12.71	0.12
红　浅	饱和分-芳香分	0.00	76.90	2.96	20.14	0.20
	饱和分-胶质	1.74	79.56	3.41	15.29	0.14
	芳香分-胶质	2.44	81.02	5.08	11.46	0.11

风城及红浅稠油各组分混合物热解所得焦炭元素组成见表 2-3-7。可以发现，饱和分芳香分混合物由于焦炭产率很低，因而结果受吸附水的影响很大，氧含量较高。同种稠油饱

表 2-3-7　风城及红浅稠油组分混合物在热解气氛下所得焦炭元素组成

混合物		N/%	C/%	H/%	O/%
风　城	饱和分-芳香分	0.00	80.04	5.97	13.99
	饱和分-胶质	5.34	84.49	4.52	5.65
	芳香分-胶质	4.41	84.61	4.59	6.39
	饱和分-沥青	0.01	89.14	4.50	6.35
	芳香分-沥青	0.00	90.76	4.16	5.08
	胶质-沥青	3.13	88.02	4.11	4.74
红　浅	饱和分-芳香分	0.00	72.46	7.78	19.76
	饱和分-胶质	3.12	87.25	4.12	5.51
	芳香分-胶质	1.00	86.46	4.02	8.52

和分-胶质与芳香分-胶质混合物中，元素组成基本类似，C 元素和 H 元素含量相近。对比风城及红浅饱和分-胶质、芳香分-胶质混合物可知，来自红浅组分的混合物中氢碳比更低，这可能是由于红浅组分更轻质，所以裂解更加彻底，而风城组分更为重质，难以裂解的氢较多。各组分与沥青质混合后所得元素组成基本相似。

图 2-3-10 所示为风城及红浅稠油组分混合后所得焦炭表面官能团 DRIFTS 分析结果。可以看出，氧化条件下各种组分混合后所得焦炭的表面官能团种类基本相似，均包含芳环、

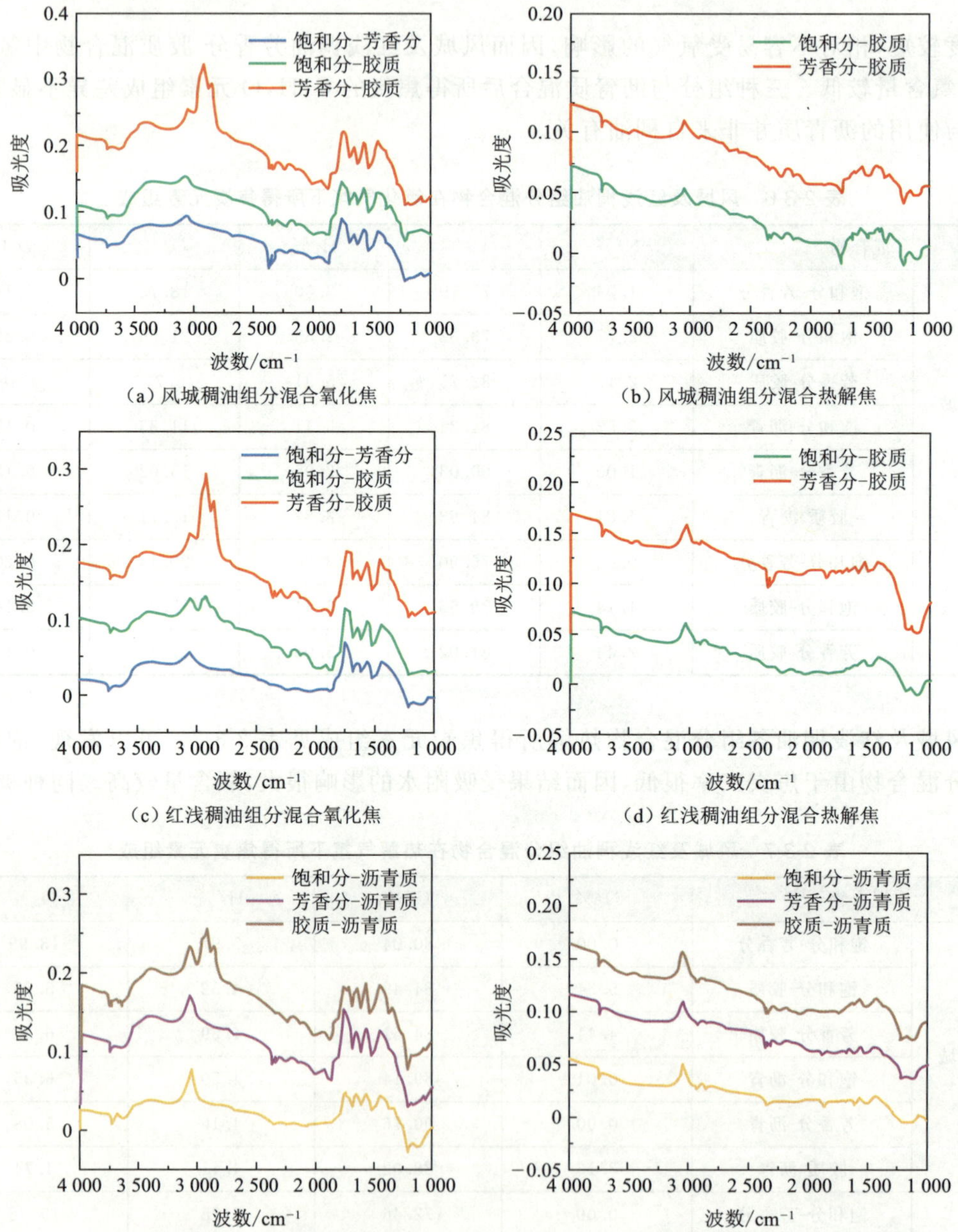

(a) 风城稠油组分混合氧化焦　(b) 风城稠油组分混合热解焦

(c) 红浅稠油组分混合氧化焦　(d) 红浅稠油组分混合热解焦

(e) 风城稠油组分混合沥青质氧化焦　(f) 风城稠油组分混合沥青质热解焦

图 2-3-10　不同条件下两种稠油组分混合所得焦炭 DRIFTS 分析结果

羟基 3 400 cm^{-1}；芳环 3 071 cm^{-1}，1 450～1 650 cm^{-1}；烷基 2 851 cm^{-1}，2 950 cm^{-1}；羰基 1 700 cm^{-1}

羟基、羰基这几类主要官能团。其中，芳环源于烃类的缩聚过程，而羟基和羰基来源于烃类的加氧以及含氧官能团的进一步氧化反应。除这几类主要官能团外，芳香分-胶质混合物还存在部分烷基。由于胶质分子较大，沸点较高，长烷基侧链较少，所以较难氧化，内部的烷基不容易脱除，所得焦炭中还存在一定的烷基。饱和分与胶质混合时，由于饱和分碳链较长，容易氧化裂解，脱离体系，进而在胶质中形成一些孔道，便于胶质的低温氧化，饱和分裂解产生的自由基也可能对胶质氧化有一定的促进作用。芳香分相对于饱和分，沸点较高，且氧化性能较差，因而两者混合后所得混合物的氧化焦仍保有部分烷基。除此之外，各组分混合物所得氧化焦基本一致。而热解条件下各种组分混合所得焦炭的表面官能团结构基本一致，均含有芳环结构。需要说明的是，对于热解所得焦炭，其主要结构类似于石墨，元素组成为碳和少量氢，纯碳氢结构一般不认为是官能团，因此其 DRIFTS 分析得出的官能团组成并不是此种焦炭的显著特征。

图 2-3-10(e)和(f)所示为风城稠油组分混合沥青质氧化和热解所得焦炭 DRIFTS 分析结果。可以看出，由于沥青质也是大分子，其跟胶质混合氧化所得焦炭也同芳香分-胶质混合一样，存在部分烷基。同时，沥青质中大部分为稠环芳香分，碳链较少，与其他组分混合后，由于沥青质很难加氧，所以氧化条件下所得焦炭的羰基吸收峰强度较低。

图 2-3-11 所示为两种稠油组分混合所得焦炭的 DTG 曲线。可以看出，氧化条件下风城饱和分、芳香分、胶质相互混合所得焦炭的 DTG 曲线峰值温度较为接近，均在 510 ℃左右，芳香分-胶质混合物因其中存在部分未被氧化的烷基，所以在氧含量提高时，起燃温度低

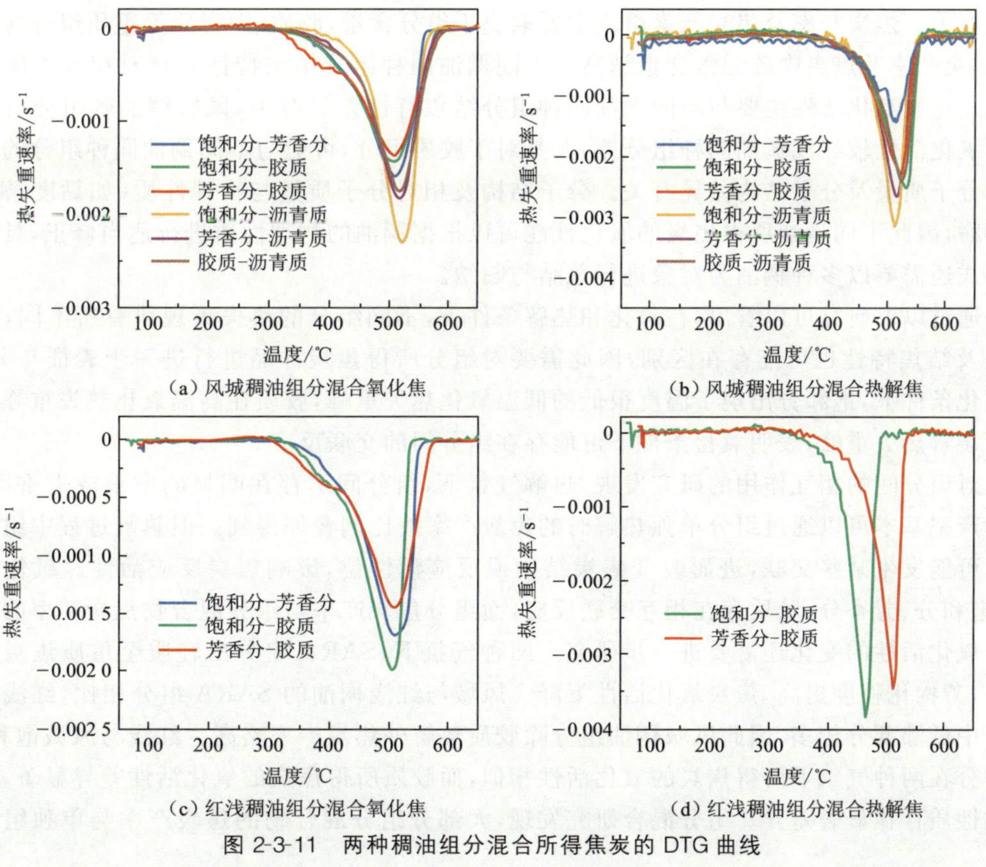

(a) 风城稠油组分混合氧化焦　(b) 风城稠油组分混合热解焦

(c) 红浅稠油组分混合氧化焦　(d) 红浅稠油组分混合热解焦

图 2-3-11　两种稠油组分混合所得焦炭的 DTG 曲线

于其他组分混合物氧化所得焦炭。对于含有胶质的混合物，其燃尽温度较饱和分-芳香分所得焦炭的燃尽温度更高，可能与胶质所得焦炭的孔隙结构有关。对于红浅稠油组分混合氧化焦，饱和分-胶质所得焦炭的氧化活性略好于其他两种组分混合，峰值温度低（约 5 ℃），且燃尽温度低。风城和红浅两种稠油结果存在差异，与两种稠油胶质的重质程度不同以及饱和分在其中的分散性不同有关。对于沥青质与其他组分的混合，由于其并非稠油中原生物质，所得结果仅供参考。沥青质与风城稠油各组分混合后所得氧化焦的峰值温度约为 520 ℃，较其他组分混合略高，说明沥青质所得焦炭的氧化活性较差。热解条件下，对于原始稠油中的饱和分、芳香分、胶质组分，风城饱和分-胶质混合物热解所得焦炭的峰值温度比其他混合物所得焦炭略高 10 ℃，其他组分的峰值温度约为 515 ℃，说明饱和分-胶质所得焦炭的氧化活性略差。对于红浅稠油，饱和分-芳香分混合物焦炭产率太低，热失重速率误差很大，因此未在图中展示。对比饱和分-胶质及芳香分-胶质混合物，前者的峰值温度、起燃温度、燃尽温度显著低于后者，说明饱和分-胶质混合物所得焦炭有着更好的氧化活性，与风城稠油组分混合所得焦炭性质规律相反，可能是由于胶质组分性质上的区别。对于混合沥青质热解焦，其氧化活性略好于风城饱和分-胶质以及饱和分-芳香分混合物，这可能与风城胶质性质有关。但风城沥青质混合物对比原始组分混合物，在氧化和热解条件下所得焦炭的活性相对差异规律不同，其原因还有待于研究。总之，对于稠油中原始的饱和分、芳香分、胶质，目前研究显示，胶质的性质是影响稠油所得焦炭氧化活性的最重要因素。

由前文可知，风城、红浅两区块稠油结焦特性存在差异。通过本节对 SARA 组分的结焦过程与结焦特性的分析可知，其差异与 SARA 组分的含量及不同稠油同种 SARA 组分的性质有关。焦炭产率及焦炭元素组成主要取决于组分含量，胶质、沥青质等重质组分含量越高，焦炭产率及焦炭中碳元素含量越高。不同稠油同种组分结焦特性差异及相互作用影响较小。焦炭氧化活性主要与不同稠油同种组分结焦特性差异有关，风城稠油各组分所得焦炭的氧化活性较红浅稠油同种组分差，尤其对于胶质组分，可能与不同稠油同种组分的平均相对分子质量及分子结构差异有关。分子结构及相对分子质量与物理性质（如黏度、密度）相关联，因此不同稠油所得焦炭的氧化性能可以根据稠油的物理性质进行适当修正，具体修正方式还需要以多种稠油为对象进行总结与归纳。

通过以上研究可以看出，在氧化和热解条件下，不同组分的热失重规律有所不同，反应过程及结焦特性也可能存在区别，因此需要对组分所得焦炭样品进行进一步表征与分析。在氧化条件下，饱和分出现了温度很低的低温氧化热失重峰，胶质在高温氧化热失重峰前出现了裂解热失重峰，表明氧化条件下可能存在组分间的交联反应。

对组分间的相互作用的研究发现，热解气氛下，组分间不存在明显的增重或失重反应，焦炭产率基本可以通过组分单独热解时的焦炭产率按比例叠加得到。但热解过程中组分间仍有可能发生某些交联，进而改变焦炭结构或反应活性位，影响焦炭反应活性。氧化气氛下，饱和分、芳香分、胶质存在相互交联反应，而组分焦炭产率与组分混合物焦炭产率的关系以及氧化活性的变化还需要进一步研究。两种气氛下，SARA 组分由轻质至重质焦炭产率提高，芳构化程度提高，焦炭氧化活性下降。风城与红浅稠油的 SARA 组分相比，红浅稠油组分中低沸部分较多，因此风城稠油组分除胶质热解外焦炭产率略高。红浅与风城饱和分、芳香分在两种气氛下所得焦炭的氧化活性相似，而胶质所得焦炭的氧化活性差异显著，两种胶质性质存在显著差异。组分混合研究发现，大部分组分混合物的焦炭产率与单独组分焦炭产率叠加得到的计算结果误差较小，可以认为各组分焦炭产率可以叠加得到稠油焦炭产率。而组分混合物所得焦炭的氧化活性主要取决于原始组分性质，风城胶质的各种混合物所得焦炭的氧化活性差于红浅胶质的各种混合物，这是由于两种稠油胶质特性的差异。

五、基于 SARA 组分的焦炭生成模型建立与模型验证

火驱计算数值模拟所使用的模型极其复杂，包括流动、传质、反应、热力学等方程，难以同时优化每一部分，一般都是由实验研究或理论分析对其中一部分进行优化。由于仅对焦炭生成及氧化进行研究，且实验系统较适宜研究反应过程，所以主要对其中的反应模型进行修正，即获得更准确地描述稠油转化为焦炭这一反应历程的方法，而未对流动、热力学等部分进行改进与修正。目前，火驱技术数值计算中所使用的反应模型大部分为阿伦尼乌斯方程，即活化能与指前因子的形式。由于活化能求算方法、实验结果未经检验，模型不够准确，实验基础与火驱技术实际情况差异过大等问题，目前的反应模型存在可信度较低的问题，需要构建准确的反应机理模型。美国斯坦福大学近几年来提出了非阿伦尼乌斯方程形式的机理模型，但此模型目前应用较少，仍以阿伦尼乌斯方程形式的动力学反应模型为主。

1. 模型建立方法

稠油在氧化和热解气氛下的成焦过程在前面已经阐述过。在氧化气氛下，稠油经历加氧、烷基裂解、缩聚、脱羰基及缓慢氧化等过程转化为焦炭，其中氧气插入碳链后显著促进了烃类分子的缩聚作用。而在热解气氛下，稠油主要依靠 400 ℃以上的热裂解反应成焦。由于高温作用，稠油分子内的化学键不稳定，受热断裂产生自由基，部分自由基聚合产生焦炭。此过程在 500 ℃前基本完成，500 ℃以上为进一步的脱氢、重整过程。

基于前文对 SARA 组分的研究，以 SARA 组分为反应物建立焦炭的生成模型，用于预测不同转化率、氧含量、压力条件下焦炭产率随温度的变化关系。

热解气氛下，主要考虑如下反应：

(1) 饱和分⟶焦炭＋裂解气；

(2) 芳香分⟶焦炭＋裂解气；

(3) 胶质⟶焦炭＋裂解气。

氧化气氛下，主要考虑如下反应：

(1) 饱和分＋氧气⟶聚合物＋裂解气；

(2) 聚合物＋氧气⟶焦炭＋裂解气；

(3) 芳香分＋氧气⟶焦炭＋裂解气；

(4) 胶质＋氧气⟶焦炭＋裂解气；

(5) 焦炭＋氧气⟶碳氧化物。

饱和分氧化考虑两个反应主要是由于饱和分单独氧化时存在两个显著的热失重区间。其中，各反应的动力学参数来自组分的多升温速率（5，7，9，11，13 K/min）热重分析实验。活化能计算方法为等转化率法中的 FWO 法，指前因子 A 及反应级数 n 通过最小二乘法拟合得到，机理函数采用如下形式：$f(\alpha)=(1-\alpha)^n$。FWO 法求取活化能 E 的计算公式为：

$$\lg \beta = \lg \frac{AE}{RG(\alpha)} - 2.315 - 0.4567\frac{E}{RT} \tag{2-3-1}$$

利用 FWO 法仅能求算各组分的活化能，而指前因子的求取依赖于机理函数的表达形式。在此，指前因子和机理函数级数的求算使用最小二乘优化方法获得。最小二乘优化方法中以实际反应速率 DTG 曲线为拟合对象，反应物转化率的变化速率 r 的计算公式采用阿伦尼乌斯方程形式。

热解（惰性气体）气氛下，有：

$$r = A\exp\left(-\frac{E}{RT}\right) \cdot (1-\alpha)^n \tag{2-3-2}$$

氧化气氛下，有：

$$r = A\exp\left(-\frac{E}{RT}\right) \cdot (1-\alpha)^n \cdot p_{O_2}^m \tag{2-3-3}$$

其中，机理函数假设为 $f(\alpha)=(1-\alpha)^n$ 的形式。调整 $A(A \cdot p_{O_2}^m)$ 和 n 使得计算反应速率 r_{k_cal} 与实际反应速率 r_{k_exp} 差值达到极小，即

$$\min J = \sum_{k=1}^{n}(r_{k\_exp} - r_{k\_cal}) \tag{2-3-4}$$

氧化气氛下的组分结焦过程及焦炭氧化过程中氧气为反应物。若想准确描述氧含量变化对反应过程的影响，则需要评估氧气的反应级数。通过不同氧含量的热重分析实验，结合热失重速率、FWO 法求得的活化能、氧含量以及温度，以阿伦尼乌斯方程为基础，可以求算出氧气的反应级数。根据阿伦尼乌斯方程，有：

$$r = A\exp\left(-\frac{E}{RT}\right) \cdot f(\alpha) \cdot p_{O_2}^m \tag{2-3-5}$$

两边取对数后移项，可得：

$$\ln r + \frac{E}{RT} = \ln[A \cdot f(\alpha)] + m\ln p_{O_2} \tag{2-3-6}$$

其中，反应物转化率的变化速率 r 及其对应的温度 T 由热失重曲线得到，活化能由 FWO 法求得。计算时选取不同氧含量、同一转化率对应的热失重速率和温度，拟合斜率获得反应级数。

上述动力学方程各参数求算过程以热重分析实验为基础。由多升温速率热重分析实验求得指前因子、活化能、机理函数的级数，由变氧含量实验求算氧气的反应级数。

2. 实验及动力学分析结果

氧化气氛下，组分间存在显著的相互作用，因此使用单 SARA 组分氧化实验曲线求取动力学参数。由于拟合稠油成焦过程存在一定的误差，所以氧化气氛下，使用芳香分、饱和分-芳香分（质量比 1∶1）混合物、饱和分-芳香分-胶质（质量比 1∶1∶1）混合物为样品进行实验，通过热失重曲线的差异相减获得单组分的热失重数据，进而求算单组分氧化成焦动力学参数。此处使用 15% 质量分数的组分-石英砂或组分混合物-石英砂为实验样品，采用热重分析仪，在 5，7，9，11，13 K/min 升温速率下，获得氧化及热解两种气氛下反应转化率随温度的变化关系，用于动力学分析。

图 2-3-12 所示为各组分氧化及热解反应转化率随温度的变化规律，通过不同升温速率曲线，拟合温度和升温速率之间的关系，即可求出动力学参数。求得的动力学参数见表 2-3-8。

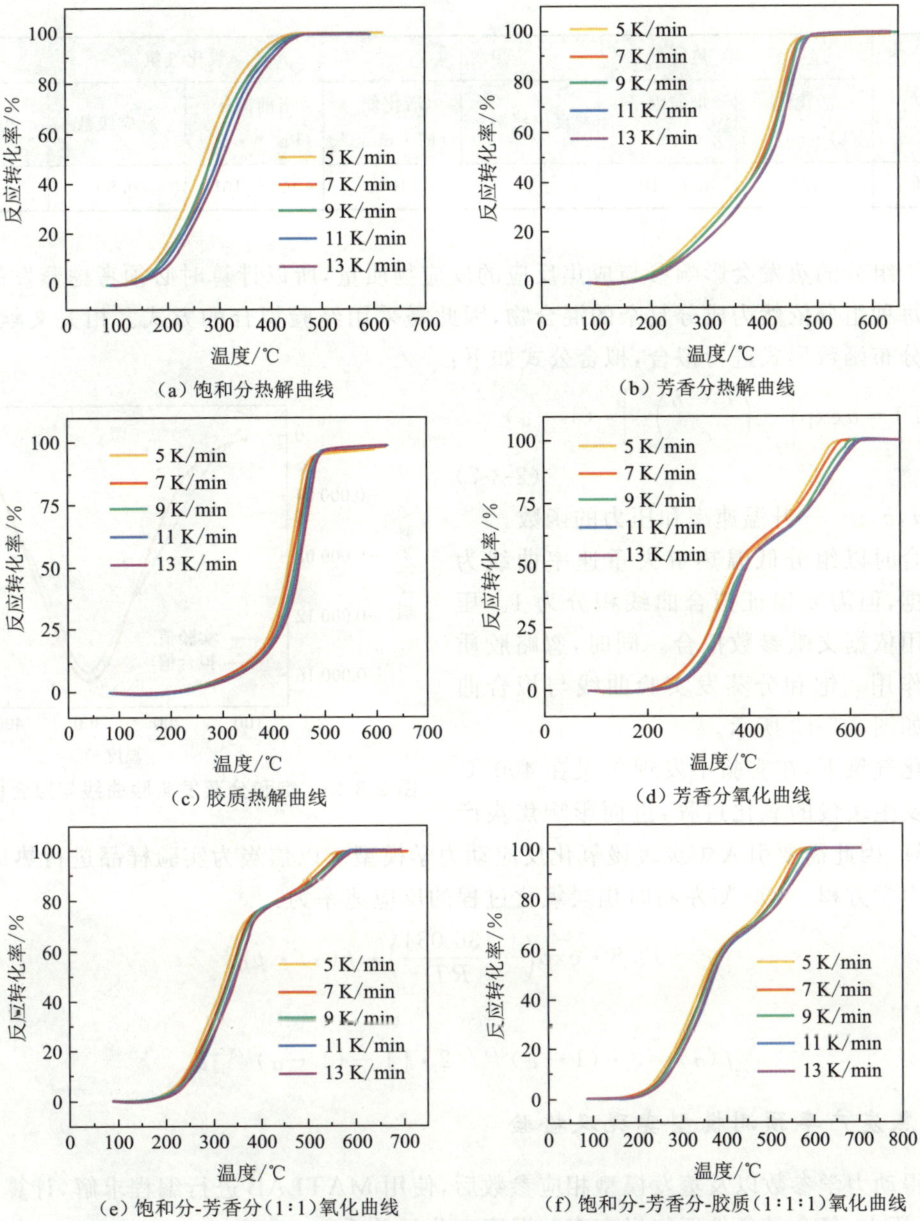

(a) 饱和分热解曲线　(b) 芳香分热解曲线

(c) 胶质热解曲线　(d) 芳香分氧化曲线

(e) 饱和分-芳香分(1:1)氧化曲线　(f) 饱和分-芳香分-胶质(1:1:1)氧化曲线

图 2-3-12 组分多升温速率氧化及热解反应转化率随温度的变化曲线

表 2-3-8 组分热解及氧化气氛下成焦动力学参数

组 分	热解气氛			氧化气氛			
	活化能 /(kJ·mol^{-1})	指前因子 /s^{-1}	反应级数	活化能 /(kJ·mol^{-1})	指前因子 /(Pa^{-m}·g^{-1})	反应级数	氧气级数
饱和分	99	3.1×10^5	1	(1)96	(1)2.9×10^5	(1)1.5	(1)0.44
				(2)111	(2)2.5×10^5	(2)1.6	(2)0.5
芳香分	155	9.2×10^8	1	88.5	9.7×10^3	0.54	1.3

续表

组　分	热解气氛			氧化气氛			
	活化能 /(kJ·mol^{-1})	指前因子 /s^{-1}	反应级数	活化能 /(kJ·mol^{-1})	指前因子 /(Pa^{-m}·g^{-1})	反应级数	氧气级数
胶　质	181	4.9×10^{10}	1	100	9.5×10^{4}	0.59	1.5

由于组分的蒸发会影响参与成焦反应的反应物质量，所以计算时必须考虑蒸发的作用。考虑到每种组分依然为成分复杂的混合物，因此需采用经验拟合的方式。相关文献建议使用正态分布函数形式进行拟合，拟合公式如下：

$$r_e(T)=a\exp\left[-\left(\frac{T-b}{c}\right)^2\right]\cdot(1-\alpha) \tag{2-3-7}$$

式中　a,b,c——升温速率和压力的函数。

拟合时以组分低温热解失重速率曲线为实验依据，但需要保证拟合曲线积分为 1。压力的作用依据文献参数拟合。同时，忽略胶质的蒸发作用。饱和分蒸发实验曲线与拟合曲线对比如图 2-3-13 所示。

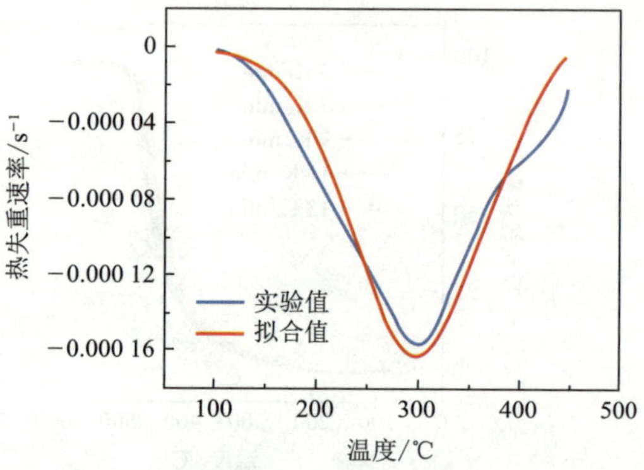

图 2-3-13　饱和分蒸发实验曲线与拟合曲线对比

氧化气氛下，在实验中发现焦炭在 400 ℃左右会发生缓慢的氧化过程，进而影响焦炭产率的计算，因此需要引入焦炭缓慢氧化反应动力学模型。以焦炭为实验样品进行热重分析，获得动力学方程。400 ℃左右时焦炭氧化过程的反应速率为：

$$r=90.8\cdot\exp\left(-\frac{136\ 034}{RT}\right)\cdot f(\alpha)\cdot p_{O_2}^{0.9} \tag{2-3-8}$$

其中

$$f(\alpha)=3\cdot(1-\alpha)^{2/3}/\{2\cdot[1-(1-\alpha)^{1/3}]\} \tag{2-3-9}$$

3. 焦炭产率预测模型实现及检验

求得动力学参数以及蒸发模型相应参数后，使用 MATLAB 进行编程求解，计算不同升温速率、压力、氧含量条件下焦炭产率与温度变化的关系。

图 2-3-14 所示为热解气氛下焦炭产率随温度的变化关系。图 2-3-14(a)中，圆点代表固定床实验所得焦炭产率，线代表计算所得焦炭产率。对比实验值与计算值可以发现，计算值基本能够描述焦炭的产生过程。成焦阶段(400～480 ℃)的误差可能与本书采用的总包反应假设(稠油本身组分复杂，由多种有机化合物混合而成，其成焦过程又包括诸多不同的化学反应，实际反应路径极为复杂，故精确描述极为困难。为了描述这样一个复杂过程，可将成焦反应假定为一个总包反应，即将多反应物打包为单一反应物、多反应打包为单一成焦反应，并且忽略中间产物。这样可以对成焦过程进行合理描述并求算其反应速率。但这种打包必然脱离实际过程，会产生偏差)有关，而最终焦炭产率的误差可能是由于在模型建立过程中未考虑焦炭的深度裂解反应。不同压力下，成焦温度范围基本不变，焦炭最终产率随温度升高而增加，这是由

于压力对蒸发过程有抑制作用,压力对蒸发的抑制使更多组分参与了裂解成焦过程。

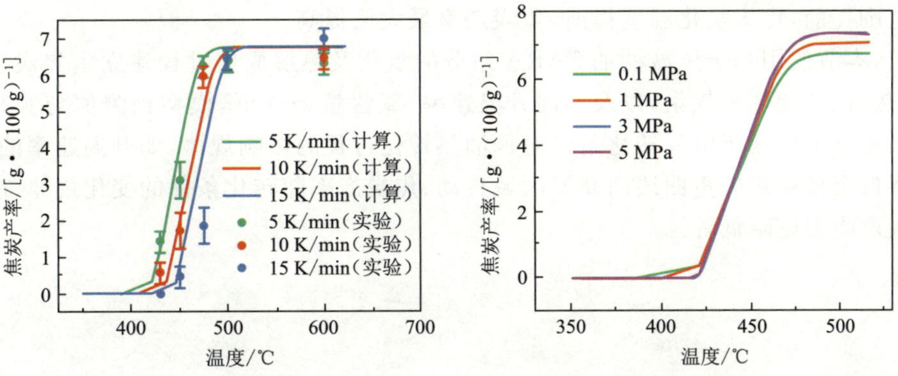

(a) 不同升温速率 (b) 不同压力

图 2-3-14 热解气氛下焦炭产率随温度的变化关系

图 2-3-15 所示为氧化气氛下焦炭产率随温度的变化关系。图 2-3-15(a)和(b)中,圆点代表固定床实验所得焦炭产率,线代表计算所得焦炭产率。可以看出,利用该模型基本可以预测不同升温速率、不同氧含量等条件下焦炭产率随温度的变化规律。由于总包反应假设,计算值与实际值依然存在部分差异。由计算结果可以看出,随着升温速率提高,成焦反应延

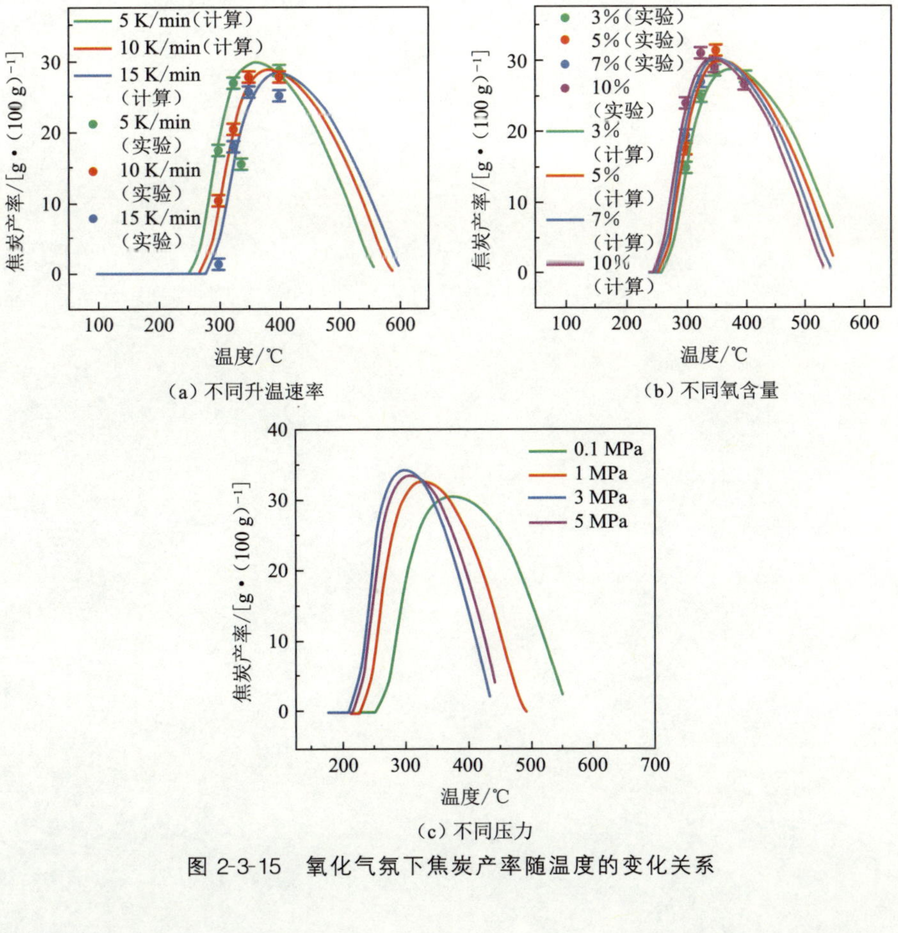

(a) 不同升温速率 (b) 不同氧含量

(c) 不同压力

图 2-3-15 氧化气氛下焦炭产率随温度的变化关系

后，焦炭产率最大值有所降低。随着氧含量增加，成焦反应提前，在低温氧化阶段高氧含量下焦炭产率较大，但在 350 ℃左右，氧含量高时焦炭产率下降更为迅速。随着压力提高，成焦温度范围提前，焦炭氧化温度提前，焦炭产率最大值提高。

综上，本节使用基于风城稠油 SARA 组分的氧化及热解成焦过程建立了焦炭生成预测模型，在热解、氧化两种气氛，以及不同升温速率、氧含量条件下，模型预测值与实验值基本相符。该模型可以用于解释转化条件对稠油热转化过程的影响规律，如升温速率的提高、氧含量的降低会使得热失重曲线向高温区域移动、焦炭产率随转化条件的变化规律、压力提高使得焦炭产生温度降低等。

第三章
火驱过程中物理化学变化规律

国内外开展的一系列火驱室内研究和矿场试验暴露出很多问题，需要深入研究，如① 部分见效井原油改质作用明显，这种作用是由什么机理造成的？是由原油中的哪个组分起主要作用？改质后的原油是否需要破乳？是否会对生产、运输、炼化工艺造成影响？② 试验区高温状态燃烧情况比较好，微观方面受哪些因素（岩矿成分、流体组分等）影响？③ 试验区火驱燃烧前缘推进速度的差异除了受油层非均质性影响之外，从火驱机理方面看是否受岩石矿物成分、流体组分的交互影响？是否需要采取针对性的调控措施避免在生产井形成二次氧化？采取哪些措施可以避免？……这些问题都有待解决。

尽管国内外开展了大量矿场试验，但对上述问题的研究较少，无法从根本上掌握火烧驱油机理形成机制及其对生产效果、工艺的影响因素，这也制约了火驱配套技术的发展。

目前火烧油层试验面临类似的问题，如：

（1）火驱燃烧过程不清楚；

（2）火驱地下热传递过程不清楚；

（3）火驱驱替机理不清楚。

因此，有必要对火驱过程中岩矿、流体的物理化学变化规律进行研究，弄清火驱前后流体、岩矿成分等如何变化、交互影响及其在火烧过程中起到了何种作用。

第一节　燃烧温度对火驱过程的影响

根据国内外一维燃烧管（也称管式反应炉）模拟装置研究现状，自主设计一维燃烧管物理模拟装置，主要包括模型本体、注入系统、数据采集系统、气液收集系统，如图 3-1-1 所示。该物理模拟装置具有预热温度多段控制、模型本体升温速率可调、注气流量及压力可控、火驱燃烧前缘温度实时采集、火驱燃烧后岩矿样品能迅速降温及保持岩矿本征特性等特点。

根据前期火驱燃烧装置在模拟实验过程中存在的问题，保持一维燃烧管的几何尺寸不变，确定建立一维燃烧管的设计思路，设计出耐高温高压的一维燃烧管，将模型本体耐压强度提高至 6 MPa，延长了样品管长度，扩大了燃烧线性趋势。该一维燃烧管装置主要包括加热和保温装置、温度传感器和压力传感器、样品套管、点火装置及测控装置。图 3-1-2、图 3-1-3 为火驱燃烧装置全图及部分构件的照片。

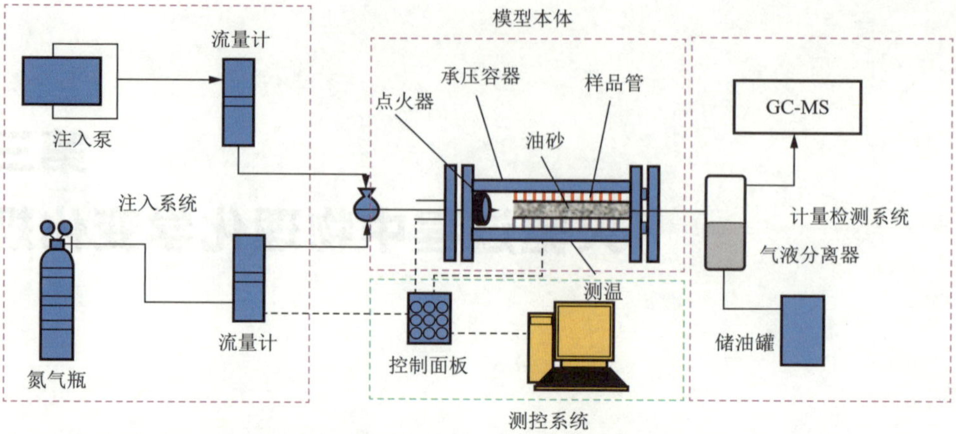

图 3-1-1　火驱物理模拟装置结构图

图 3-1-2　火驱燃烧装置实物图

图 3-1-3　模型本体结构示意照片

新设计火烧油层物理模拟装置组成部分与功能如下：

(1) 模型本体。模型本体主要由样品管、承压容器、法兰及保温层等构成(图 3-1-3)，耐压 6.0 MPa。

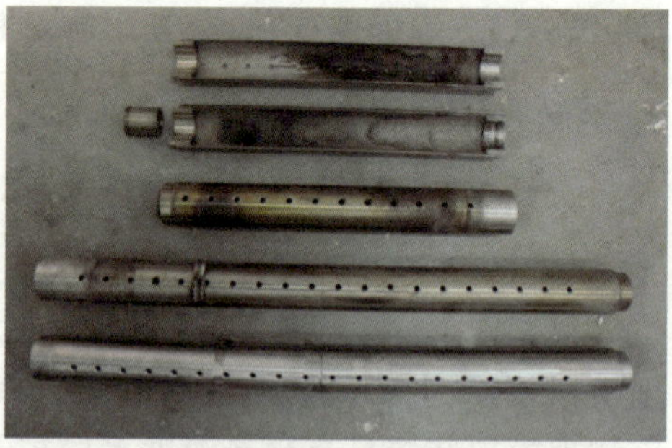

图 3-1-4　长样品管和短样品管照片图

样品管(图 3-1-4)沿程均匀分布 24 支热电偶，模型两端各有一个压力传感器，用于检测火驱过程中的温度和压力。承压容器与样品管之间设有加热器，加热器可根据设定温度自动控制加热，用于模拟地层温度，构建实验初始温度场。承压容器外有玻璃纤维保温层，用于减少模型散热。

(2) 注入系统。注入系统由空气压缩机、过滤器、储气瓶、流量计、压力表和阀门等组成。其中，储气瓶的减压阀用于调节供气压力，流量计用于控制并显示空气瞬时流量，氮气瓶用于供给预热、灭火所需的氮气。此部分主要用于空气及氮气的注入并实现不同气体流量的调节。通过气体流量的调节可调控供氧量，控制原油的燃烧程度，防止原油过度燃烧，提高采油产率，同时也可分析各种供氧量下原油的燃烧程度，分析火驱燃油组分，为确定最佳供氧量提供实验数据。

为了防止油层在点燃前被氧化结焦，在火驱燃烧实验前，首先向模型本体(一维燃烧管)

中注入氮气而非空气；然后逐渐提高氮气注入速度，直到点火器周围区域达到预设点火温度时改注空气，实现层内点火；整个实验结束后，向模型本体中改注氮气，并迅速冷却。

调压阀用于调节模型本体中气体流量及流速，从而达到控制火驱燃烧模拟装置内部压力的目的。通过调节气体压力，既可考察压力差对不同渗透性油藏的驱油效果，也可考察燃油样品在不同压力条件下的燃烧反应类型，考察原油燃烧、氧化的条件，分析原油燃烧程度。

(3) 点火器。在模型本体的进气端装有加热棒作为模型的点火器，通过时间继电器和温度控制器控制加热棒温度，加热棒加热温度可至 500 ℃。

(4) 数据采集系统。温度测量由模型本体内的 12 段(每段设置上下两支热电偶)热电偶完成，实验过程中采用火驱物理模拟数据采集系统，自动记录各传感器随时间变化的温度和压力。在模型本体的进气口和出气口分别安装压力传感器及压力表，用于监测和读取火驱燃烧过程中压力及压力差。温度传感器安装于模型本体后半部的样品套管内。在图 3-1-4 所示样品管壁上有多个孔洞，温度传感器的探头可从孔洞插入样品管内部，监测火驱燃烧过程中油砂样品轴线上的温度分布。一方面可以用数显表头读取和控制温度和压力，另一方面可以在计算机上在线连续记录各个监测点的温度-时间、压力-时间关系，数据采集时间步长为 1 s。

(5) 气液收集系统。气液收集系统是一个气液分离罐，燃烧产物经冷凝管冷却后，产出液体存于罐中，待后续分析。而烟气从产出液中分离出来。气液收集系统主要收集火驱油砂后的产物，其在出料口处接有水冷装置，将高温蒸气降温冷却，部分液体冷凝并收集，而气体收集于集气瓶中。产物可用 GC，GC-MS 和 LC-MS 等进行组分分析。

(6) 原位取样部分。火驱实验结束后，向模型本体中通入氮气，熄灭已燃油砂，同时快速将模型本体及油砂降至室温，取出样品管后打开，按照传感器的位置将样品管中油砂分为 12 段进行原位取样，供后续岩矿、流体分析测试。

当原油在室内温度下暴露于空气中 10～100 d 后，原油将被氧化，氧化时间与原油性质有关。如果没有热损失，则温度将升高，很可能出现原油自燃，即便是反应惰性很大的原油也会产生此种反应。

如果油藏含有对自燃十分敏感的原油，而且具有较高的油层温度，则当向油层中注入空气时，在较高的油层温度下，油层中的原油遇到氧气会发生一定程度的低温氧化作用，氧化反应伴随着放热，致使油层温度缓慢升高。当油层温度升高以后，原油的氧化速度得到加速，至温度上升到原油自燃温度为止。这样，在不断地注入空气的条件下，油层就会产生一个移动的燃烧前缘，向生产井方向蔓延扩大。为了缩短点火时间，适当地升高注入空气的温度有利于原油的自燃。

自燃点火不需要任何点火设备，因此掌握地层原油的氧化特性，对确定油层自燃操作有重要的经济合理性。

油层点火的总加热量是按热平衡原理计算的，其表达式可以用如下方程式表示：

$$\sum Q = Q_1 + Q_2 + Q_3 + Q_4 \tag{3-1-1}$$

$$Q_1 = \pi(R^2 - r^2)h(1-\phi)\rho_a c_a (t_1 - t_0) \tag{3-1-2}$$

$$Q_2 = \pi(R^2 - r^2)h\phi S_o [c_o(t_2 - t_0) + h'_1] \tag{3-1-3}$$

$$Q_3 = \pi(R^2 - r^2)h\phi S_w \rho_w [c_w(t_3 - t_0) + h'_2] \tag{3-1-4}$$

$$Q_4=(Q_1+Q_2+Q_3)/2 \tag{3-1-5}$$

式中 Q_1——加热预热范围内岩石至原油燃点的热量，kJ；

Q_2——加热原油并使之蒸馏的热量，kJ；

Q_3——加热水并使之蒸馏的热量，kJ；

Q_4——点火过程中的热损失，kJ；

ρ_a——岩石的密度，kg/m^3；

c_a——岩石的比热容，kJ/(kg·K)；

ϕ——岩石的孔隙度，%；

S_o——含油饱和度，%；

ρ_o——原油的密度，kg/m^3；

c_o——原油的比热容，kJ/(kg·K)；

S_w——含水饱和度，%；

ρ_w——水的密度，kg/m^3；

c_w——水的比热容，kJ/(kg·K)；

R——油层的预热半径，m；

r——油层套管外半径，m；

h——油层有效厚度，m；

t_1——预热温度(大于自燃温度)，℃；

t_2——原油在注入压力下的平均馏点，℃；

t_3——水在注入压力下的饱和温度，℃；

t_0——点火前的油层温度，℃；

h_1'——原油平均汽化潜热，kJ/kg；

h_2'——水的汽化潜热，kJ/kg。

由油层点火的热平衡计算公式可知，单凭加热棒加热将油砂、样品管及模型本体预热至点火温度耗时、耗电，效率低，且油砂容易发生结焦反应。因此，本实验为了提高预热效率，减少因预热时间过长而导致的油砂氧化，采用外加热的方式将模型本体、样品管及管内油砂预热至设定温度。但是，火驱工艺中油层积蓄一定的热量，达到着火点后，发热功率很大，燃烧温度也比自燃点高很多，因此预热范围不宜过大。本实验将模型本体分段加热，其中将样品管第一段设定至预热温度，一方面预热油砂，另一方面将模型本体加热，起到预热空气的作用；样品管后两段预热温度较低，以防止油砂过热。

利用一维燃烧管物理模拟装置将油砂样品进行隔绝空气预热到一定温度后，再通入一定量的空气，记录和分析预热温度与着火点之间的关系。图 3-1-5 所示为 0.8 MPa 压力下含油量为 9.1%的岩矿样品进行火驱物理模拟实验的燃烧曲线，气体流量为 2.4 L/min，预热温度为 270 ℃，当油砂预热至 270 ℃，并且从预热到点火时间为 60 min 时进行点火实验。由图 3-1-5 可见，样品管中油砂燃烧至 50 mm 处时最高温度近 370 ℃。从点火开始至燃烧完全的全部实验时间为 110 min，样品管中的油砂燃烧速度较快。

图 3-1-6 所示为 0.8 MPa 压力下含油量为 9.1%的岩矿样品进行火驱物理模拟实验的燃烧曲线，气体流量为 2.4 L/min，预热温度为 250 ℃，当油砂预热至 250 ℃，并且从预热到点火时间为 55 min 时进行点火实验。由图 3-1-6 可见，样品燃烧至 330 mm 处时最高温度

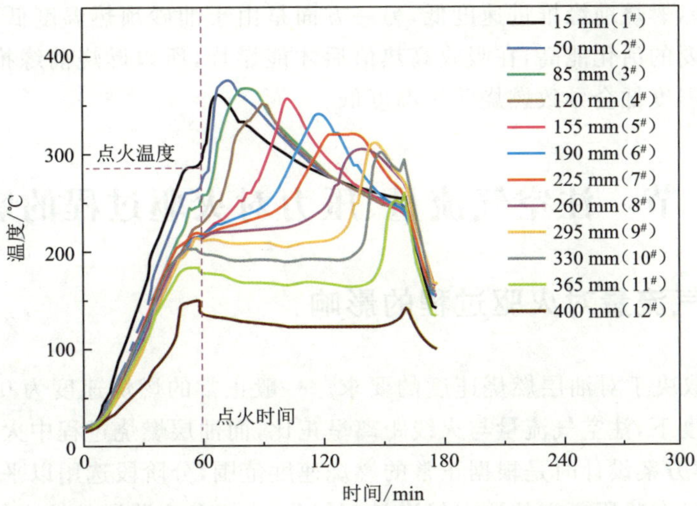

图 3-1-5　预热温度为 270 ℃时燃烧管内不同位置温度变化曲线

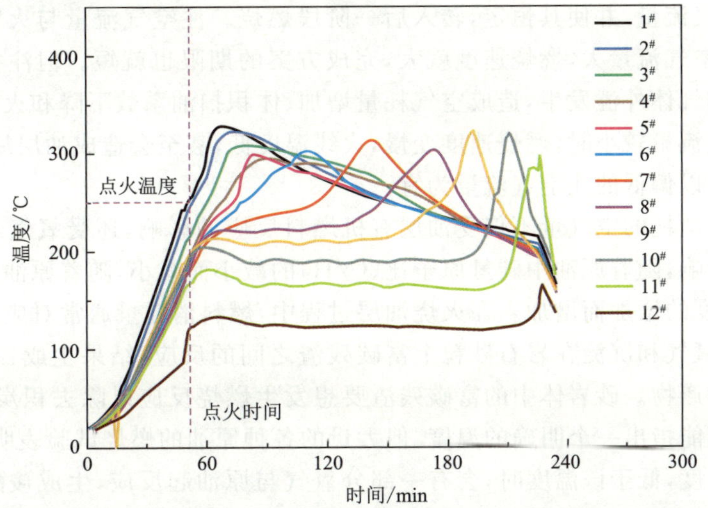

图 3-1-6　预热温度为 250 ℃时燃烧管内不同位置温度变化曲线

达到 330 ℃。从点火开始至燃烧完全的全部实验时间为 200 min，样品管中的油砂燃烧速度较慢。

图 3-1-7 所示为不同预热温度下样品管能达到的最高温度对比。由图 3-1-7 可知，油砂预热温度在 250 ℃和 270 ℃两种温度时，样品虽然能燃烧至结束，但火驱效果迥异。预热温度低时，燃烧前缘温度明显降低；预热温度高时，相应的燃烧前缘燃烧速率大，油砂中的稠油发生高温氧化速度快。这一方面是由于油砂预热温度低时相应火驱燃烧过程中产生的油烃黏

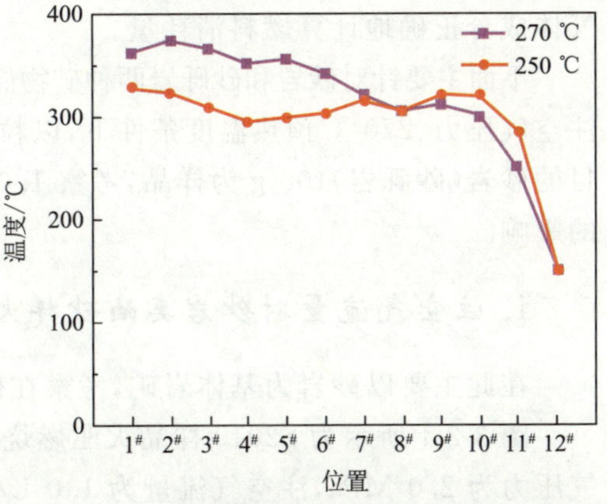

图 3-1-7　不同预热温度下燃烧时不同位置的最高温度对比

度高，流动速度慢，燃烧前缘推进速度低，另一方面是由于油砂预热温度低时油砂中的稠油发生高温氧化需要的活化能高，在吸收高热值后才能燃烧，所以燃烧前缘推进速度慢，同时也说明油砂预热温度低会导致燃烧前缘温度低。

第二节　注空气流量、压力对火驱过程的影响

一、注空气流量对火驱过程的影响

注空气流量取决于对油层燃烧速度的要求。一般正常的燃烧速度为 0.04～0.16 m/d。在一定的燃烧速度下，注空气流量与火线距离呈正比，而油层燃烧过程中火线距离是不断扩大的。因此，火驱方案设计时是根据正常的燃烧速度范围，分阶段选用以平均通风强度为基础的方法来确定各个阶段恒定的注空气流量。如此，由于各个阶段的注空气流量保持不变，其燃烧速度和通风强度则随着火线距离的增加而逐渐下降，降至维持油层稳定燃烧的极限时，再增加注空气流量，并使其恒定，转入后一阶段燃烧。注空气流量与火驱方案要求的开发期限有关，注空气流量大，燃烧速度就大，完成方案的期限也就短。但注空气流量过大又容易导致火窜和气体外溢发生，造成空气耗量增加、体积扫油系数下降和火驱成本升高的不良结果。注空气流量较小时，燃烧速度变慢，火线温度低，甚至会造成油层局部熄火的可能。一般火驱方案中以偏低的注空气流量为宜。

火驱过程中消耗的空气量不仅受油层有机燃料反应的影响，还受氧气与油层内特种矿物之间反应的影响，随着原油中碳氢原子比(C/H)的减小而减小，随着原油密度的增加而增加，随着原油黏度的增加而增加。在火烧油层过程中，燃料消耗量通常对应高温氧化反应消耗点的燃烧，即氧气和沉淀在岩石砂粒上富碳残渣之间的反应，结果生成二氧化碳、一氧化碳和水等基本的产物。砂岩体中的富碳残渣要想发生燃烧反应以除去积炭，需要较高的温度。尽管目前不能指出一个明确的温度，但大量的各种原油的燃烧试验表明，稠油燃烧存在最低有效燃烧温度，低于该温度时，会有一部分氧气与原油起反应，生成羧酸、醛、酮和过氧化酸性物等有机化合物，而不生成一氧化碳、二氧化碳和水。人们把此种反应称为低温氧化反应，其产物为低温氧化物。因此，需要根据燃烧反应的化学计算，利用燃烧管实验中排出气体成分正确地计算燃料消耗量。

下面主要针对砂岩和砂砾岩两种矿物储层，以新疆红浅地区采出油为研究对象，在 2.0 MPa 注空气压力、270 ℃预热温度条件下，以粒度配比为 6～30 目之间的 1 000 g 油砂和小于 30 目的砂岩(砂砾岩)100 g 为样品，考察 1.0～4.5 L/min 范围内不同注空气流量对火驱燃烧的影响。

1. 注空气流量对砂岩类油砂样火驱燃烧的影响

在此主要以砂岩为基体岩矿，考察在砂岩基体中注空气流量对火驱前缘的影响。

图 3-2-1 所示为 S2010 样品火驱燃烧物理模拟实验曲线及燃烧后样品截面图。其注空气压力为 2.0 MPa，注空气流量为 1.0 L/min。从图 3-2-1(a)和(b)可以看出，样品管仅有前 3 段有明显的升温现象且温度超过 300 ℃，说明前 3 段被空气引燃。从图 3-2-1(c)和(d)

可以看出，注空气流量较低时，大部分油砂没有发生燃烧，样品管中的油砂样品颜色较深，说明油砂中的原油没有得到良好的驱替，第 1 段底部以及第 2 段主体已开始出现结焦颗粒，呈黄色，样品管中油砂未能顺利引燃。

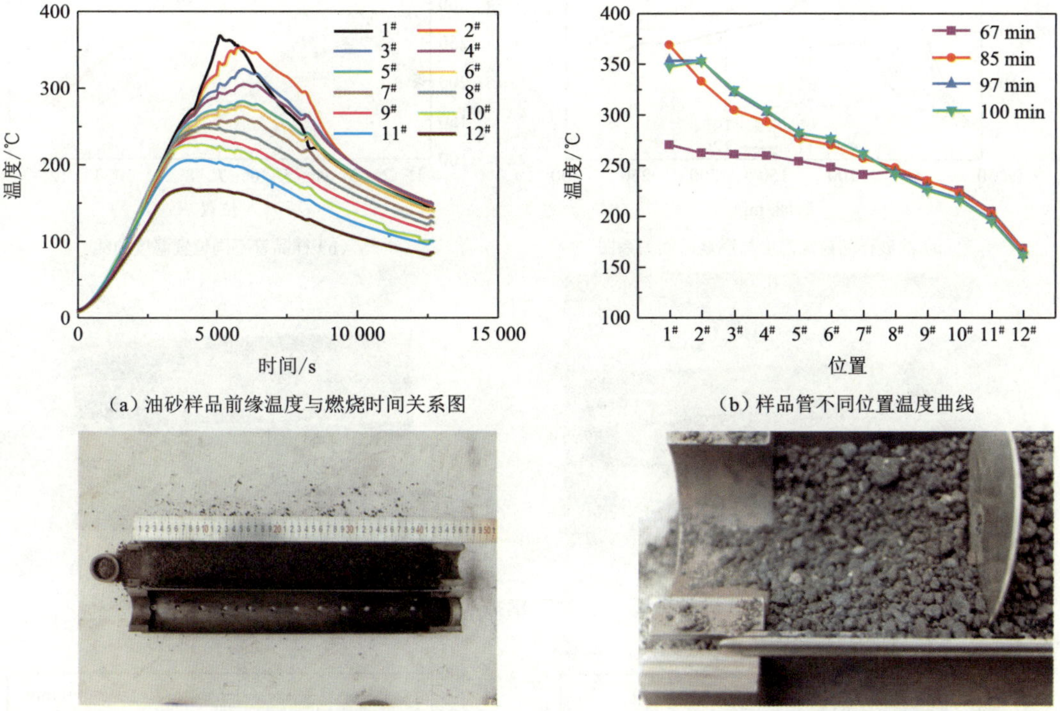

(a) 油砂样品前缘温度与燃烧时间关系图　　(b) 样品管不同位置温度曲线

(c) 样品管油砂全貌照片　　(d) 样品管第 1 段燃烧后照片

图 3-2-1　S2010 样品火驱燃烧物理模拟实验曲线及燃烧后样品截面图

图 3-2-2 所示为 S2015 样品火驱燃烧物理模拟实验曲线及燃烧后样品截面图。其注空气压力为 2.0 MPa，注空气流量为 1.5 L/min。从图 3-2-2(a)和(b)可以看出，样品管前 5 段有明显的升温现象，且最高温度达到 500 ℃，说明发生了高温氧化燃烧反应。从图 3-2-2(c)和(d)可以看出，样品管前 7 段的油砂颜色较浅，有明显的驱替效应，从第 8 段后有一定的结焦现象出现。但是结合温度曲线来看，注空气流量从 1.0 L/min 提高到 1.5 L/min 并不能提供稳定的燃烧前缘，其各段温度的升高多在同一时间，说明只是前段油砂发生燃烧以后产生的热传递到后面，从而造成温度的升高。

图 3-2-3 所示为 S2020 样品火驱燃烧物理模拟实验曲线及燃烧后样品截面图。其注空气压力为 2.0 MPa，注空气流量为 2.0 L/min。从图 3-2-2(a)和(b)可以看出，样品管前 4 段有明显的升温现象，且最高温度达到 390 ℃，说明部分油砂发生了高温氧化反应。从图 3-2-3(c)和(d)可以看出，样品管前 3 段的油砂颜色较浅，说明有明显的高温氧化反应，造成稠油被燃烧和驱替，但样品管后端的油砂颜色为黑色，基本没有驱替效应产生。这说明注空气流量提高到 2.0 L/min 后也不能提供稳定的燃烧前缘，其各段温度的升高多在同一时间，说明只是前段油砂发生燃烧以后产生的热传递到后面，从而造成温度的升高。与 1.5 L/min 注空气流量下的燃烧情况相比，该条件下的油砂温度峰值较低，并且达到最高温

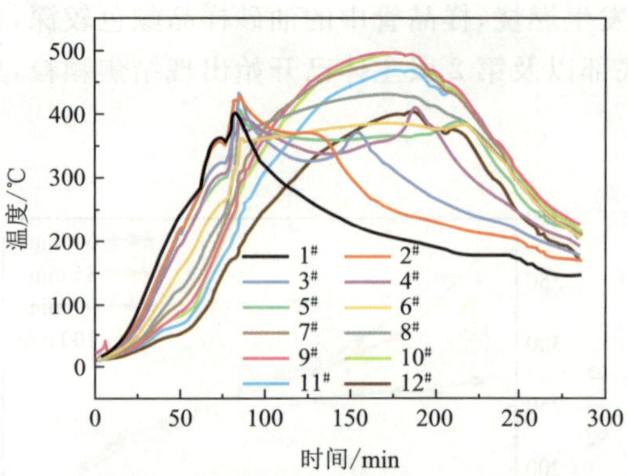

（a）油砂样品前缘温度与燃烧时间关系图

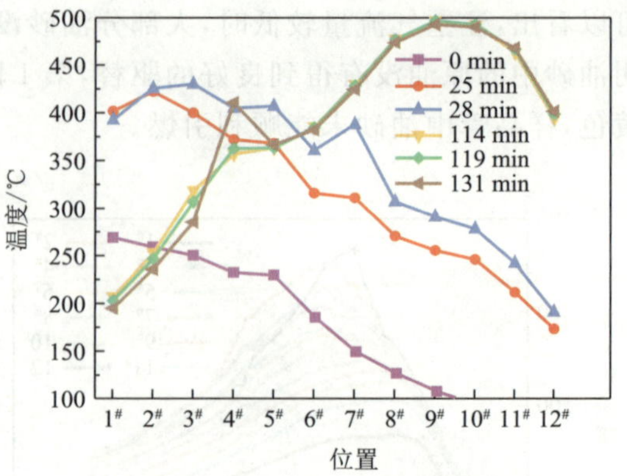

（b）样品管不同位置温度曲线

（c）样品管油砂全貌照片

（d）样品管第 8～第12 段燃烧后照片

图 3-2-2　S2015 样品火驱燃烧物理模拟实验曲线及燃烧后样品截面图

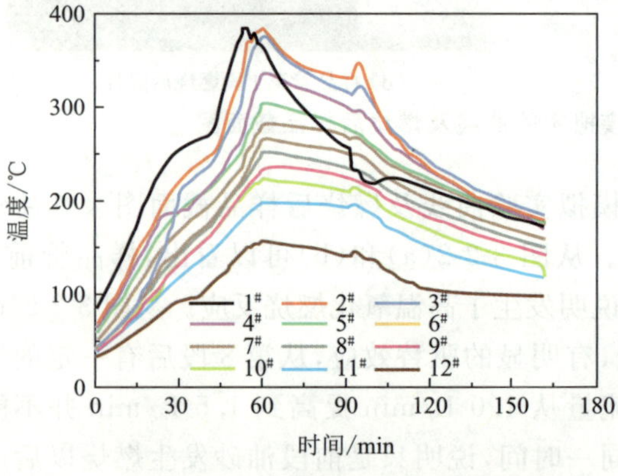

（a）油砂样品前缘温度与燃烧时间关系图

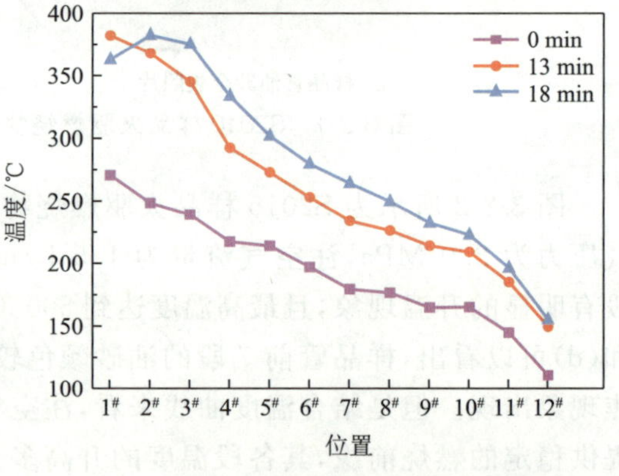

（b）样品管不同位置温度曲线

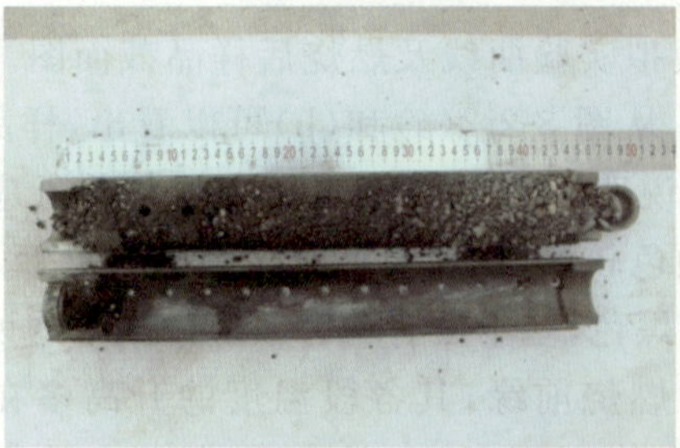

（c）样品管油砂全貌照片

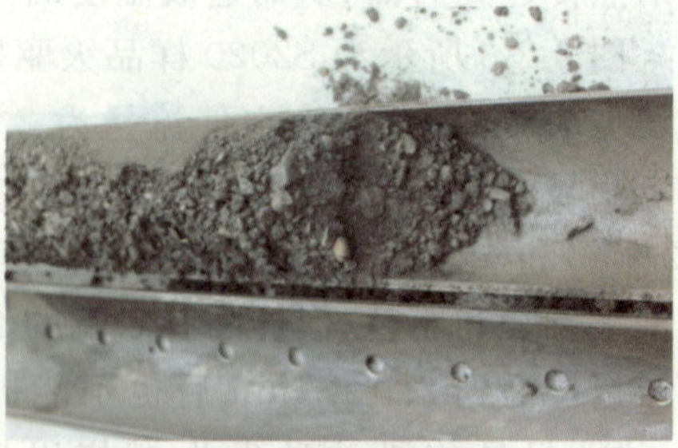

（d）样品管第 4 段燃烧后照片

图 3-2-3　S2020 样品火驱燃烧物理模拟实验曲线及燃烧后样品截面图

度的时间点更一致，说明可能是气体流量的增加促进了温度的传递，从而造成形成最高温度的时间的一致，而不是产生波浪形的燃烧前缘。

图 3-2-4 所示为 S2025 样品火驱燃烧物理模拟实验曲线及燃烧后样品截面图。其注空气压力为 2.0 MPa，注空气流量为 2.5 L/min。从图 3-2-4(a)和(b)可以看出，样品管中油砂温度有明显的升高现象，最高温度近 550 ℃，并且燃烧前缘稳定推进，燃烧前缘温度更替明显，说明油砂发生了高温氧化反应。从图 3-2-4(c)可以看出，样品管中的油砂颜色较浅，说明有明显的高温氧化反应，造成稠油被燃烧和驱替。这说明注空气流量提高到 2.5 L/min 时能提供稳定的燃烧前缘，其各段温度的升高交替进行，说明样品管中所有油砂发生了燃烧反应。与 2.0 L/min 注空气流量下的燃烧情况相比，该条件下的油砂温度峰值更高，说明注空气流量增加至 2.5 L/min 时可稳定产生燃烧效应。

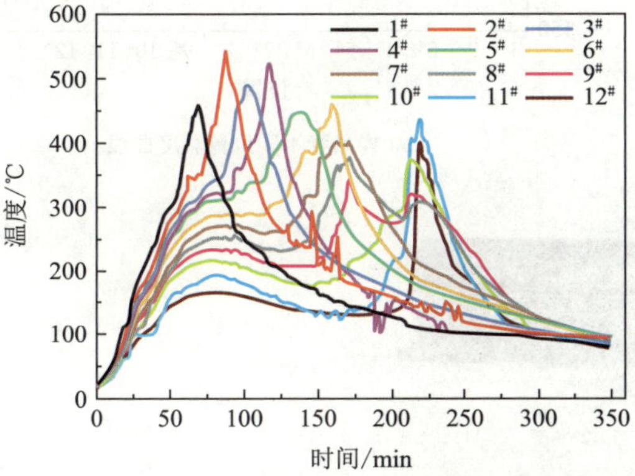

(a) 油砂样品前缘温度与燃烧时间关系图

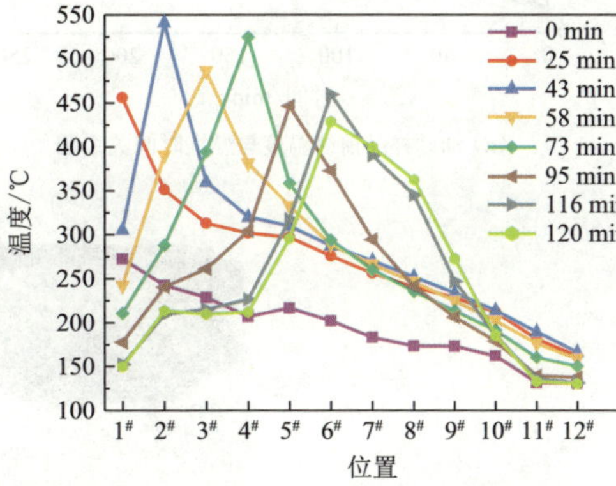

(b) 样品管不同位置温度曲线

(c) 样品管油砂全貌照片

图 3-2-4　S2025 样品火驱燃烧物理模拟实验曲线及燃烧后样品截面图

图 3-2-5 所示为 S2030 样品火驱燃烧物理模拟实验曲线及燃烧后样品截面图。其注空气压力为 2.0 MPa，注空气流量为 3.0 L/min。从图 3-2-5(a)和(b)可以看出，样品管前 5 段有明显的升温现象，最高温度达到 430 ℃，并且燃烧前缘快速推进，燃烧前缘温度更替现象消失，这一方面说明油砂发生了高温氧化反应，另一方面说明油砂燃烧速度过快。从图 3-2-5(c)可以看出，样品管中的油砂从注气端至第 7 段颜色较浅，说明有明显的高温氧化反应，造成稠油被燃烧和驱替；后面 5 段油砂颜色较深，说明没有驱替，且有结焦现象出现。这说明注空气流量提高到 3.0 L/min 时能提供稳定的氧气，各段温度的升高没有交替进行，

而是同时出现,说明样品管中油砂燃烧速度过快。与 2.5 L/min 注空气流量下的燃烧情况相比,该条件下的油砂温度峰值较低,说明过高注空气流量引发燃烧速度过快,同时也可能产生结焦带,阻碍燃烧的进一步进行。

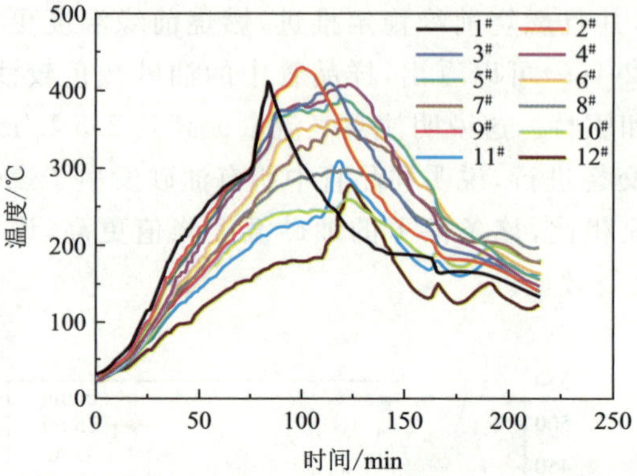

(a) 油砂样品前缘温度与燃烧时间关系图

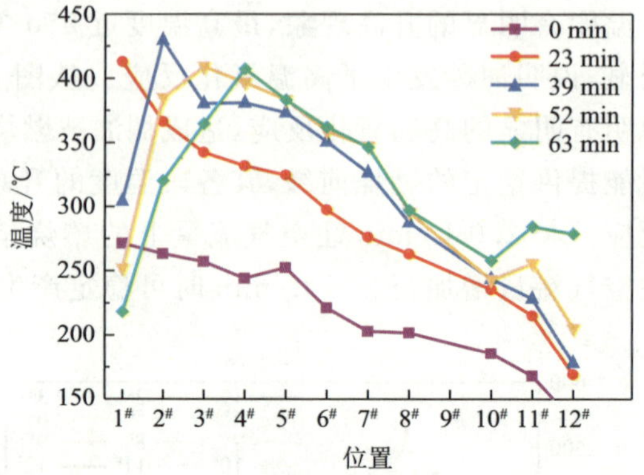

(b) 样品管不同位置温度曲线

(c) 样品管油砂全貌照片

图 3-2-5　S2030 样品火驱燃烧物理模拟实验曲线及燃烧后样品截面图

图 3-2-6 所示为 S2035 样品火驱燃烧物理模拟实验曲线及燃烧后样品截面图。其注空气压力为 2.0 MPa,注空气流量为 3.5 L/min。从图 3-2-6(a)和(b)可以看出,样品管前 5 段有明显的升温现象,最高温度达到 440 ℃,并且燃烧前缘快速推进,燃烧前缘温度更替现象消失,这一方面说明油砂发生了高温氧化反应,另一方面说明油砂燃烧速度过快。从图 3-2-6(c)可以看出,样品管中的油砂从注气端至第 7 段颜色较浅,说明有明显的高温氧化反应,造成稠油被燃烧和驱替;后面 5 段油砂颜色较深,说明没有驱替,且有结焦现象出现。这说明注空气流量提高到 3.0 L/min 时能提供稳定的氧气,各段温度的升高没有交替进行,而是同时出现,说明样品管中油砂燃烧速度过快。与 3.0 L/min 注空气流量下的燃烧情况相比,该条件下的油砂温度峰值相当,但是燃烧前缘推进速度更快,同时也产生结焦带,阻碍燃烧的进一步进行。

2. 注空气流量对砂砾岩类油砂样火驱燃烧的影响

为了分析岩矿种类对火驱燃烧的影响,下面以砂砾岩为基体岩矿,开展不同注空气流量下的火驱燃烧实验,考察不同注空气流量对砂砾岩类油砂样火驱燃烧的影响。结合前述实验结果,可对比分析岩矿种类对火驱燃烧的影响。

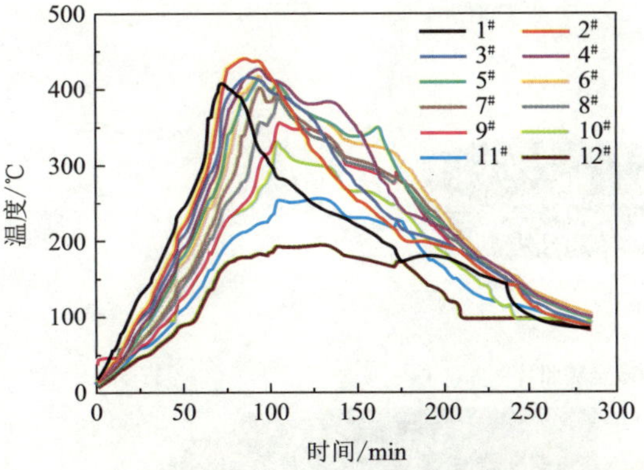

（a）油砂样品前缘温度与燃烧时间关系图

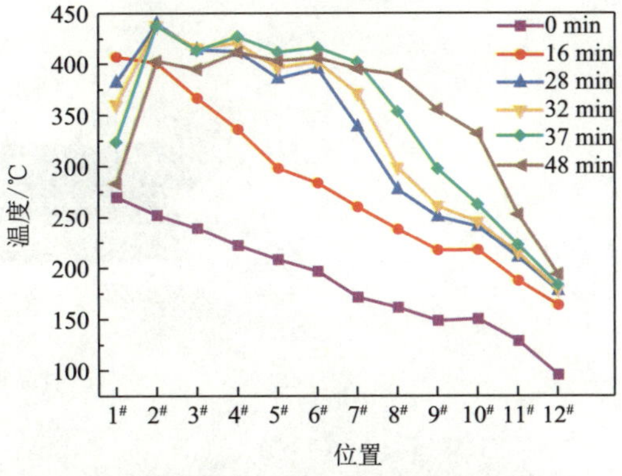

（b）样品管不同位置温度曲线

（c）样品管油砂全貌照片

图 3-2-6　S2035 样品火驱燃烧物理模拟实验曲线及燃烧后样品截面图

图 3-2-7 所示为 G2010 样品火驱燃烧物理模拟实验曲线及燃烧后样品截面图。与 S2010 样品相对应，其注空气压力为 2.0 MPa，注空气流量为 1.0 L/min，但岩矿选用的是砂砾岩。从图 3-2-7（a）和（b）可以看出，样品管仅第 1 段有明显的升温现象，其他段没有发生高温氧化反应。从图 3-2-7（c）～（e）可以看出，样品管第 1～第 3 段燃烧后的残渣较干燥；与燃烧前相比，第 4 段颜色变深；至第 9 段残渣开始变得潮湿；第 11 段出现较稠的油液黏结包裹的残渣；第 12 段含油量略有增多。这显示出大部分油砂没有发生燃烧，样品管中的油砂样品颜色较深，说明油砂中的原油没有得到良好的驱替。

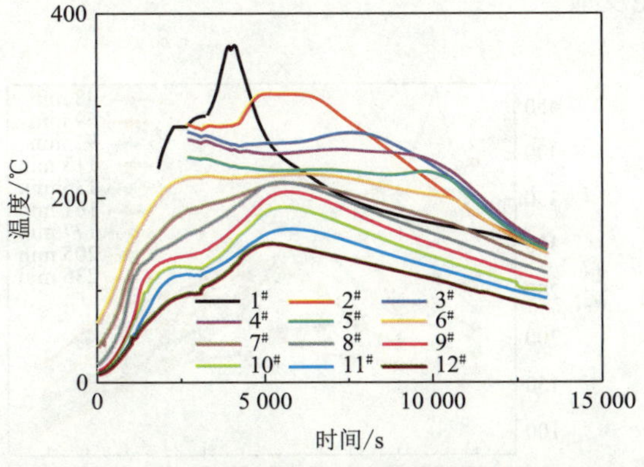

（a）油砂样品前缘温度与燃烧时间关系图

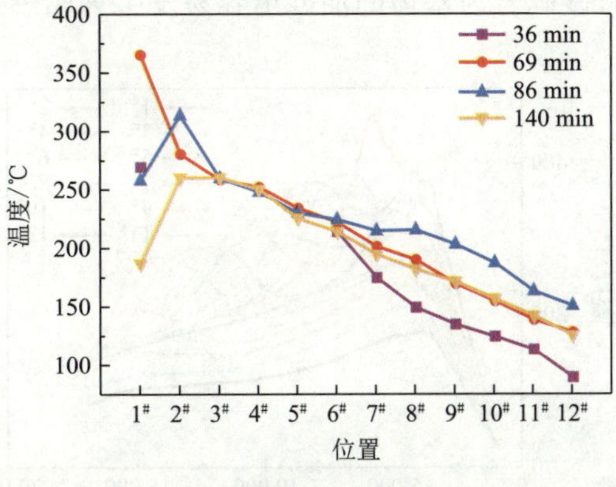

（b）样品管不同位置温度曲线

图 3-2-7　G2010 样品火驱燃烧物理模拟实验曲线及燃烧后样品截面图

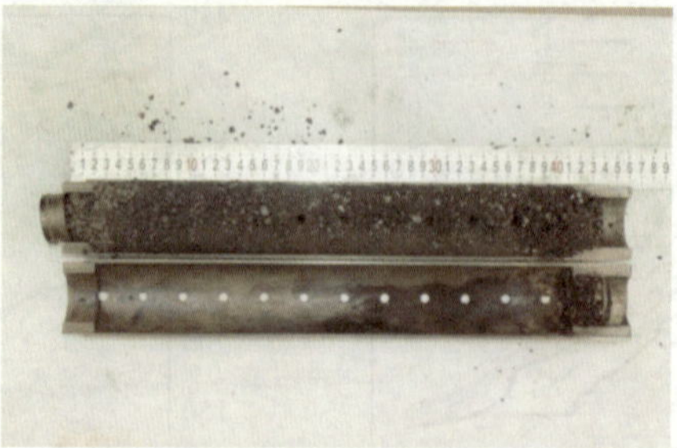

(c) 样品管油砂全貌照片

(d) 样品管第 10 段燃烧后照片

(e) 样品管第 11 段燃烧后照片

图 3-2-7(续)　G2010 样品火驱燃烧物理模拟实验曲线及燃烧后样品截面图

图 3-2-8 所示为 G2015 样品火驱燃烧物理模拟实验曲线及燃烧后样品截面图。其注空气压力为 2.0 MPa，注空气流量为 1.5 L/min。从图 3-2-8(a)和(b)可以看出，样品管仅第 1～第 5 段有明显的升温现象，并且出现良好的火驱燃烧前缘温度交替上升和下降的趋势，其他段没有发生高温氧化反应；但是在样品管的第 6～第 9 段也存在温度波动上升的过程，这应该是由于样品管前段发生燃烧反应，被驱替的油流经这一区域时产生的升温现象。从图 3-2-8(c)～(e)可以看出，样品管第 1～第 3 段整体燃烧较充分，颜色为灰白色；第 4 段颜色稍微加深，呈灰色；第 5 段表面为深灰色；第 6～第 7 段表面呈黑色，但未整体结焦；第 5～第 8 段管心(偏左下)燃烧非常充分，残渣为白色；第 9 段燃烧非常充分，白色残渣消失，以后各段均呈黑色，掺杂积炭、结焦的颗粒；第 12 段处有较多积液。这说明提高注空气流量至 1.5 L/min 时可以促进燃烧前缘的推进。对比砂岩和砂砾岩两种岩矿的火驱燃烧实验可知，砂砾岩为基体的油砂更容易发生火驱燃烧反应。

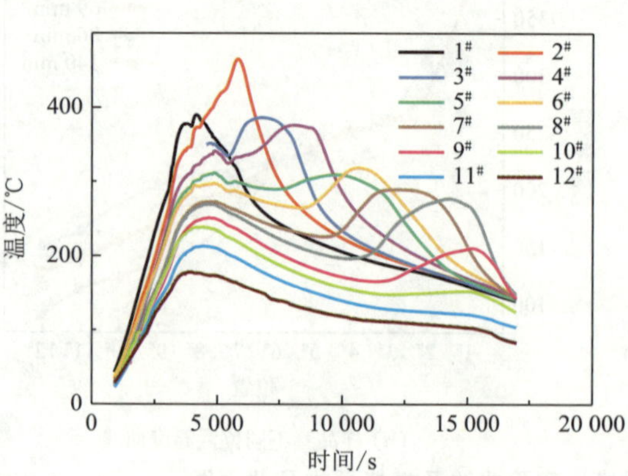

(a) 油砂样品前缘温度与燃烧时间关系图

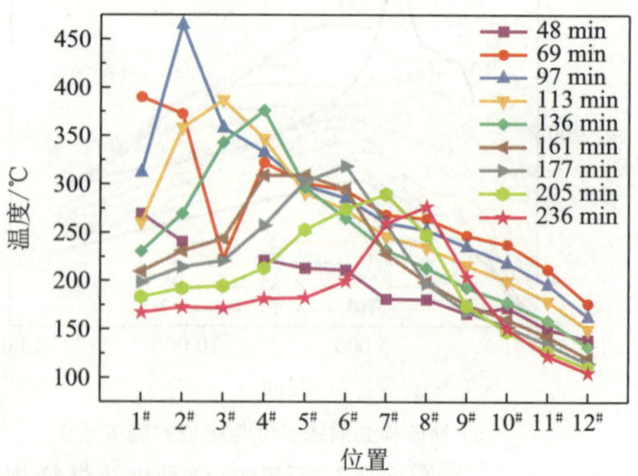

(b) 样品管不同位置温度曲线

图 3-2-8　G2015 样品火驱燃烧物理模拟实验曲线及燃烧后样品截面图

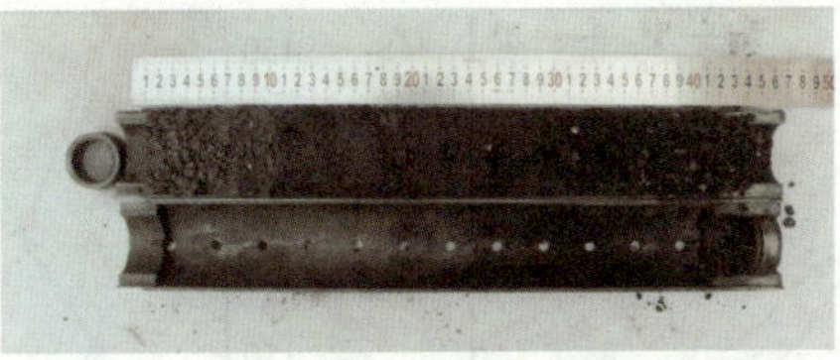

(c) 样品管油砂全貌照片

(d) 样品管第 4 段燃烧后照片

(e) 样品管第 5 段燃烧后照片

(f) 样品管第 6 段燃烧后照片

(g) 样品管第 7 段燃烧后照片

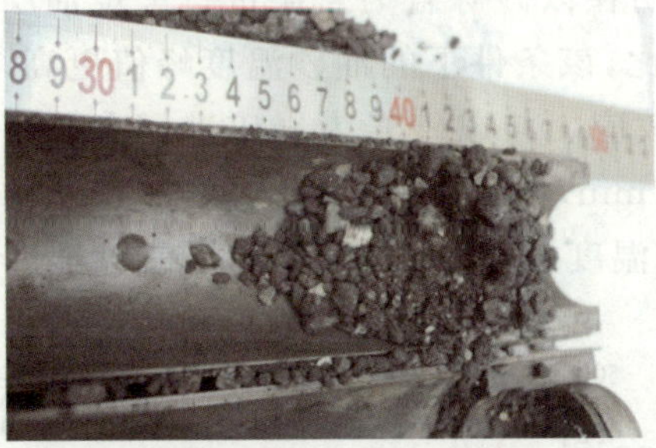

(h) 样品管第 11 段燃烧后照片

(i) 样品管第 12 段燃烧后照片

图 3-2-8(续)　G2015 样品火驱燃烧物理模拟实验曲线及燃烧后样品截面图

图 3-2-9 所示为 G2020 样品火驱燃烧物理模拟实验曲线及燃烧后样品截面图。其注空气压力为 2.0 MPa，注空气流量为 2.0 L/min。从图 3-2-9(a)和(b)可以看出，样品管仅第 1～第 5 段有明显的升温现象，并且出现良好的燃烧前缘温度交替升降的趋势，其他段没有发生高温氧化反应。从图 3-2-9(c)和(d)可以看出，样品管第 1～第 4 段燃烧较充分，温度均达到 400 ℃以上，残渣呈浅灰色；第 5 段颜色为浅灰色；第 6～第 7 段颜色加深，近黑色；第 8 段以后与原始样品无明显差异，呈灰黑色；第 12 段积聚油液，残渣湿润。

图 3-2-10 所示为 G2025 样品火驱燃烧物理模拟实验曲线及燃烧后样品截面图。其注空气压力为 2.0 MPa，注空气流量为 2.5 L/min。从图 3-2-10(a)和(b)可以看出，样品管中

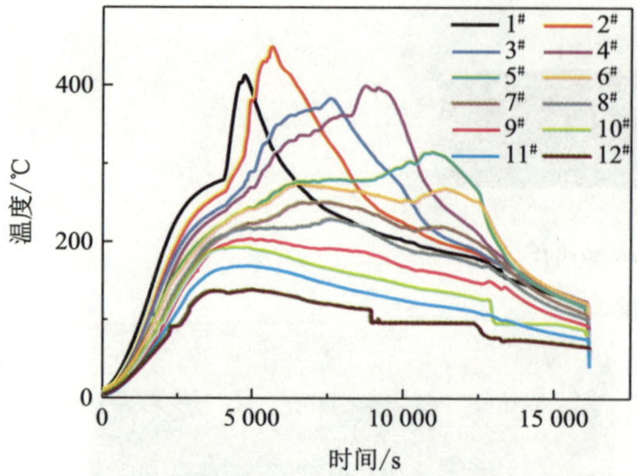

(a) 油砂样品前缘温度与燃烧时间关系图

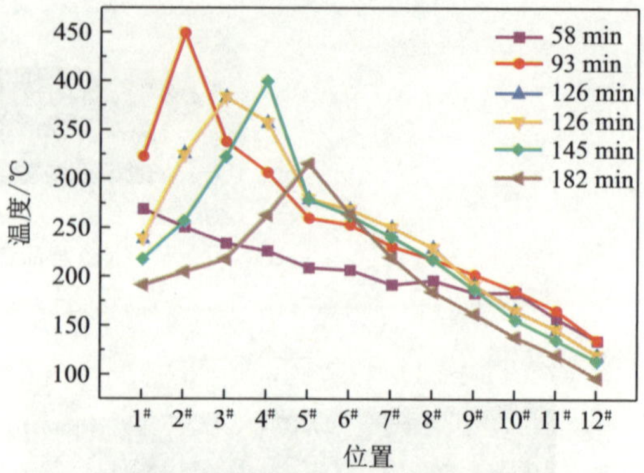

(b) 样品管不同位置温度曲线

(c) 样品管油砂全貌照片

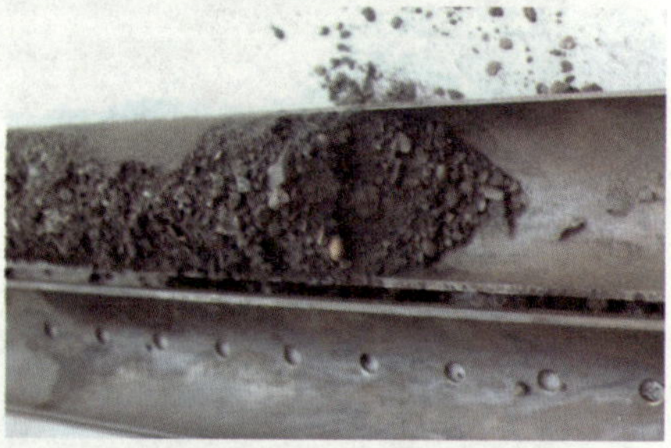

(d) 样品管第 4 段燃烧后照片

图 3-2-9　G2020 样品火驱燃烧物理模拟实验曲线及燃烧后样品截面图

油砂温度有明显的升高现象，最高温度达到 470 ℃，并且燃烧前缘稳定推进，燃烧前缘温度更替明显，说明油砂发生了高温氧化反应。这表明在以砂砾岩为岩矿进行火烧油层模拟实验时，与 2.0 L/min 注空气流量下的燃烧情况相比，该条件下的油砂温度峰值更高，说明增加注空气流量至 2.5 L/min 时可稳定产生燃烧效应。与以砂岩为岩矿进行火驱模拟实验相比，虽然两者稳定燃烧的实验条件均是 2.5 L/min，但是由于砂砾岩颗粒较大，中间夹杂圆形砾岩，空气和油在砂砾岩中的孔渗更大，所以温度波动较大，火驱燃烧前缘推进速度更

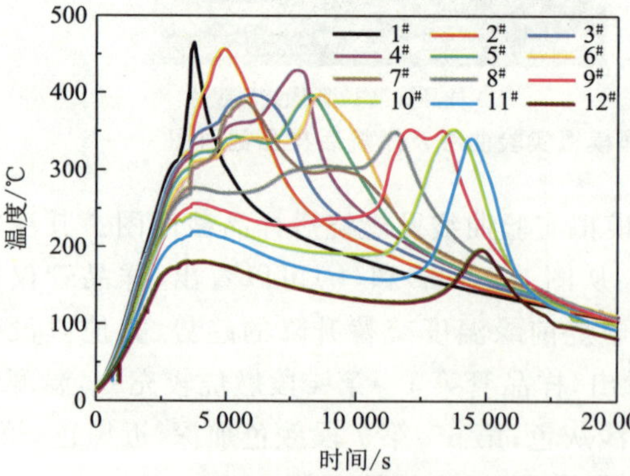

(a) 油砂样品前缘温度与燃烧时间关系图

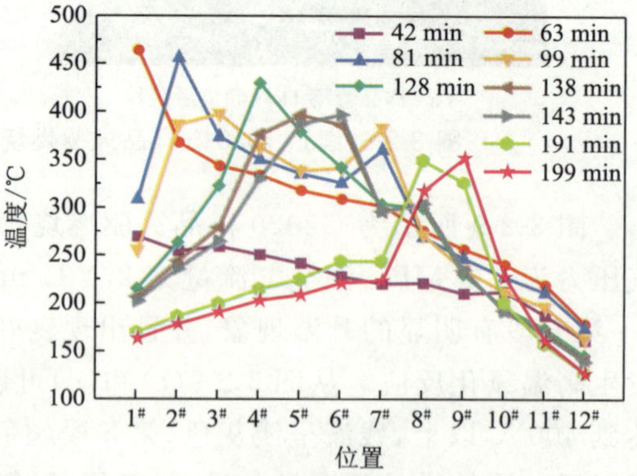

(b) 样品管不同位置温度曲线

图 3-2-10　G2025 样品火驱燃烧物理模拟实验曲线及燃烧后样品截面图

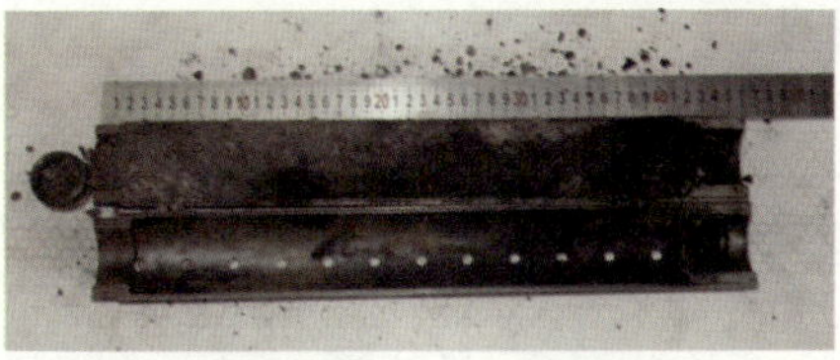

(c) 样品管油砂全貌照片

(d) 样品管第 8 段燃烧后照片

(e) 样品管第 9 段燃烧后照片

(f) 样品管第 11 段燃烧后照片

图 3-2-10(续)　G2025 样品火驱燃烧物理模拟实验曲线及燃烧后样品截面图

快。从图 3-2-10(c)～(f)可以看出，样品管第 1～第 3 段残渣呈灰白色，燃烧充分；第 4 段仍呈灰白色，但从上截面观察到很小的一部分集中呈黑色，未能引燃，并有积炭产生；第 5 段黑色区域扩大；第 6～第 7 段整体呈灰色，为引燃后的残渣，但不如前几段燃烧充分；第 8 段管底开始出现结焦颗粒，整体呈浅灰色；第 9 段开始向后结焦增多，且集中在管底部；第 12 段呈黑色，且颗粒潮湿。

图 3-2-11 所示为 G2030 样品火驱燃烧物理模拟实验曲线及燃烧后样品截面图。其注空气压力为 2.0 MPa，注空气流量为 3.0 L/min。从图 3-2-11(a)和(b)可以看出，样品管中油砂温度有明显的升高现象，最高温度达到 520 ℃，并且燃烧前缘稳定推进，燃烧前缘温度更替明显，说明油砂发生了高温氧化反应。这表明在以砂砾岩为岩矿进行火烧油层模拟实验时，与 2.5 L/min 注空气流量下的燃烧情况相比，当注空气流量增加至 3.0 L/min 时，油砂燃烧温度峰值更高，样品管前段油砂可以发生更剧烈的燃烧。但是，由于气体流量的增加，样品管中油砂燃烧速度增加，同时传质和传热速度也增加，所以样品管从第 3 段开始到后面同时出现了升温现象，燃烧前缘温度难以区分，说明 3.0 L/min 的注空气流量超过了燃烧需要的耗氧量。从图 3-2-11(c)～(e)可以看出，样品管第 1～第 3 段残渣颜色较浅，多呈灰白色，其中第 2 段温度最高(升至 500 ℃以上)；第 4～第 7 段颜色逐渐加深并开始出现少量结焦；第 8 段以后出现明显粒状结焦分散于残渣中，至第 10 段颜色变为均一黑色；第

12 段油砂中油液残留现象明显。

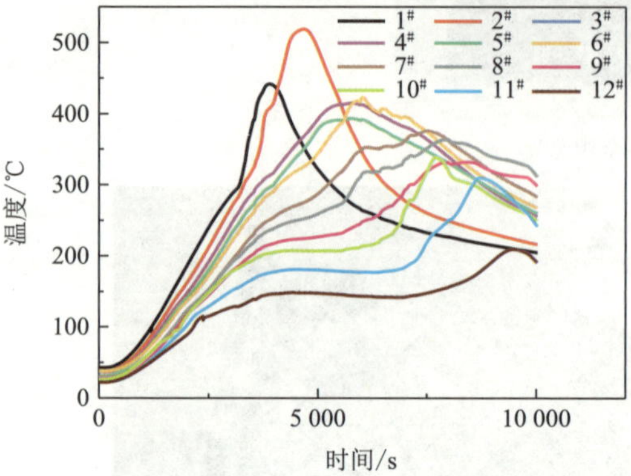

(a) 油砂样品前缘温度与燃烧时间关系图

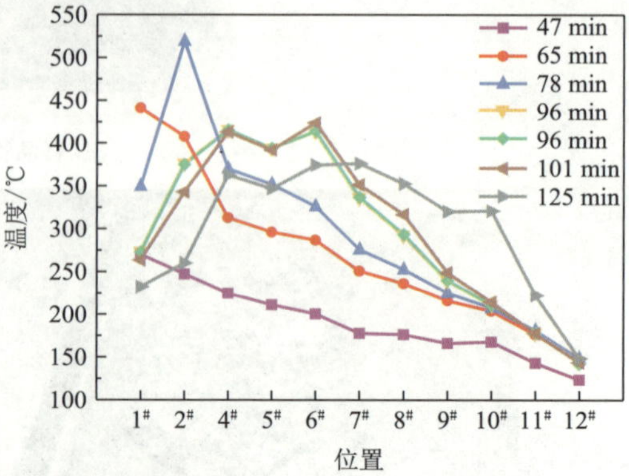

(b) 样品管不同位置温度曲线

(c) 样品管油砂全貌照片

(d) 样品管第 4 段燃烧后照片

(e) 样品管第 9 段燃烧后照片

图 3-2-11　G2030 样品火驱燃烧物理模拟实验曲线及燃烧后样品截面图

图 3-2-12 所示为 G2035 样品火驱燃烧物理模拟实验曲线及燃烧后样品截面图。其注空气压力为 2.0 MPa，注空气流量为 3.5 L/min。从图 3-2-12(a)和(b)可以看出，样品管第 1 段和第 2 段有明显的升温现象，且最高温度达到 450 ℃，说明油砂发生了高温氧化反应。在以砂砾岩为岩矿进行火烧油层模拟实验时，与 3.0 L/min 注空气流量下的燃烧情况相比，该条件下的油砂温度峰值更低，说明注空气流量增加至 3.5 L/min 时样品管前段油砂可以发生燃烧反应，由于空气的流动，大量的热被空气带走，所以管前段温度降低，并导致样品管从第 3 段开始到后面同时出现了升温现象，燃烧前缘难以区分。结果表明，3.5 L/min 的注空气流量进一步恶化了燃烧条件，超过了燃烧需要的耗氧量。从图 3-2-12(c)～(e)可以看出，样品管第 1～第 3 段残渣呈浅灰色，燃烧较充分，颜色均一；至第 5 段，燃烧较前几段更充分，残渣为白色；第 6 段仍有燃烧后的白色颗粒，但大部分为黑色粉末；第 7～第 9 段呈深灰色，伴有黑色残渣；至第 10 段，出现极少量燃烧后的白色颗粒；第 11、第 12 段无明显变化，尾端有较多油液积聚。

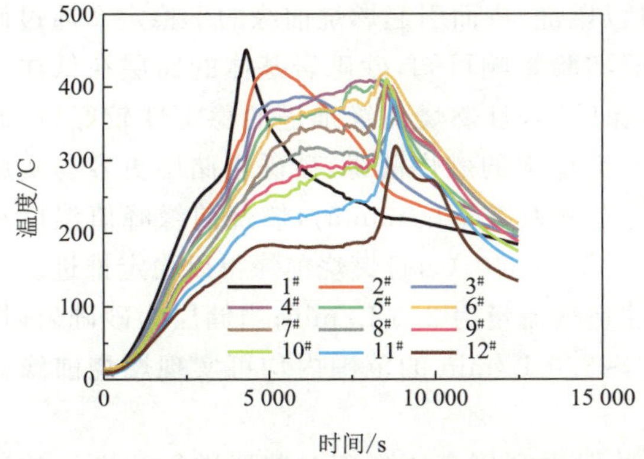

(a) 油砂样品前缘温度与燃烧时间关系图

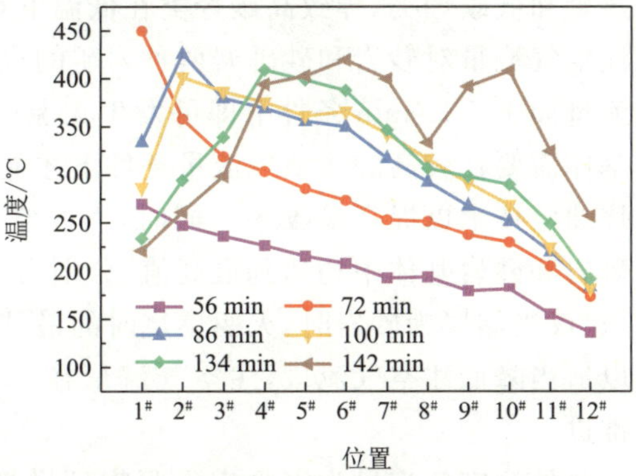

(b) 样品管不同位置温度曲线

(c) 样品管油砂全貌照片

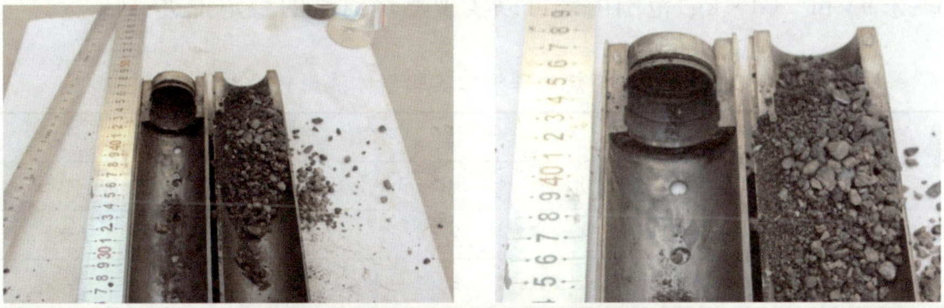

(d) 样品管第 11 段燃烧后照片

(e) 样品管第 12 段燃烧后照片

图 3-2-12　G2035 样品火驱燃烧物理模拟实验曲线及燃烧后样品截面图

综上所述，火烧油层物理模拟实验表明，岩矿基体无论是砂岩还是砂砾岩，一维燃烧管的注空气流量对燃烧前缘稳定性及峰值温度均有较大影响。低注空气流量条件下，氧气含量不足，油砂难以维持稳定的燃烧前缘推进；增大注空气流量后，提高了一维燃烧管中氧气的含量，促进了油砂充分燃烧，当注空气流量增加至 2.5 L/min 时，样品管中油砂燃烧前缘可以稳定推进；继续增加注空气流量时，燃烧前缘反而不能稳定，可能是由于空气带走大量的热量和低碳烃类，导致高碳烃类在低温下难以燃烧，进而引起燃烧前缘的不稳定。通过研究注空气流量对砂岩和砂砾岩两种岩矿的火驱实验影响可知，砂砾岩基体的储层在低注空气流量如 1.5 L/min 条件下即可发生火驱燃烧反应，且燃烧前缘推进的稳定性较好，而砂岩基体需要在较高的注空气流量条件下才能产生稳定的燃烧前缘，砂砾岩储层更容易实施火烧油层技术以提高采收率。同时，当注空气流量为 2.5 L/min 时，燃烧前缘峰值温度在砂砾岩和砂岩基体中均达到最高值，分别为 470 ℃和 550 ℃，且燃烧前缘得以稳定推进。因此，建议当储层为砂岩时，火驱燃烧时的最佳注空气流量为 2.5 L/min；当储层为砂砾岩时，可以适当降低注空气流量，注空气流量在 1.5～3.0 L/min 的范围内均可实现燃烧前缘稳定推进。

此处注空气流量为实验室火驱物理模拟装置中利用高压气瓶对装置进行注空气的流量，为了便于对比和应用，将注空气流量换算成单位体积油砂气体注入量和流量通量。火驱物理模拟实验装置主要参数为：注气管内径 6 mm，燃烧管内径 56.5 mm，燃烧管截面积 2 507 mm^2，燃烧管中添加油砂量 1 100 g。

利用以上装置参数与火驱工艺条件参数，对不同注空气流量进行转化，得到日注气量、注气流量通量、单位油砂注气流量等参数，见表 3-2-1。对于砂岩储层，单位油砂注气流量为 3.27 $m^3/(d \cdot kg)$时，可以获得稳定的燃烧前缘推进，而对于砂砾岩储层，单位油砂注气流量在 1.96～3.93 $m^3/(d \cdot kg)$范围内都可以实现燃烧前缘的稳定推进。

表 3-2-1　火驱燃烧物理模拟实验气体流量转换对照表

参　数	不同注空气流量转化后的数值					
	1.0 L/min	1.5 L/min	2.0 L/min	2.5 L/min	3.0 L/min	3.5 L/min
日注气量/($m^3 \cdot d^{-1}$)	1.44	2.16	2.88	3.60	4.32	5.04
注气流量通量/[$m^3 \cdot (d \cdot m^2)^{-1}$]	5.74	8.62	11.49	14.36	17.23	20.10
单位油砂注气流量/[$m^3 \cdot (d \cdot kg)^{-1}$]	1.31	1.96	2.62	3.27	3.93	4.58

二、注空气压力对火驱过程的影响

注空气压力是选择注空气设备的重要依据。确定注空气压力的最可靠方法是从开发区油井的试注资料中获取；当无实测的试注压力资料时，也可利用气体在多孔介质中的平面径向流动原理推导。本实验利用火驱物理模拟一维燃烧管，固定注空气流量为 2.5 L/min，预热温度 270 ℃，研究注空气压力对火驱燃烧的影响。

1. 注空气压力对砂砾岩类油砂样火驱燃烧的影响

以含油的砂砾岩露头为基体，研究注空气压力对砂砾岩露头的燃烧前缘温度及岩矿、流体变化。

图 3-2-13 所示为 G0825 样品火驱燃烧物理模拟实验曲线及燃烧后样品截面图。其注空气压力为 0.8 MPa。从图 3-2-13(a)和(b)可以看出，在该条件下，样品管中的油砂可以燃烧至第 5 段，燃烧前缘峰值温度达到 370 ℃，第 6～第 9 段也有升温现象，但是峰值温度在

300 ℃左右，可能是前段样品的燃烧传热或者是有部分流体传递到样品管后端带来的热量造成的升温。从图 3-2-13(c)～(e)可以看出，油砂发生火驱燃烧现象不明显，整体颜色较深，仅第 1～第 6 段表面(近孔处)有引燃痕迹，第 1～第 6 段底层及主体呈黑色，有大量的细小结焦颗粒；第 6 段以后均呈黑色，未被引燃。由此可知，在 0.8 MPa 注空气压力下油砂样品没有稳定的燃烧前缘推进。

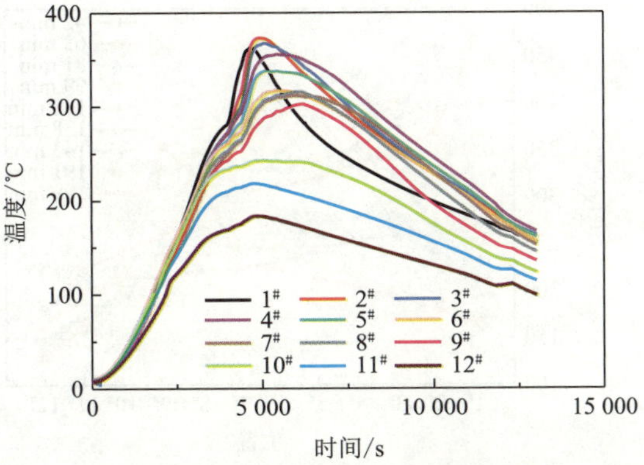

(a) 油砂样品前缘温度与燃烧时间关系图

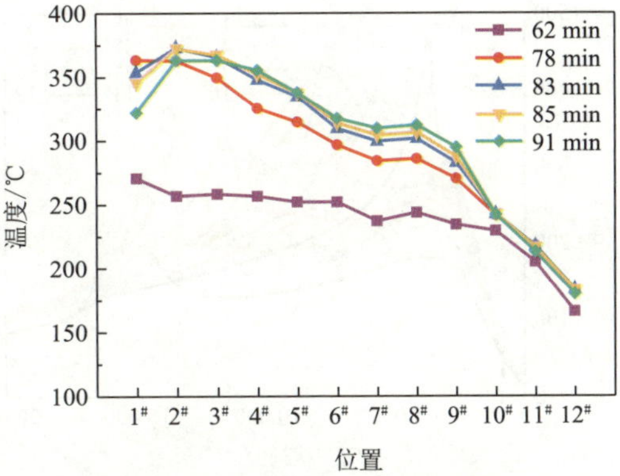

(b) 样品管不同位置温度曲线

(c) 样品管油砂全貌照片

(d) 样品管第 4～第 6 段燃烧后照片

(e) 样品管第 11 段燃烧后照片

图 3-2-13　G0825 样品火驱燃烧物理模拟实验曲线及燃烧后样品截面图

图 3-2-14 所示为 G2025 样品火驱燃烧物理模拟实验曲线及燃烧后样品截面图。其注空气压力为 2.0 MPa。从图 3-2-14(a)和(b)可以看出，在该条件下，样品管中的油砂可以发生完全燃烧，燃烧前缘峰值温度达到 470 ℃，样品管中油砂燃烧前缘稳定推进，温度呈交替上升和下降波动。从图 3-2-14(c)～(f)可以看出，样品管第 1～第 3 段残渣呈灰白色，燃烧充分；第 4 段残渣仍呈灰白色，但从上截面观察到很小的一部分集中呈黑色，未能引燃，并有

积炭产生；第 5 段黑色区域扩大；第 6～第 7 段整体呈灰色，为引燃后的残渣，但不如前几段燃烧充分；第 8 段管底开始出现结焦颗粒，整体呈浅灰色；第 9 段开始向后结焦增多，且集中在管底部；第 12 段呈黑色，且颗粒潮湿。由此可知，增加注空气压力至 2.0 MPa 后，氧气在油砂燃烧时的浓度提高，促进了空气在油砂中的渗透性，因此燃烧前缘峰值温度得到了提高，燃烧前缘能稳定推进。

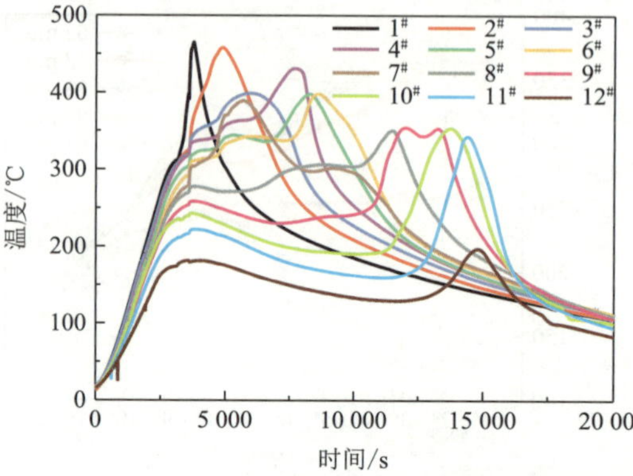

(a) 油砂样品前缘温度与燃烧时间关系图

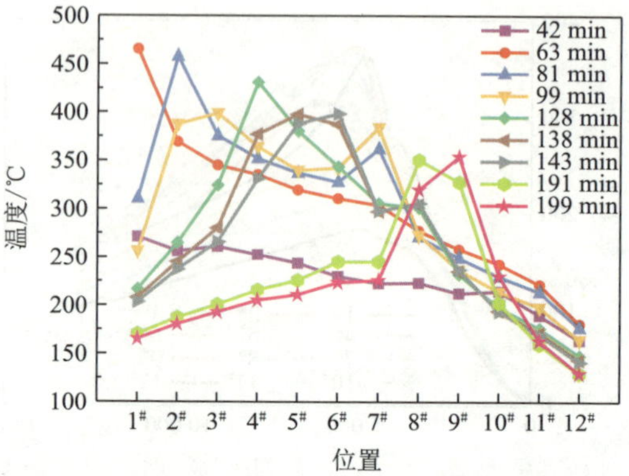

(b) 样品管不同位置温度曲线

(c) 样品管油砂全貌照片

(d) 样品管第 8 段燃烧后照片

(e) 样品管第 9 段燃烧后照片

(f) 样品管第 11 段燃烧后照片

图 3-2-14　G2025 样品火驱燃烧物理模拟实验曲线及燃烧后样品截面图

图 3-2-15 所示为 G3025 样品火驱燃烧物理模拟实验曲线及燃烧后样品截面图。其注空气压力为 3.0 MPa。从图 3-2-15(a)和(b)可以看出，在该条件下，样品管中的油砂可以发生完全燃烧，燃烧前缘峰值温度达到 480 ℃，样品管中油砂燃烧前缘稳定推进，温度呈交替上升和下降波动。从图 3-2-15(c)～(e)可以看出，样品管第 1～第 7 段燃烧充分，残渣呈均匀的浅灰色；第 8 段燃烧也较充分，但开始出现黑色颗粒，并随着管段向后，黑色残渣增多，直至第 10 段，仍有大部分残渣燃烧充分，残渣黑白(灰)混杂；第 11 段残渣多呈黑色，其原因为燃烧至此段时手动停止注入空气，停止燃烧，出现大块结焦；第 12 段呈黑色，可能因长时

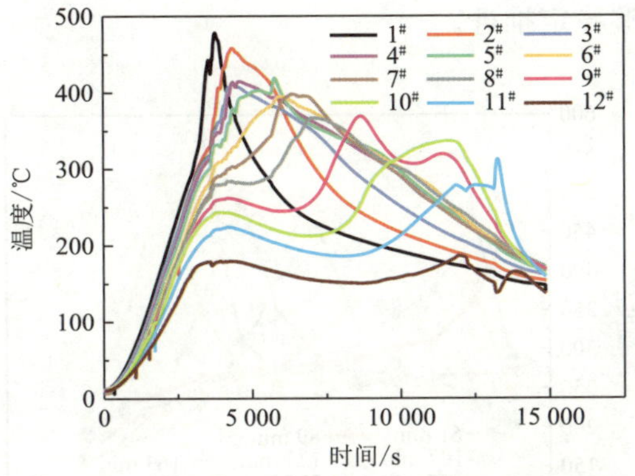

(a) 油砂样品前缘温度与燃烧时间关系图

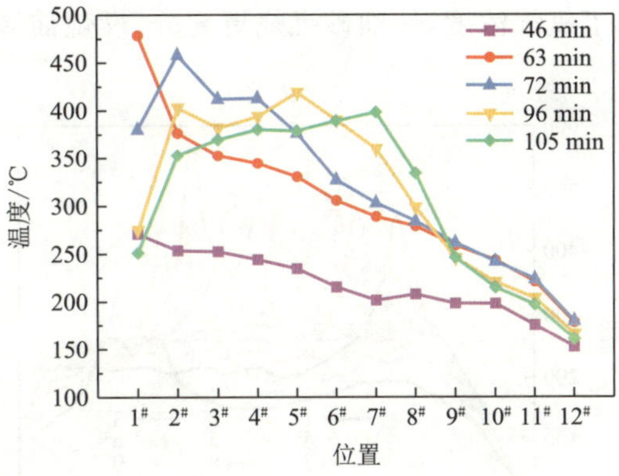

(b) 样品管不同位置温度曲线

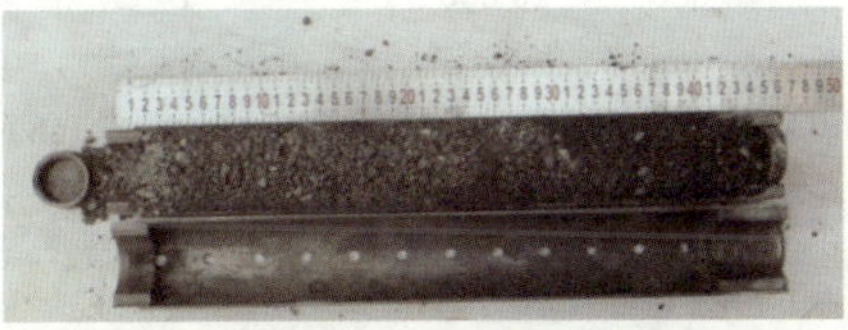

(c) 样品管油砂全貌照片

(d) 样品管第 7～第 8 段燃烧后照片

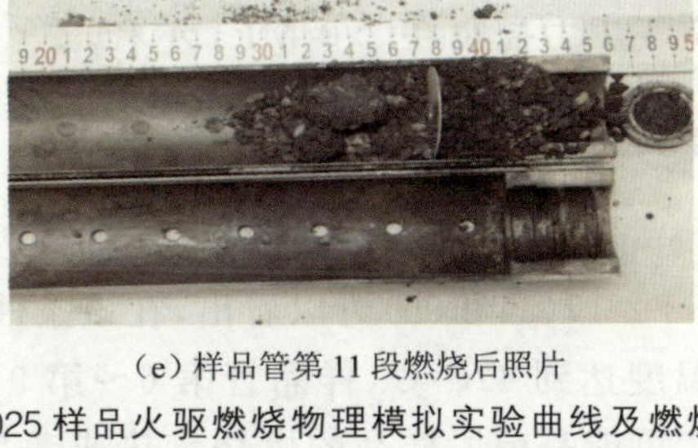

(e) 样品管第 11 段燃烧后照片

图 3-2-15　G3025 样品火驱燃烧物理模拟实验曲线及燃烧后样品截面图

间燃烧受热，较干燥而不显湿润所致。由此可知，随着注空气压力的升高，燃烧前缘峰值温度也随之提高，燃烧前缘能推进至样品管末端。

图 3-2-16 所示为 G4025 样品火驱燃烧物理模拟实验曲线及燃烧后样品截面图。其注空气压力为 4.0 MPa。从图 3-2-16(a)和(b)可以看出，在该条件下，样品管中的油砂可以发生完全燃烧，燃烧前缘峰值温度达到 550 ℃，样品管中油砂燃烧前缘稳定推进，温度呈交替上升和下降波动。从图 3-2-16(c)和(d)可以看出，样品管第 1～第 8 段呈浅灰色；第 9～第 10 段烧成灰白色；第 11 段因主动停气缺氧出现结焦，整段结焦均匀分布，有别于以前结焦在管壁之上，管壁干净；第 12 段有结焦、油液痕迹。由此可知，注空气压力的增加进一步提高了氧气浓度，使油砂燃烧更充分，燃烧前缘能够稳定推进。

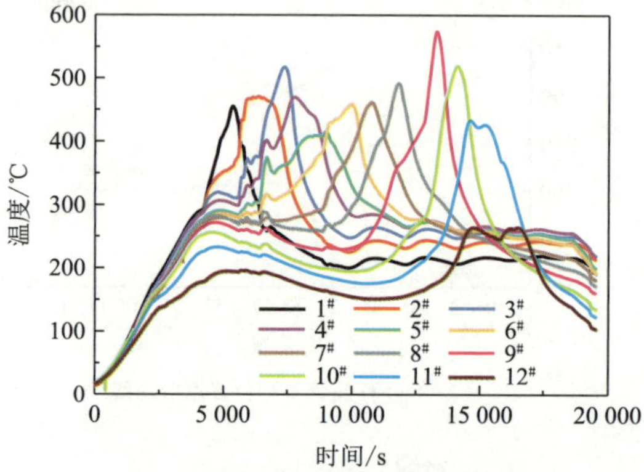

(a) 油砂样品前缘温度与燃烧时间关系图

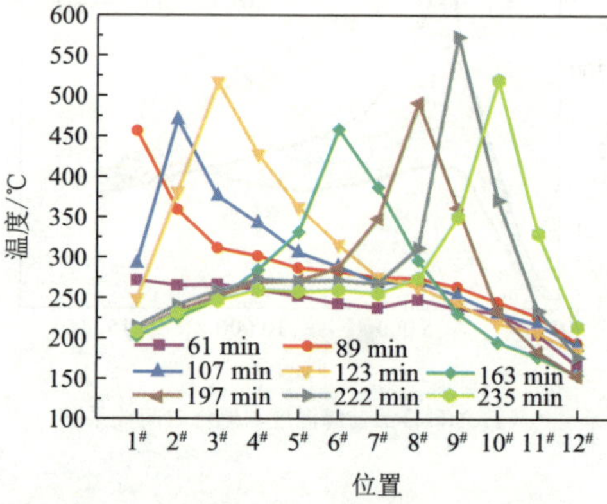

(b) 样品管不同位置温度曲线

(c) 样品管油砂全貌照片

(d) 样品管第 11～第 12 段燃烧后照片

图 3-2-16　G4025 样品火驱燃烧物理模拟实验曲线及燃烧后样品截面图

综上所述，在砂砾岩储层中，当注空气压力达到 2.0 MPa 以后，燃烧前缘皆能稳定推进，并且随着注空气压力的增加，燃烧前缘温度和推进速度都得到提高。因此，建议在火驱现场工艺调节过程中，将注空气压力控制在 2.0 MPa 左右。

2. 注空气压力对砂岩类油砂样火驱燃烧的影响

图 3-2-17 所示为 S0825 样品火驱燃烧物理模拟实验曲线及燃烧后样品截面图。其注空气压力为 0.8 MPa。从图 3-2-17(a)和(b)可以看出，在该条件下，样品管中的油砂可以燃烧至第 5 段，燃烧前缘峰值温度达到 420 ℃，样品管第 6～第 9 段也有升温现象，但是燃烧前缘峰值温度在 300 ℃左右，可能是前段样品的燃烧传热或者是有部分流体传递到样品管

后端带来的热量造成的升温。从图 3-2-17(c)和(d)可以看出，样品整体燃烧至第 7 段；第 1～5 段残渣干燥，颜色为灰—灰白色，完全燃烧；第 6～第 7 段残渣颜色加深，管壁上半部燃烧较明显，管底开始出现结焦；第 8～第 12 段未能引燃，其中第 8～第 9 段出现大段结块，颜色为黑色；第 11～第 12 段残渣中含有水及油。由此可知，在 0.8 MPa 注空气压力下油砂样品能够部分发生火驱燃烧，但是燃烧前缘推进不稳定。

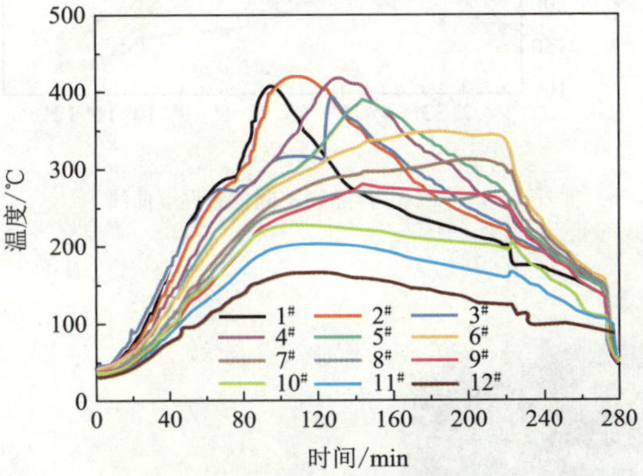

(a) 油砂样品前缘温度与燃烧时间关系图

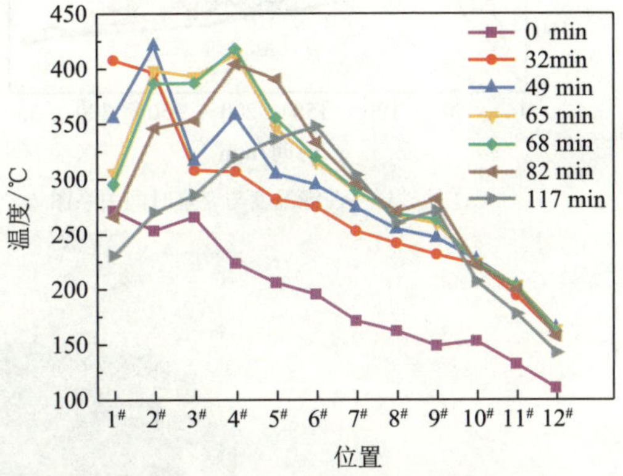

(b) 样品管不同位置温度曲线

(c) 样品管油砂全貌照片

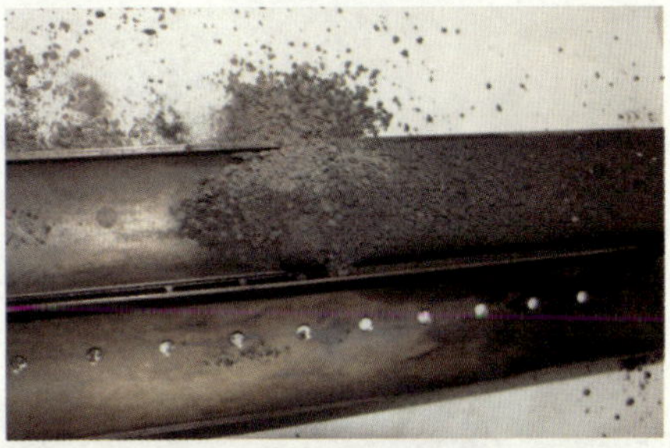

(d) 样品管第 5～第 10 段燃烧后照片

图 3-2-17 S0825 样品火驱燃烧物理模拟实验曲线及燃烧后样品截面图

图 3-2-18 所示为 S2025 样品火驱燃烧物理模拟实验曲线及燃烧后样品截面图。其注空气压力为 2.0 MPa。从图 3-2-18(a)和(b)可以看出，在该条件下，样品管中的油砂可以发生完全燃烧，燃烧前缘峰值温度达到 550 ℃，样品管中油砂燃烧前缘稳定推进，温度呈交替上升和下降波动。从图 3-2-18(c)可以看出，样品管中油砂第 1～第 12 段均有燃烧；第 1～第 6 段残渣干燥，颜色灰白，发生完全燃烧；第 7～第 9 段颜色略有加深，残渣干燥，大部分油被燃烧完全，其中第 7、第 8 段出现轻微结焦；第 9 段出现大段结焦；第 10 段颜色灰白，大部分油被燃尽，残渣干燥；第 11、第 12 段颜色加深，出现大段结焦；第 12 段残渣较湿润。由此可知，在 2.0 MPa 注空气压力下，砂岩油砂样品能发生完全燃烧，燃烧前缘稳定推进，并且峰值温度与砂砾岩在 3.0 MPa 注空气压力下的峰值温度相当。

图 3-2-19 所示为 S3025 样品火驱燃烧物理模拟实验曲线及燃烧后样品截面图。其注空气压力为 3.0 MPa。从图 3-2-19(a)和(b)可以看出，在该条件下，样品管中的油砂可以发生完全燃烧，燃烧前缘峰值温度达到 500 ℃，并且温度呈交替上升和下降波动，但是样品管中油砂燃烧前缘推进不稳定，油砂在同一时间发生了燃烧。从图 3-2-19(c)和(d)可以看出，

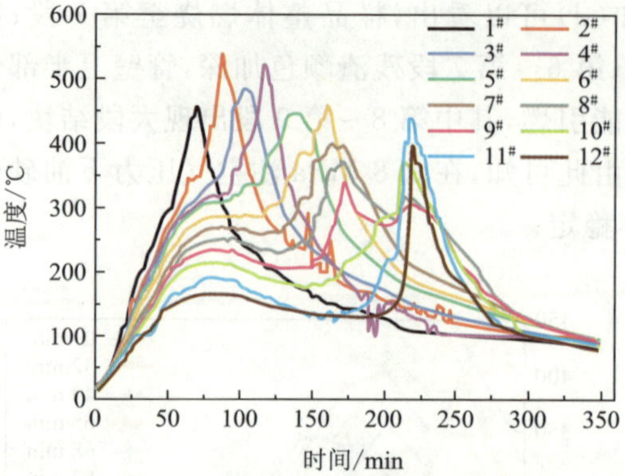

（a）油砂样品前缘温度与燃烧时间关系图

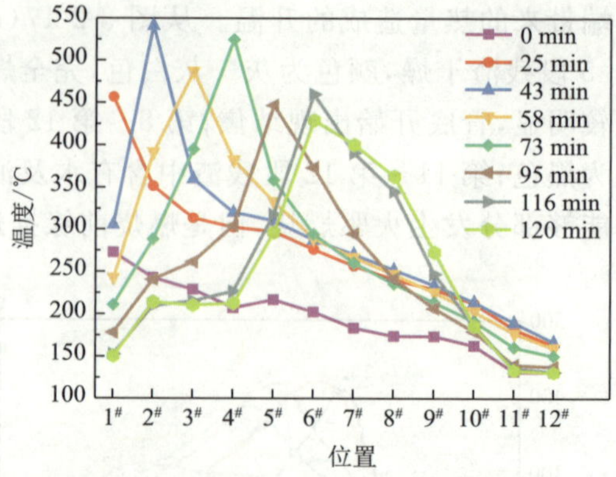

（b）样品管不同位置温度曲线

（c）样品管油砂全貌照片

图 3-2-18 S2025 样品火驱燃烧物理模拟实验曲线及燃烧后样品截面图

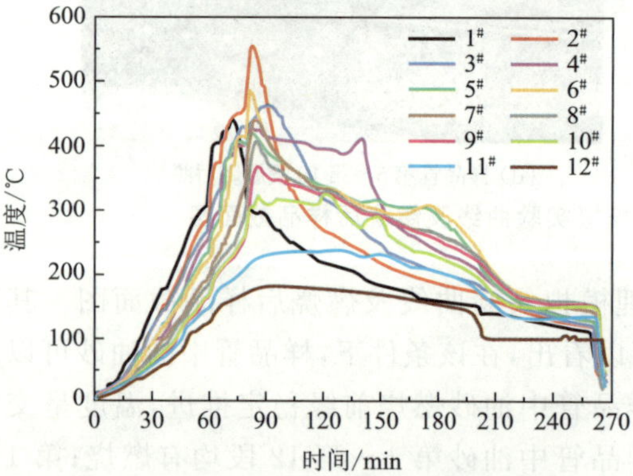

（a）油砂样品前缘温度与燃烧时间关系图

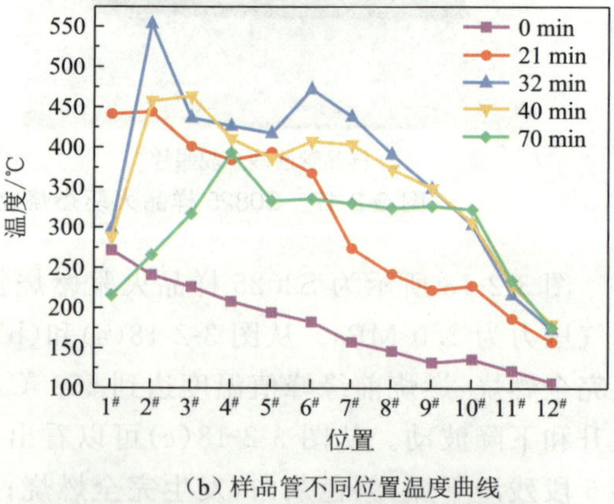

（b）样品管不同位置温度曲线

（c）样品管油砂全貌照片

（d）样品管第 5～第 10 段燃烧后照片

图 3-2-19 S3025 样品火驱燃烧物理模拟实验曲线及燃烧后样品截面图

样品整体燃烧至第 7 段；第 1～第 3 段残渣干燥，呈灰白色，燃烧完全；第 4～第 7 段颜色略有加深，在灰与灰白色之间，部分油砂燃烧完全；第 8～第 10 段颜色在深灰与黑色之间，残渣较干燥，出现大段结焦；第 11～第 12 段油砂未被引燃，且残留了油水在油砂中。由此可知，继续提高注空气压力后，砂岩油砂样品能发生完全燃烧，但燃烧前缘推进不稳定。

图 3-2-20 所示为 G4025 样品火驱燃烧物理模拟实验曲线及燃烧后样品截面图。其注空气压力为 4.0 MPa。从图 3-2-20(a)和(b)可以看出，在该条件下，样品管中的油砂可以发生完全燃烧，燃烧前缘峰值温度达到 500 ℃，样品管中油砂燃烧前缘稳定推进，并且温度呈交替上升和下降波动。从图 3-2-20(c)和(d)可以看出，样品整体燃烧至第 9 段；第 1～第 4 段样品完全燃尽，残渣完全，颜色较淡；第 5～第 6 段样品燃烧较充分，残渣干燥；第 7～第 9 段样品部分燃烧完全，为白色残渣，但混杂大量黑色结焦残渣；第 10 段以后残渣为黑色；第 12 段残渣湿润，并且结块。由此可知，注空气压力增加到 4.0 MPa 后，氧气浓度得到进一步提高，使油砂燃烧更充分，燃烧前缘峰值温度更高，但是燃烧前缘稳定性不如砂砾岩油砂样品火驱燃烧的效果。

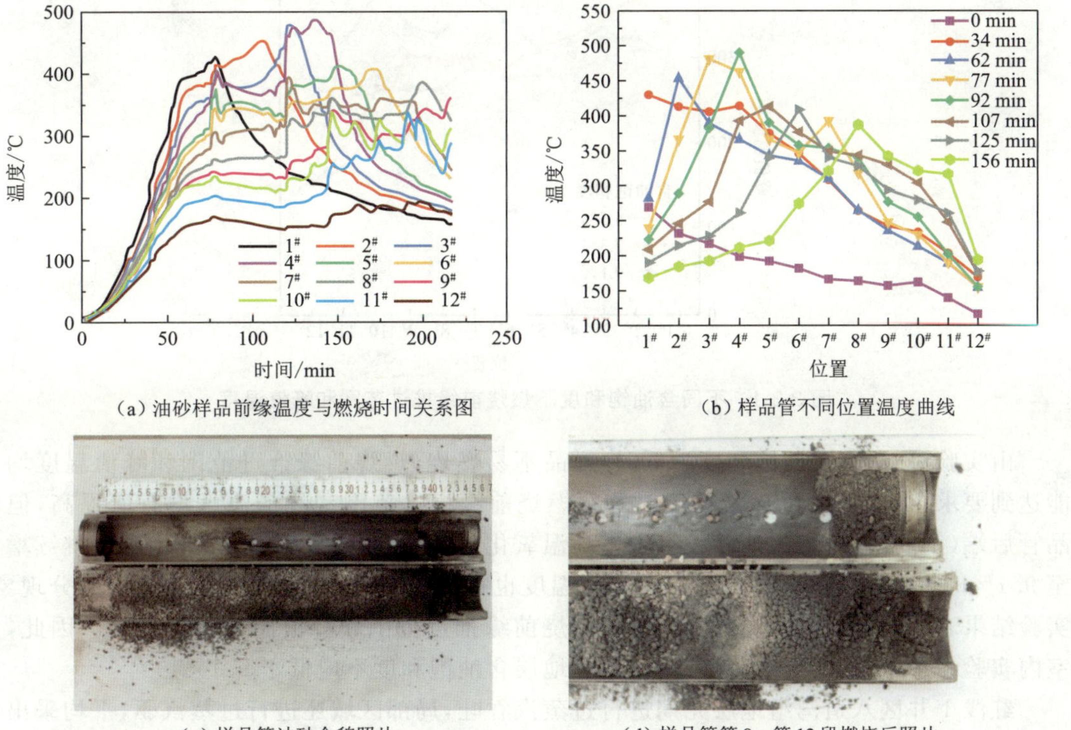

(a) 油砂样品前缘温度与燃烧时间关系图　　(b) 样品管不同位置温度曲线

(c) 样品管油砂全貌照片　　(d) 样品管第 8～第 12 段燃烧后照片

图 3-2-20　S4025 样品火驱燃烧物理模拟实验曲线及燃烧后样品截面图

综上所述，注空气压力的变化主要影响一维燃烧管中氧气的浓度。因此，改变注空气压力，主要是影响烃类在燃烧过程中的剧烈程度。在低注空气压力条件下，氧气浓度较低，烃类燃烧反应供氧量不足，燃烧前缘推进速度和前缘峰值温度不高；当提高注空气压力至 2.0 MPa 时，砂岩储层的一维燃烧管燃烧前缘峰值温度得以提高，达到 550 ℃；继续增加注空气压力后，燃烧前缘燃烧不稳定，推进波动大。而对于砂砾岩储层的火驱，提高注空气压力明显可以提高燃烧前缘峰值温度和推进速度，当注空气压力为 2.0 MPa 时，燃烧前缘得以稳定推进，并且燃烧前缘温度可以维持在 470 ℃；当提高注空气压力至 4.0 MPa 时，燃烧前缘峰值温度达到 550 ℃。

第三节　含油、含水饱和度对火驱过程的影响

红浅火驱试验区属于注蒸汽后的废弃油藏，具有低含油饱和度和高含水的特点，利用一维燃烧管装置，通过模拟实验考察了不同含油饱和度下火驱燃烧前缘推进情况及燃烧温度的影响。实验岩芯采用地层岩芯并破碎后压实装填，原油采用红浅 1 井区八道湾组地层原油，分别采用含油饱和度为 4.5%，7.3% 和 9.1% 的油砂样品，实验压力为 1.4 MPa，注空气流量控制在 2.4 L/min，预热温度为 270 ℃。图 3-3-1 所示为不同含油饱和度下燃烧前缘推进范围和峰值温度。

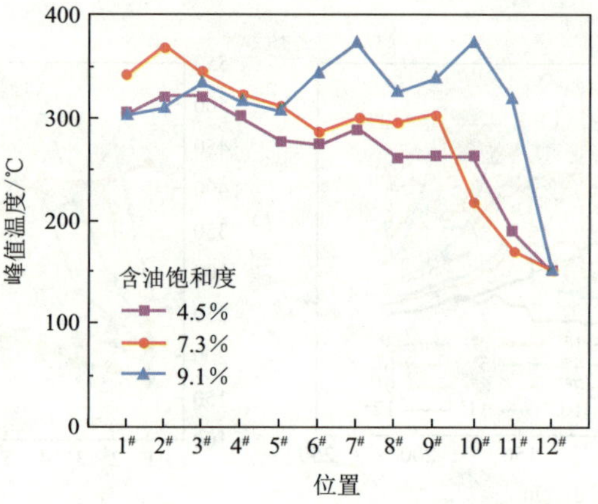

图 3-3-1　不同含油饱和度下燃烧前缘推进范围和峰值温度

由实验可知，当含油饱和度过低时，样品不易燃烧，燃烧前缘推进范围和峰值温度均不能达到要求；当含油饱和度达到 7.3% 时，燃烧前缘推进范围和峰值温度均有所提高，但样品管后端（第 5 段以后）的油砂没有发生高温氧化，达不到驱油效果；当含油饱和度继续增加至 9.1% 时，燃烧前缘得以正常推进，峰值温度也得以提高，没有出现油砂燃烧不充分现象。实验结果表明，随着含油饱和度的升高，燃烧前缘推进范围和峰值温度得以提高。因此，从室内实验结果来看，要想维持正常的燃烧，地层含油饱和度不应低于 9.1%。

红浅 1 井区八道湾组地层先期进行过蒸汽吞吐，局部区域还进行过蒸汽驱，平均采出程度在 30% 左右。另外，地层中含有大量的次生水体。根据数值模拟历史拟合结果，其井间剩余油饱和度为 60% 左右，近井地带剩余油饱和度为 40%。吞吐开发后的次生水体主要集中在生产井附近。对红浅 1 井区当前吞吐开发后和原始油藏条件下的火驱开发效果进行对比研究（图 3-3-2、图 3-3-3）发现，有次生水体时，同等注气量和注气时间对应的温度场波及区域大，峰值温度低；原始油藏条件下燃烧前缘波及范围小、峰值温度高。这说明含有次生水体对扩大燃烧前缘的波及范围是有利的，具有湿式燃烧的特点。从生产动态曲线（图 3-3-4、图 3-3-5）可以看出，有次生水体时，初期综合含水率较高，产水量较大，累积产水量较大，累积产油量较低，但是不影响整个火驱的动态生产和顺利进行。

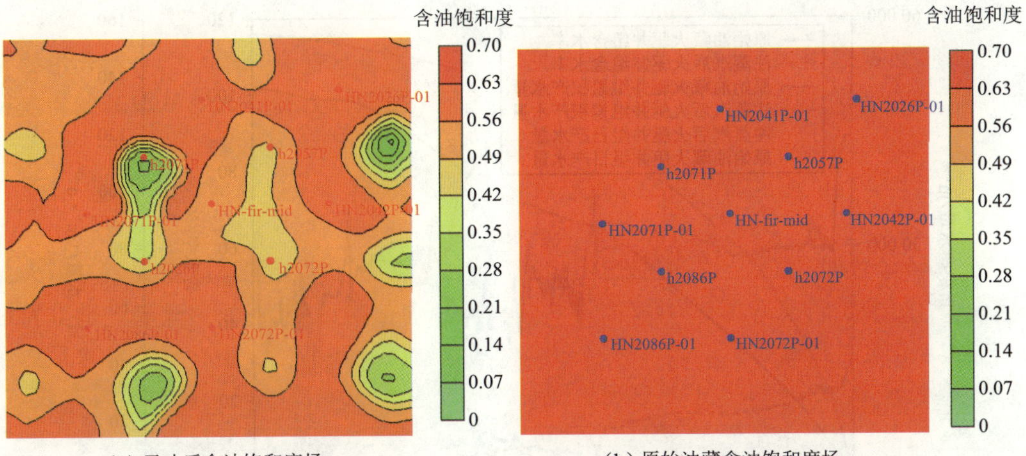

（a）吞吐后含油饱和度场　　（b）原始油藏含油饱和度场

图 3-3-2　吞吐后和原始油藏含油饱和度场对比图

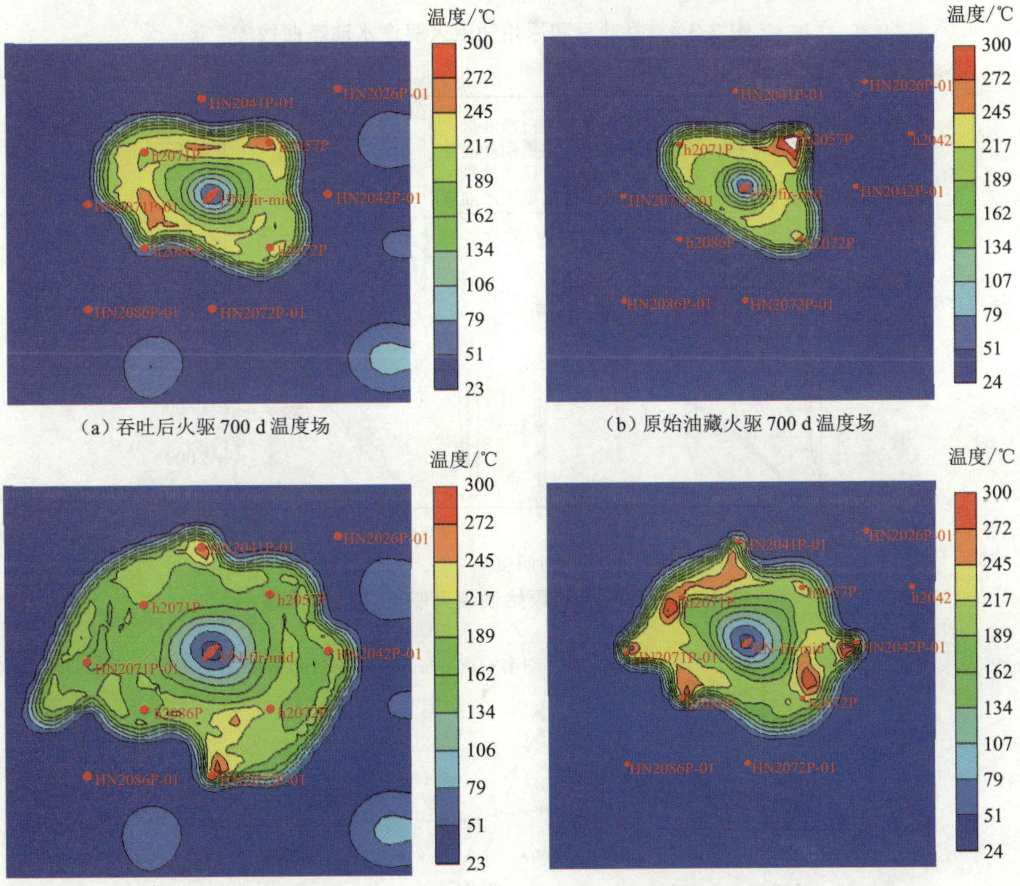

（a）吞吐后火驱 700 d 温度场　　（b）原始油藏火驱 700 d 温度场

（c）吞吐后火驱 1 600 d 温度场　　（d）原始油藏火驱 1 600 d 温度场

图 3-3-3　吞吐后与原始油藏火驱温度场对比图

图 3-3-6 所示为高含水饱和度(42％)下一维燃烧管温度实测值与计算值对比。可以看出，在岩芯前半段即燃烧前缘之后温度实测值比计算值低，而在岩芯后半段即燃烧前缘之前温度实测值明显高于计算值。直观上看，样品管内部存在热量超越式传递的现象。

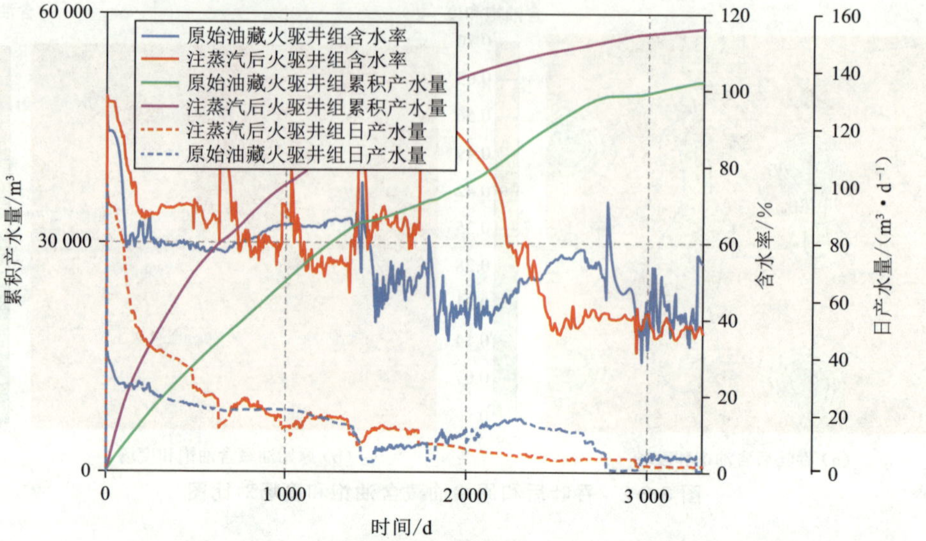

图 3-3-4　吞吐后和原始油藏火驱产水动态曲线

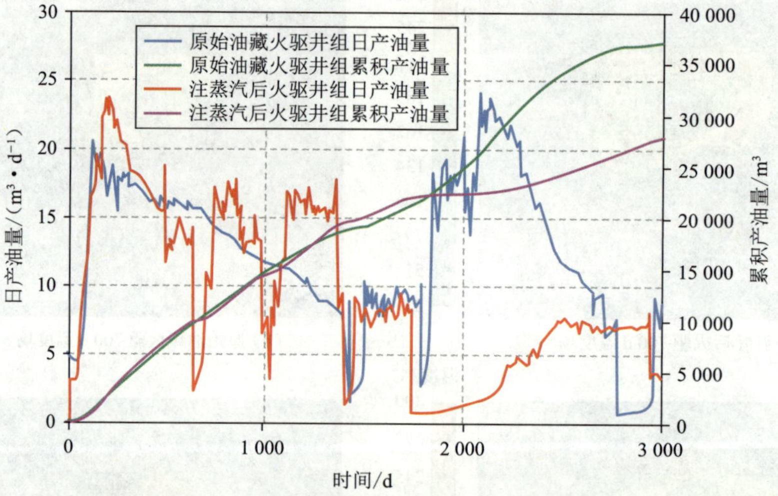

图 3-3-5　吞吐后和原始油藏火驱产油动态曲线

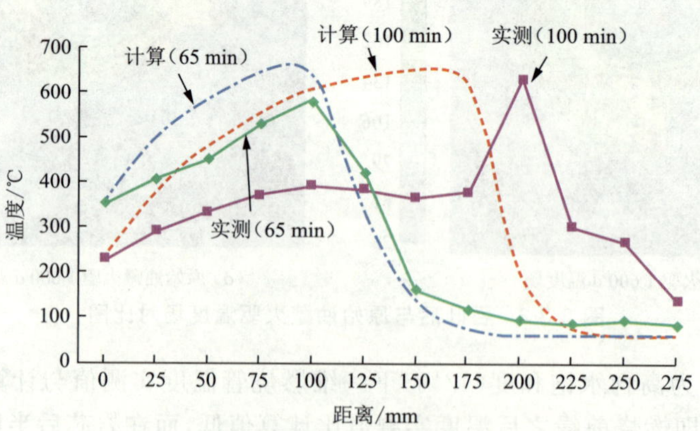

图 3-3-6　岩芯轴向温度分布实测值与计算值对比

经分析认为，产生上述差异的主要原因是岩芯含水饱和度较高(超过 42%)，在这种含水饱和度条件下，当燃烧比较充分时，这部分水被就地加热成蒸汽。由于蒸汽在样品管中推进速度比燃烧前缘推进速度快，蒸汽携带的这部分热量就以对流的方式优先传递到远端。而在点火初期，燃烧生成的热量尚不能产生足够的蒸汽，其热传递方式仍以导热为主。换言之，数学模型是干式燃烧模型，而实验中发生了湿式燃烧现象。

对于像红浅 1 井区八道湾组油藏这样具有次生水体和高含水饱和度的油藏，尽管采用的是单纯注空气，不额外补充注水的干式燃烧，但其燃烧过程同样具有湿式燃烧的特点。湿式燃烧过程的出现有利于热量超越式向生产井方向传递。室内实验证明，这种热量的超越式传递可以使采油高峰期提前，火驱开采效果改善。根据红浅 1 井区蒸汽吞吐开发后的特点，建议火驱先导试验的燃烧方式采用干式燃烧。

第四节　火驱过程中储层岩矿变化规律

一、火驱过程中岩矿组分转化规律

火驱过程中地下发生复杂的物理化学变化，储层结构、岩矿组分、流体性质等在火驱前后都会发生不同程度的变化，而这些变化对驱油和燃烧产生什么样的影响，需要研究解决。通过对岩芯、油水样等的定性和定量的描述、分析，弄清火驱过程中的物理化学变化规律，可以加深对火烧驱油机理的认识。

在一维燃烧管实验中，岩矿的变化与注空气流量、压力都有一定的关系，但只是量化特征的影响，没有实质的区别。下面主要对砂砾岩进行火驱模拟燃烧，燃烧后进行原位取样，样品编号见表 3-4-1，主要考察火驱燃烧过程中岩矿的主要化学成分、微区成分和矿物成分的变化及其在微观形貌上的体现。

表 3-4-1　砂砾岩火驱模拟燃烧实验条件及样品编号

注空气流量/($L \cdot min^{-1}$)	不同注空气压力下的样品编号			
	0.8 MPa	2.0 MPa	3.0 MPa	4.0 MPa
1.0		G2010		
1.5		G2015		
2.0		G2020		
2.5	G0825	G2025	G3025	G4025
3.0		G2030		
3.5		G2035		

1. 岩矿外貌特征变化

不同条件下砂砾岩火驱后的样品宏观形貌如图 3-4-1～图 3-4-3 所示。从宏观上看，室内火驱实验获得的已经燃烧的样品与矿场火驱实验后的样品相似，颜色由黑色变为褐色—

红色，岩石硬度由小变大，绝大部分原油被驱替或者燃烧。

图 3-4-1　2.0 MPa 压力、2.5 L/min 流量条件下砂砾岩火驱样品

图 3-4-2　2.0 MPa 压力、3.0 L/min 流量条件下砂砾岩火驱样品

图 3-4-3　h2118A 井火驱后砂砾岩岩芯照片(底部深度 548.27 m)

仔细观察火驱前后现场取芯样品外观可知，火驱前，标本颜色较暗(图 3-4-4)；火驱后，越靠近注气口的岩样颜色越浅，整体看上去偏白、偏红，明显看到原来燃烧前灰色—深灰色的泥砾经高温加热后氧化成褐红色(图 3-4-5)。

图 3-4-4　火驱前检 596-7 的含砾粗—中粒钙质长石岩屑砂岩

图 3-4-5　火驱后 h2071A-25 的砂砾岩

对比火驱模拟实验前后油砂样品可知，样品孔隙经高温燃烧后变多，邻近注气口且经较高温加热后的样品有表面硬化(如黏土高温烧结成砖)的现象，稍远离注气口且经历较低温加热的样品相对疏松，而越远离套管注气口，样品颜色越深，火驱前后变化也越来越不明显(图 3-4-6)。仔细观察标本和薄片可知，石英、长石和硅质岩屑颗粒变化不大，但粉砂质、泥质岩屑和泥质填隙物经相对高温加热后颜色变为灰红色。可见，岩性经过火驱燃烧后发生

了明显的变化。

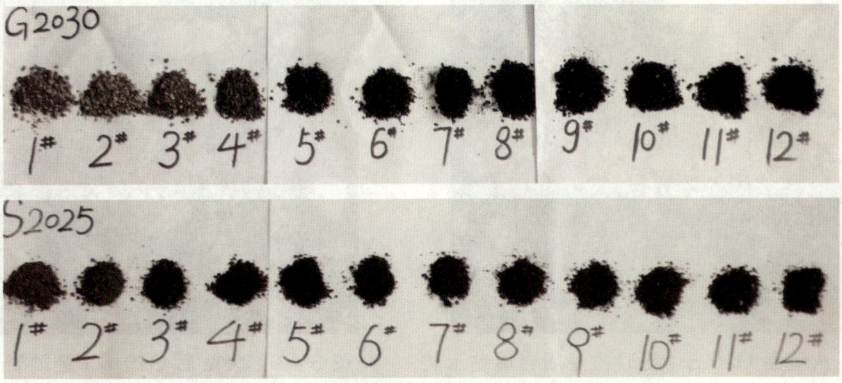

图 3-4-6　火驱后 G2030 和 S2025 的碎样

2. 岩矿镜下特征对比分析

对火驱前后的岩矿进行镜下特征分析发现，各种矿物含量、孔隙结构发生了显著变化。以砂砾岩镜下研究为例进行对比分析。火驱前的砂砾岩中砾石大小不等，粒径为 2～10 mm，砾石成分主要为硅质岩屑、含粉砂泥岩岩屑和单晶石英，及少量石英岩屑和长石岩屑。

h2097A-3(3)样品中，岩石具砾状结构，砾石大小不等，粒径为 3～10 mm，砾石成分主要为硅质岩屑、含粉砂泥岩岩屑、单晶石英及少量石英岩屑。其中，硅质岩屑含量最高，占 58%，由隐晶—微晶石英组成，一些岩屑中可见到已硅化的生物碎屑和黏土矿物等；其次为含粉砂泥岩岩屑，占 30%，由泥质和少量细粉砂及炭屑组成；石英岩屑少见，占 2%；单晶石英边缘呈不规则状溶蚀边，内发育微裂缝，占 10%。填隙物为泥质杂基，分布于砾石之间，可见填隙物泥质溶蚀孔或泥质中的溶蚀缝被硅质充填现象(图 3-4-7)。

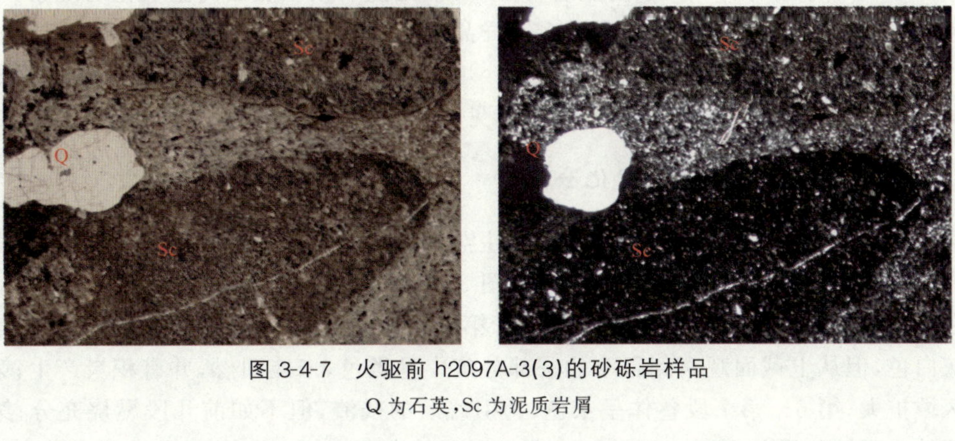

图 3-4-7　火驱前 h2097A-3(3)的砂砾岩样品

Q 为石英，Sc 为泥质岩屑

对比火驱前后的样品，总体上发现火驱后的样品镜下颗粒表面气泡和黏土质点增多。由于气泡和黏土的影响，颗粒表面模糊，且颗粒边界相对模糊；整体薄片颜色偏暗、偏红，尤其是在正交偏光下更为明显(红色星点较多)，推断是由高温氧化引起的(图 3-4-8～图 3-4-10)。对比各种条件下的样品可知，样品达到的峰值温度越高，上述特征就越明显。经历峰值温度为 250 ℃左右的样品加热氧化的现象较弱。

图 3-4-8　火驱后 G2025-1 粉砂质泥质岩屑黏土化

Fl 为英石

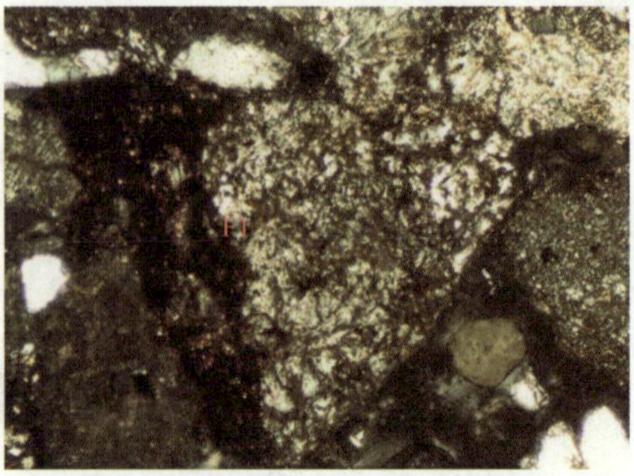

图 3-4-9　火驱后 G2015-1 硅质岩屑黏土化

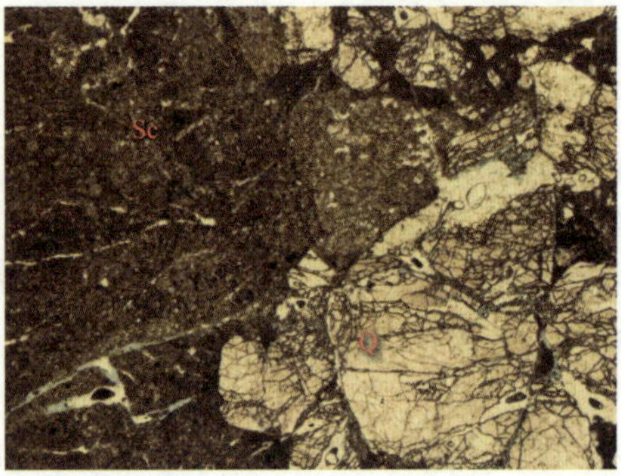

(a) 2×10(－)

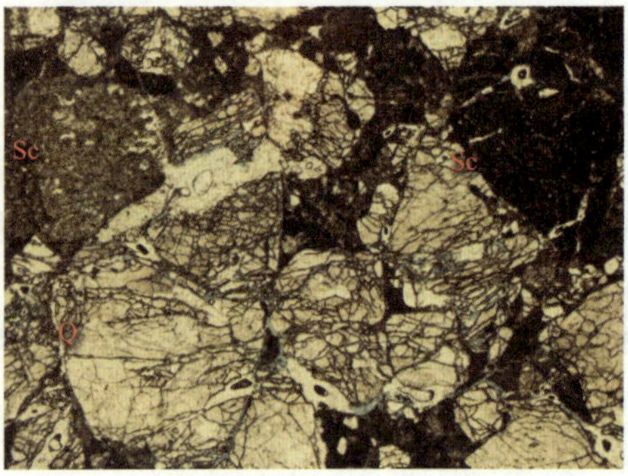

(b) 2×10(＋)

图 3-4-10　火驱后 G2025-3 的砂砾岩

以 G2025-3 样品(图 3-4-10)为例进行分析，常见镜下颗粒表面高温氧化的现象，单偏光下颜色较暗红，正交偏光下红色质点较多。样品中碎屑颗粒破裂现象比较常见，沉积岩岩屑内溶孔和溶缝比较发育，且溶孔和溶缝变大。填隙物含量很少，以泥质杂基为主。岩石孔隙以粒间溶孔、岩屑粒内溶孔和破裂缝为主，可见面孔率增大。

3. **岩矿的主要化学成分变化分析**

通过一维燃烧管火驱实验，研究了一定注空气流量和压力条件下火驱前后砂砾岩主要化学成分及低熔点物质分流的变化，结果如图 3-4-11 和表 3-4-2、图 3-4-12 和表 3-4-3 所示。

在注空气流量 2.5 L/min 条件下样品管第 1～第 3 段残渣呈灰白色，燃烧充分；第 4 段仍呈灰白色，但从上截面观察到很小的一部分集中呈黑色，未能引燃，并有积炭产生；第 5 段黑色区域扩大；第 6～第 7 段整体呈灰色，为引燃后的残渣，但不如前几段燃烧充分；第 8 段管底开始出现结焦颗粒，整体呈浅灰色；第 9 段开始向后，结焦增多，且集中在管底部；第 12 段呈黑色，且颗粒潮湿。从图 3-4-11 和表 3-4-2 可以看出，开始燃烧后 Fe，S，Mg 等元素含量降低，Si，K，Na 元素含量轻微升高；随着燃烧前缘推进，S 和 Fe 元素含量在燃烧区有升高趋势，而在待燃区 Fe 和 S 等元素含量沿火驱方向显著增加，表现出明显的元素分流。例如，

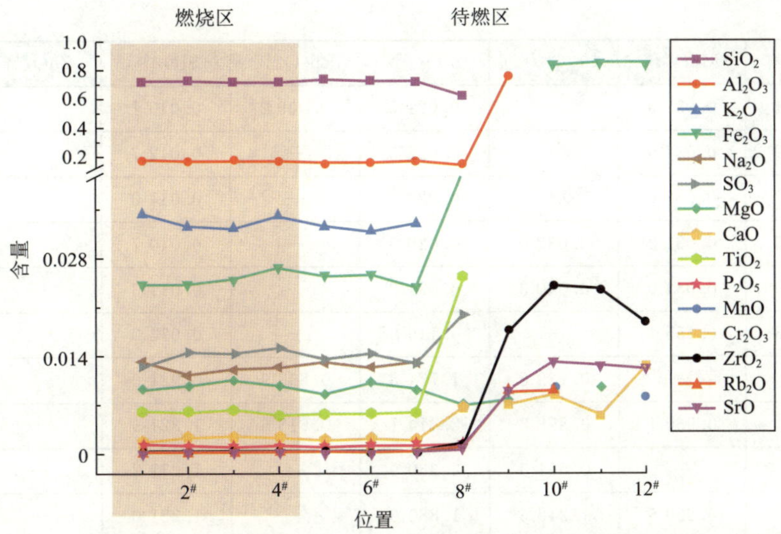

图 3-4-11　2.5 L/min 条件下砂砾岩一维燃烧管火驱实验主要化学成分变化趋势图

S 元素初始含量为 2.709 4%，在第 1 段（已燃区）为 1.254 1%，在第 4 段（燃烧区）为 1.520 4%，在第 8 段（待燃区）为 1.993 2%；Fe 元素初始含量为 3.008 9%，在第 1 段（已燃区）为 2.442 9%，在第 4 段（燃烧区）为 2.672 4%，在第 12 段（待燃区）为 85.211 8%。

表 3-4-2　2.5 L/min 条件下砂砾岩一维燃烧管火驱实验主要化学成分分析测试数据

位　置	SiO_2/%	Al_2O_3/%	K_2O/%	Fe_2O_3/%	Na_2O/%	SO_3/%	MgO/%	CaO/%	TiO_2/%
0#	67.348 2	19.916 5	3.030 6	3.008 9	0.922 7	2.709 4	1.073 1	1.128 9	0.583 6
1#	72.161 0	17.401 4	3.431 9	2.442 9	1.327 1	1.254 1	0.927 5	0.185 5	0.620 1
2#	72.854 9	16.852 9	3.262 8	2.438 4	1.126 0	1.454 7	0.978 9	0.242 0	0.608 0
3#	71.700 7	17.752 1	3.242 4	2.518 1	1.218 9	1.428 7	1.059 0	0.247 7	0.638 6
4#	72.487 5	16.713 9	3.414 0	2.672 4	1.243 2	1.520 4	0.976 5	0.235 4	0.555 9
5#	74.068 6	15.656 3	3.264 1	2.562 4	1.316 9	1.346 7	0.849 6	0.188 1	0.576 3
6#	72.814 5	16.691 4	3.191 4	2.580 1	1.231 1	1.439 6	1.035 3	0.228 1	0.577 2
7#	72.563 2	17.160 2	3.311 2	2.400 3	1.314 2	1.292 8	0.923 4	0.209 2	0.594 7
8#	61.915 9	14.395 0	5.464 5	11.801 2	—	1.993 2	0.707 3	0.669 9	2.548 3
9#	10.418 3	76.217 2	—	—	—	—	0.776 2	—	8.271 8
10#	—	—	—	83.827 2	—	—	—	—	9.714 6
11#	—	—	—	85.879 4	—	—	0.964 4	—	8.966 8
12#	—	—	—	85.211 8	—	—	—	—	8.613 6

位　置	P_2O_5/%	MnO/%	Cr_2O_3/%	ZrO_2/%	Rb_2O/%	SrO/%	ZnO/%	NiO/%
0#	0.156 1	0.035 0	0.039 6	0.014 3	—	0.019 2	0.014 0	—
1#	0.133 4	0.035 3	0.036 3	0.022 5	0.009 2	0.011 8	—	—
2#	0.111 3	0.030 6	—	0.019 0	0.008 8	0.011 7	—	—

续表

位　置	P_2O_5/%	MnO/%	Cr_2O_3/%	ZrO_2/%	Rb_2O/%	SrO/%	ZnO/%	NiO/%
3#	0.114 1	0.035 9	—	0.021 5	0.009 2	0.013 1	—	—
4#	0.107 9	0.037 9	—	0.022 3	—	0.012 7	—	—
5#	0.100 2	0.038 6	—	0.020 9	—	0.011 3	—	—
6#	0.117 0	0.031 2	0.032 0	0.020 5	—	0.010 7	—	—
7#	0.124 0	0.034 0	0.040 3	0.021 2	—	0.011 3	—	—
8#	0.155 8	0.155 1	—	0.119 5	—	0.074 3	—	—
9#	—	—	0.729 8	1.771 8	0.893 9	0.921 0	—	—
10#	—	0.950 1	0.858 5	2.414 1	0.913 6	1.321 9	—	—
11#	—	—	0.551 3	2.360 9	—	1.277 2	—	—
12#	—	0.820 6	1.248 6	1.880 0	—	1.221 0	—	1.004 4

在注空气压力4.0 MPa条件下砂砾岩主要化学成分的变化有所不同，该条件下样品管第1～第8段呈浅灰色；第9～第10段烧成灰白色；第11段因主动停气缺氧出现结焦，整段结焦均匀分布，有别于以前结焦在管壁之上，管壁干净；第12段有结焦、油液痕迹。从图3-4-12和表3-4-3可以看出，开始燃烧后Fe，S，Mg等元素含量降低，Si，K，Na元素含量升高；随着燃烧前缘推进，在燃烧区这些元素含量略有波动，总体不变，而在待燃区Fe，K，S等元素含量沿火驱方向逐渐增加，表现出明显的元素分流。例如，S元素初始含量为2.709 4%，在第4段（燃烧区）为1.850 8%，在第12段（待燃区）为3.380 9%。

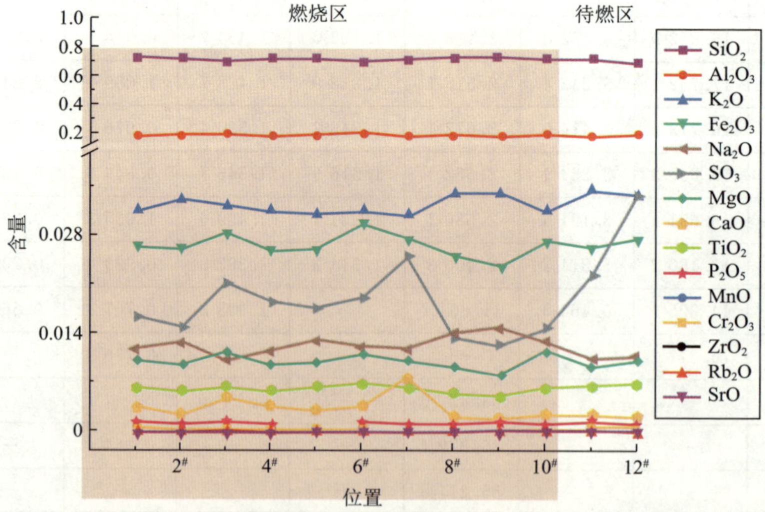

图3-4-12　4.0 MPa条件下砂砾岩一维燃烧管火驱实验主要化学成分变化趋势图

从以上对比分析可知，只要燃烧前缘能够推进，砂砾岩的主要化学成分就会发生迁移，但变化幅度较小，其中Si，Fe，K，S，Mg，Na元素含量略微波动。

表 3-4-3　4.0 MPa 条件下砂砾岩一维燃烧管火驱实验主要化学成分分析测试数据

位　置	SiO_2/%	Al_2O_3/%	K_2O/%	Fe_2O_3/%	Na_2O/%	SO_3/%	MgO/%	CaO/%
0#	67.348 2	19.916 5	3.030 6	3.008 9	0.922 7	2.709 4	1.073 1	1.128 9
1#	72.043 6	17.035 7	3.164 7	2.663 1	1.190 0	1.652 7	1.024 7	0.343 4
2#	71.964 4	17.249 0	3.323 1	2.634 1	1.268 2	1.507 0	0.984 4	0.254 9
3#	69.718 9	18.490 4	3.232 0	2.851 7	1.034 8	2.143 5	1.137 0	0.494 3
4#	72.210 6	16.878 8	3.162 1	2.587 2	1.167 1	1.850 8	0.968 5	0.370 1
5#	71.780 7	17.347 0	3.108 7	2.611 3	1.316 0	1.760 5	1.000 2	0.306 4
6#	69.494 9	18.769 1	3.167 0	2.996 7	1.227 8	1.917 4	1.125 9	0.360 3
7#	70.931 6	16.865 1	3.109 2	2.774 2	1.193 7	2.510 0	1.021 3	0.775 9
8#	72.252 2	17.148 4	3.436 5	2.521 0	1.433 2	1.326 5	0.932 8	0.195 5
9#	73.539 0	16.214 9	3.422 1	2.352 8	1.493 8	1.241 5	0.818 3	0.189 6
10#	71.571 5	17.514 5	3.168 8	2.727 1	1.311 9	1.478 7	1.150 7	0.258 1
11#	71.099 8	17.332 1	3.478 3	2.643 5	1.053 0	2.271 2	0.935 3	0.246 4
12#	68.675 3	18.424 8	3.402 1	2.777 1	1.095 7	3.380 9	1.032 7	0.226 6
位　置	TiO_2/%	P_2O_5/%	MnO/%	Cr_2O_3/%	ZrO_2/%	Rb_2O/%	SrO/%	ZnO/%
0#	0.583 6	0.156 1	0.035 0	0.0396	0.014 3	—	0.019 2	0.014 0
1#	0.634 3	0.134 2	0.030 8	0.041 0	0.022 1	0.009 1	0.010 6	—
2#	0.596 5	0.120 3	0.032 6	0.036 3	0.018 5	—	0.010 7	—
3#	0.640 7	0.147 1	0.029 7	0.037 5	0.020 6	0.009 0	0.012 8	—
4#	0.583 5	0.118 1	0.031 6	0.042 6	0.017 5	—	0.011 4	—
5#	0.652 6	—	0.037 0	0.050 8	0.017 3	—	0.011 5	—
6#	0.681 3	0.149 4	0.033 8	0.035 6	0.018 4	0.010 2	0.012 2	—
7#	0.637 7	0.110 9	0.032 5		0.017 6	—	0.014 1	—
8#	0.558 4	0.111 3	0.038 5	—	0.024 0	0.008 5	0.013 2	—
9#	0.500 3	0.124 4	0.030 0	—	0.051 2	0.011 3	0.010 9	—
10#	0.632 4	0.113 0	0.035 4	—	0.017 3	0.008 5	0.012 3	—
11#	0.671 7	0.134 4	0.041 8	0.057 2	0.021 7	—	0.013 8	—
12#	0.696 4	0.119 0	0.040 7	0.085 0	0.021 0	0.009 7	0.013 1	—

4. 岩矿的矿物组成对比分析

火驱前，砂砾岩的主要矿物成分为石英、黏土、斜长石、钾长石。其中，石英含量约为59.91%，黏土含量约为24.37%，斜长石含量约为13.02%，钾长石含量约为10.69%(表 3-4-4)。

火驱前，砂砾岩的黏土矿物成分主要包括高岭石、蒙脱石、伊利石。其中，高岭石含量约为92.25%，伊利石含量约为6.61%，蒙脱石含量约为1.44%(表 3-4-5)。

火驱后，砂砾岩的主要矿物组成受实验条件影响，在此主要分析注空气流量为2.5 L/min及注空气压力为4.0 MPa条件下砂砾岩矿物组成及其变化。

表 3-4-4 砂砾岩岩芯矿物组成统计

样 品	不同矿物含量/%							
	石 英	黏 土	斜长石	钾长石	方解石	白云石	石 膏	黄铁矿
h2097A-3	51.91	24.37	13.02	10.69				

表 3-4-5 砂砾岩岩芯黏土矿物统计

样 品	不同矿物含量/%				
	高岭石	伊利石	蒙脱石	绿泥石	伊蒙混层
h2097A-1	92.25	6.61	1.14		

在注空气流量为 2.5 L/min 条件下，样品管第 1～第 12 段均有燃烧；第 1～第 6 段残渣干燥，颜色灰白，完全燃烧；第 7～第 9 段颜色略有加深，残渣干燥，大部分燃尽，其中第 7、第 8 段出现轻微结焦，第 9 段出现大段结焦；第 10 段颜色灰白，大部分燃尽，残渣干燥；第 11、第 12 段颜色加深，大段结焦，第 12 段残渣较湿润。分析（表 3-4-6、图 3-4-13）可知，从第 1 段到第 4 段，石英、斜长石含量增加，黏土总量、钾长石含量减小；从第 4 段到第 6 段，黏土总量、石英含量减小，钾长石、斜长石含量增加；从第 6 段到第 11 段，黏土总量、石英含量增加，钾长石、斜长石含量减小；从第 11 段到第 12 段，黏土总量、石英含量、斜长石含量减小，钾长石含量增加。

表 3-4-6 2.5 L/min 条件下砂砾岩一维燃烧管燃烧主要矿物组成

位 置	样 品	黏土总量/%	石英/%	钾长石/%	斜长石/%	白云石/%	石膏/%
0#	G0	26.00	43.18	12.49	14.99	—	2.80
1#	G2025-1	19.53	47.80	17.98	14.69	—	—
2#	G2025-2	16.85	55.96	10.90	16.29	—	—
3#	G2025-3	16.47	56.03	11.68	15.82	—	—
4#	G2025-4	16.39	57.80	11.00	14.81	—	—
5#	G2025-5	16.86	53.25	14.59	15.30	—	—
6#	G2025-6	15.83	44.66	22.30	17.21	—	—
7#	G2025-7	17.37	45.80	20.54	16.29	—	—
8#	G2025-8	19.92	51.86	13.28	14.94	—	—
9#	G2025-9	21.89	45.45	20.92	11.74	—	—
10#	G2025-10	16.40	51.77	21.24	10.59	—	—
11#	G2025-11	20.11	54.21	10.12	15.56	—	—
12#	G2025-12	20.01	36.73	27.70	15.55	—	—

在注空气压力为 4.0 MPa 条件下，样品管中样品烧至第 9 段；第 1～第 4 段样品完全燃尽，残渣完全呈花白状态；第 5～第 6 段样品燃烧较充分，残渣干燥，但整体略带灰白色；第 7～第 9 段样品部分（少量）燃烧完全（白色残渣），但混杂大量黑色残渣（积炭）；第 10 段以后，

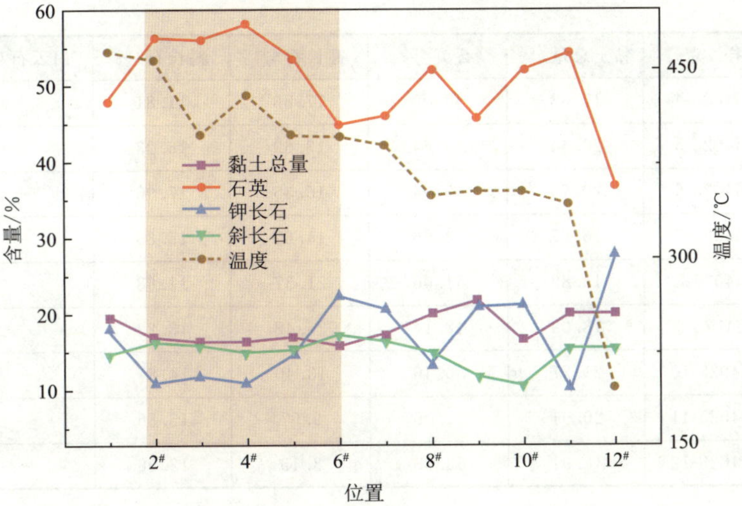

(a)

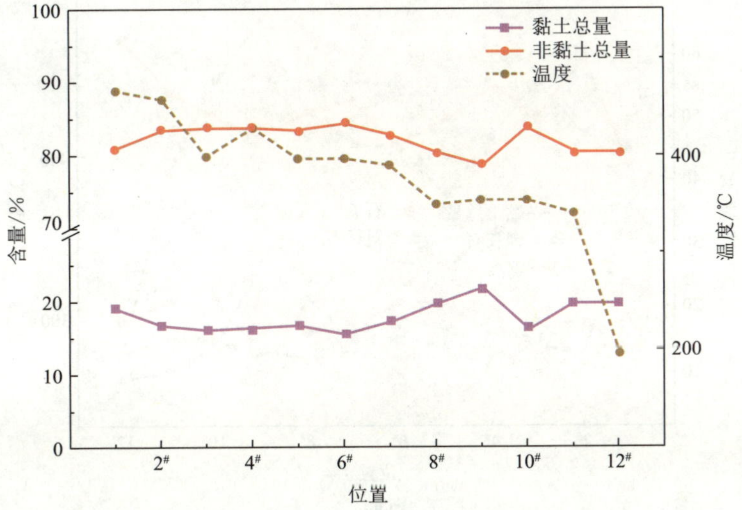

(b)

图 3-4-13　砂砾岩一维燃烧管火驱实验岩石矿物组成变化

残渣颜色为黑色;第 12 段残渣湿润,有结块。分析(表 3-4-7、图 3-4-14)可知,从第 2 段到第 7 段,黏土总量、石英含量减小,钾长石、斜长石含量增加;从第 7 段到第 9 段,黏土总量、石英含量、斜长石含量减小,钾长石含量增加;从第 9 段到第 12 段,黏土总量、石英含量增加,钾长石含量、斜长石含量减小。

表 3-4-7　4.0 MPa 条件下砂砾岩一维燃烧管燃烧主要矿物组成

位　置	样　品	黏土总量/%	石英/%	钾长石/%	斜长石/%	白云石/%	石膏/%
0#	G0	26.00	43.18	12.49	14.99	—	2.80
1#	G4025-1	13.76	43.06	35.72	7.46	—	—
2#	G4025-2	17.49	59.27	11.95	11.29	—	—
3#	G4025-3	17.79	50.10	14.10	18.01	—	—

续表

位　置	样　品	黏土总量/%	石英/%	钾长石/%	斜长石/%	白云石/%	石膏/%
4#	G4025-4	15.33	55.00	17.86	11.81	—	—
5#	G4025-5	20.44	49.64	13.69	16.23	—	—
6#	G4025-6	20.75	45.94	15.35	17.96	—	—
7#	G4025-7	16.87	52.66	14.62	15.85	—	—
8#	G4025-8	15.89	51.06	21.37	11.68	—	—
9#	G4025-9	13.09	47.14	26.48	13.29	—	—
10#	G4025-10	21.27	50.46	13.40	14.87	—	—
11#	G4025-11	20.91	54.06	9.67	15.36	—	—
12#	G4025-12	16.91	62.38	8.15	12.56	—	—

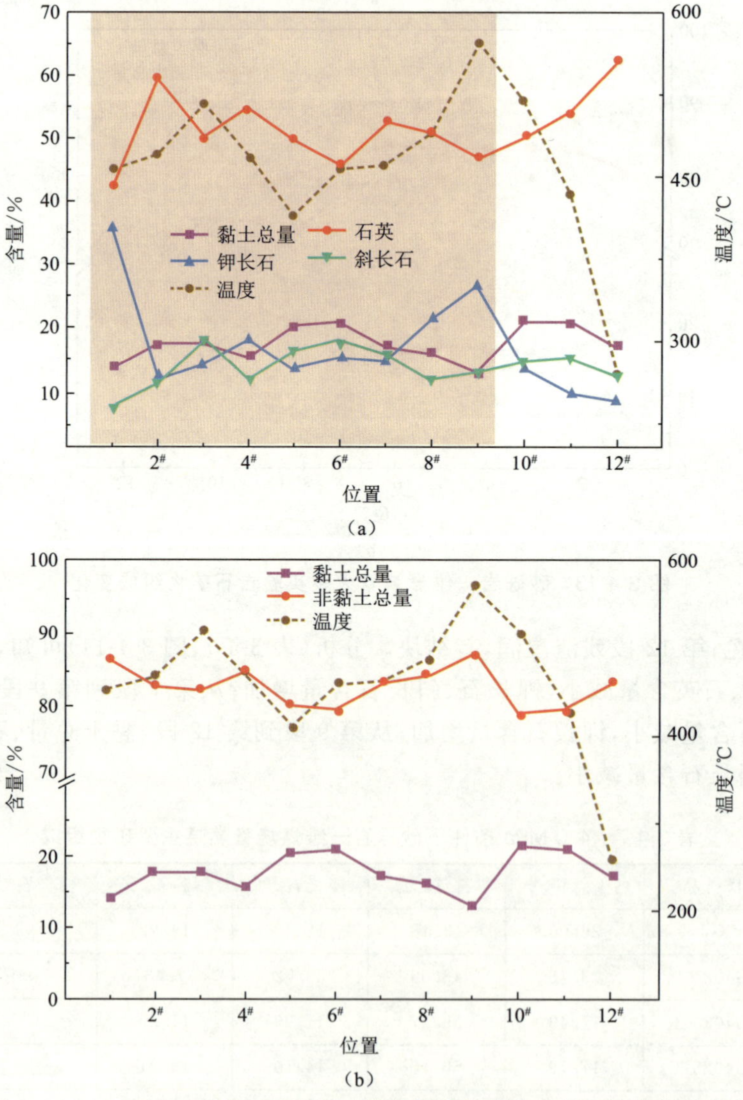

图 3-4-14　4.0 MPa条件下砂砾岩一维燃烧管火驱实验岩石矿物组成变化

由以上砂砾岩燃烧前后岩矿 XRD(X 射线衍射)分析可知,只要燃烧前缘能够推进,岩石矿物组成就会发生变化,具体表现在石英含量与钾长石含量、斜长石含量、黏土总量之和呈负相关关系,在燃烧区石英含量明显增加,钾长石含量、斜长石含量、黏土总量之和减小。

分析在注空气流量为 2.5 L/min 条件下砂砾岩矿物中黏土矿物组成及其变化可知,样品管第 1～第 12 段均有燃烧;第 1～第 6 段颜色灰白,残渣干燥,完全燃烧;第 7～第 9 段颜色略有加深,残渣干燥,大部分燃尽,其中第 7、第 8 段出现轻微结焦,第 9 段出现大段结焦;第 10 段颜色灰白,残渣干燥,大部分燃尽;第 11、第 12 段颜色加深,出现大段结焦,其中第 12 段残渣较湿润。分析(表 3-4-8、图 3-4-15)可知,从第 1 段到第 7 段,伊利石含量总体呈上

表 3-4-8　2.5 L/min 条件下砂砾岩一维燃烧管燃烧黏土矿物组成

位　置	样　品	蒙脱石/%	伊利石/%	高岭石/%	绿泥石/%	伊蒙混层/%
0#	G0	6	13	80	—	—
1#	G2025-1	—	19	64	—	17
2#	G2025-2	—	21	60	—	19
3#	G2025-3	—	22	59	—	18
4#	G2025-4	—	17	69	—	14
5#	G2025-5	—	21	63	—	16
6#	G2025-6	—	25	63	—	11
7#	G2025-7	—	32	68	—	—
8#	G2025-8	—	14	57	—	29
9#	G2025-9	—	13	65	—	22
10#	G2025-10	8	9	83	—	—
11#	G2025-11	10	17	73	—	—
12#	G2025-12	11	15	74	—	—

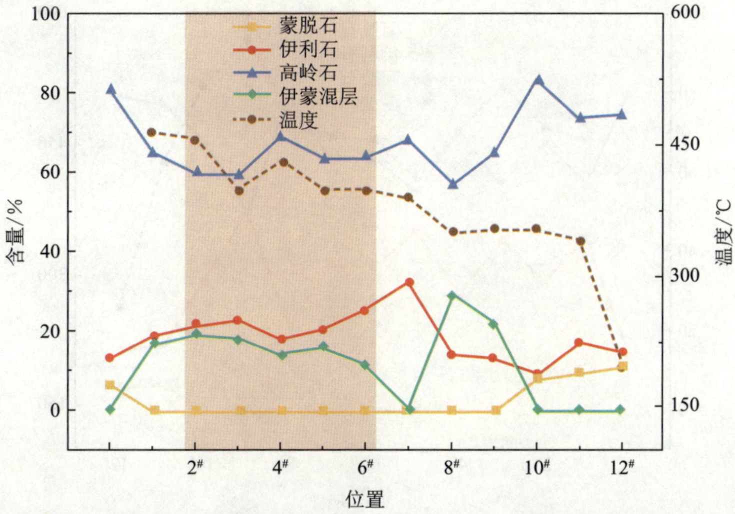

图 3-4-15　2.5 L/min 条件下砂砾岩一维燃烧管火驱实验黏土矿物组成变化

升趋势，在第 7 段达到最高，占黏土总量的 32%，而高岭石含量则无明显下降的趋势，此过程中伊蒙混层的含量略有下降趋势；第 7 段以后，高岭石含量总体上升，伊利石含量总体下降，伊蒙混层含量总体下降；到第 10 段出现蒙脱石，其含量有逐渐上升的趋势。

分析在注空气压力为 4.0 MPa 条件下砂砾岩矿物中黏土矿物组成及其变化可知，样品管中样品烧至第 9 段；第 1～第 4 段样品完全燃尽，残渣完全呈花白状态；第 5～第 6 段样品燃烧较充分，残渣干燥，但整体略带灰白色；第 7～第 9 段样品部分（少量）燃烧完全（白色残渣），但混杂大量黑色残渣（积炭）；第 10 段以后残渣为黑色；第 12 段残渣湿润，有结块。分析（表 3-4-9、图 3-4-16）可知，整个燃烧过程中高岭石与伊利石之间不断相互转化，矿物组成

表 3-4-9　4.0 MPa 条件下砂砾岩一维燃烧管燃烧黏土矿物组成

位　置	样　品	蒙脱石/%	伊利石/%	高岭石/%	绿泥石/%	伊蒙混层/%
0#	G0	6	13	80	—	—
1#	G4025-1	—	43	57	—	—
2#	G4025-2	—	33	67	—	—
3#	G4025-3	—	43	57	—	—
4#	G4025-4	—	29	71	—	—
5#	G4025-5	—	45	55	—	—
6#	G4025-6	—	37	63	—	—
7#	G4025-7	—	36	64	—	—
8#	G4025-8	—	21	79	—	—
9#	G4025-9	—	50	50	—	—
10#	G4025-10	—	33	67	—	—
11#	G4025-11	7	16	77	—	—
12#	G4025-12	6	15	79	—	—

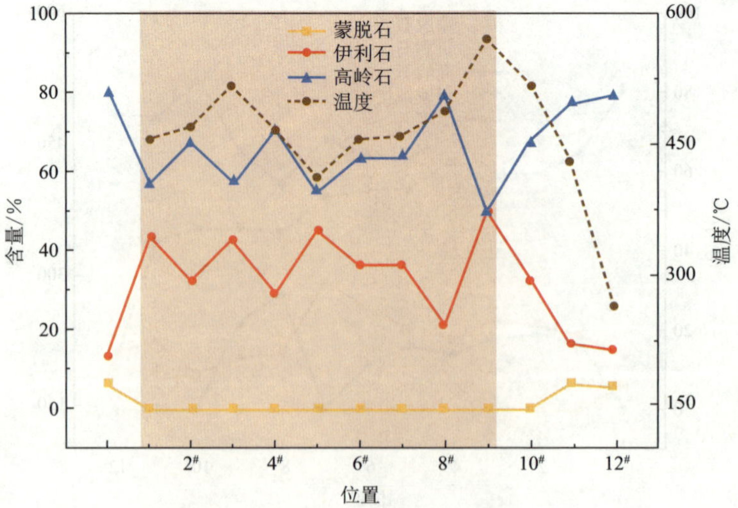

图 3-4-16　4.0 MPa 条件下砂砾岩一维燃烧管火驱实验黏土矿物组成变化

图像大致对称，未形成伊蒙混层，在燃烧区内两者含量变化强烈，呈明显的负相关性，在第12段高岭石含量最高，占黏土总量的79%，而此时伊利石含量达到最低，占15%；在第11段出现蒙脱石，到第12段其含量有所减小。

上述实验研究表明，向储层岩石中注气使储层流体环境变为氧化环境，在保证燃烧前缘稳定推进的条件下调节注空气压力，预热点火后随着温度的升高，岩石矿物组成就会发生变化，在燃烧区高岭石含量明显降低，而蒙脱石、伊利石及伊蒙混层含量明显增加，说明在燃烧区高岭石向伊利石、蒙脱石转化明显。

二、储层物性变化特征分析

地下高温对岩石矿物会产生很重要的影响，但如何影响储层物性尚未知。在此主要通过研究碎屑岩结构、组成（碎屑颗粒、填隙物和孔隙）来揭示储层物性的变化规律。

1. 碎屑颗粒变化特征

火驱后碎屑颗粒边缘的泥质杂基较火驱前（图3-4-17、图3-4-18）减少，边缘变得干净（图3-4-19、图3-4-20）。对所有颗粒（包括石英、长石和各种岩屑）来说，颗粒破裂对比火驱

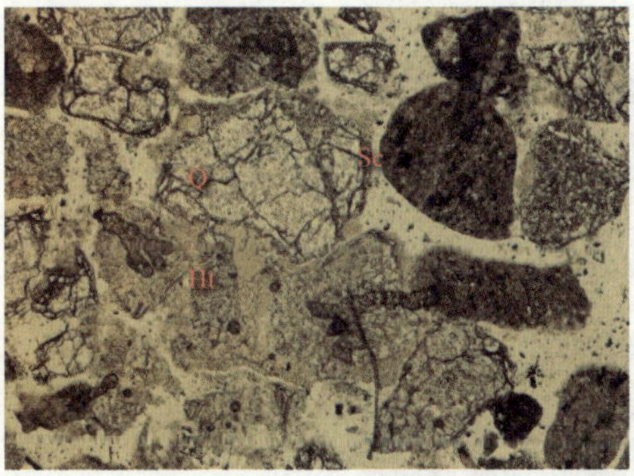

图3-4-17　火驱前h2097A-1颗粒及颗粒边缘[10×10(－)]

Ht为磁铁矿

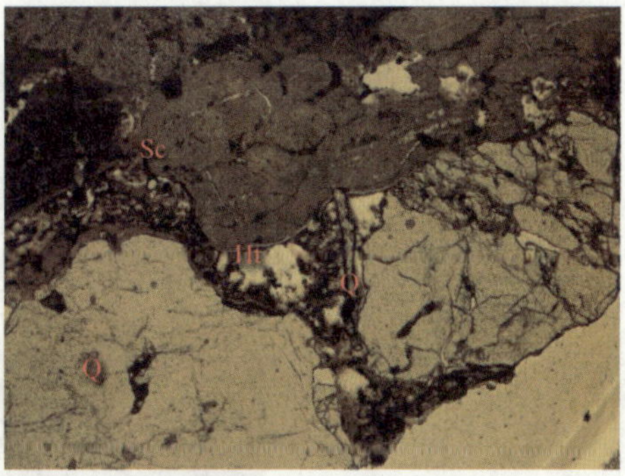

图3-4-18　火驱前h2097A-3泥质填隙物间的杂基和颗粒边缘[2×10(－)]

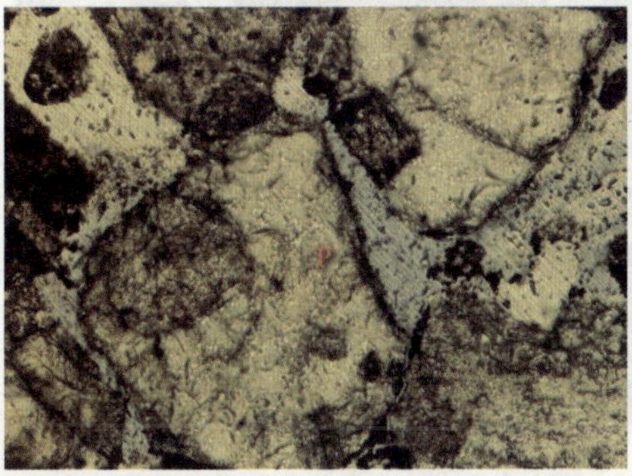

图3-4-19　火驱后粒间溶孔[20×10(－)]

P为长石

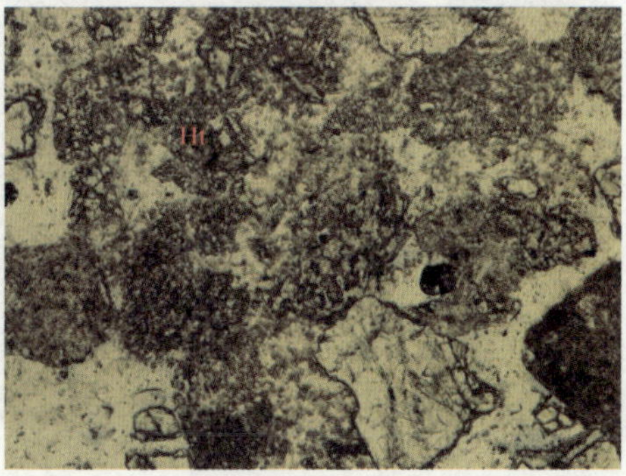

图3-4-20　火驱后杂基内溶孔[10×10(－)]

前(图 3-4-21)明显增多,尤其是石英颗粒和泥质岩屑最直观,且颗粒溶蚀边的溶蚀特征更明显(图 3-4-22、图 3-4-23)。火驱后,碎屑颗粒边缘收缩缝(图 3-4-24)和解理收缩缝(尤其指云母片)非常常见。此外,镜下的云母片内溶缝和溶孔变大。对石英来说,火驱前后最明显的特征就是经高温加热后石英碎裂,除此之外没有其他明显改变,如颗粒内溶孔、溶缝不发育(图 3-4-25)。对长石来说,火驱前后颗粒表面有黏土化和云母化的现象均比较常见(图 3-4-26)。火驱后黏土化的长石发生高温氧化,在正交偏光下可见红色质点。此外,长石内破裂缝较火驱前更为发育,且溶孔和溶缝变大、变明显(图 3-4-27)。对比砂岩和砂砾岩样品

图 3-4-21　火驱前 h2097A-4 颗粒[20×10(+)]

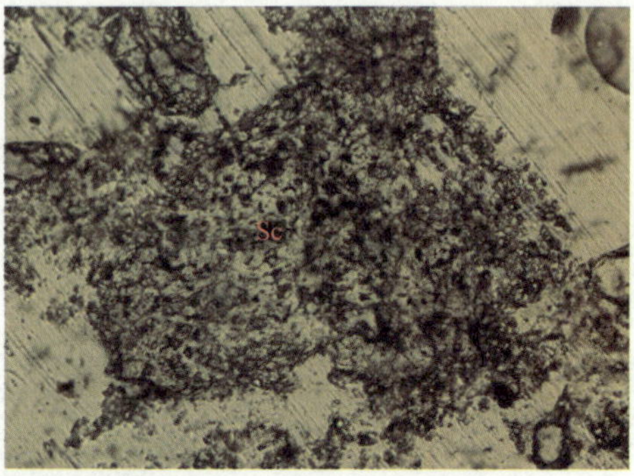

图 3-4-22　火驱后岩屑内溶孔

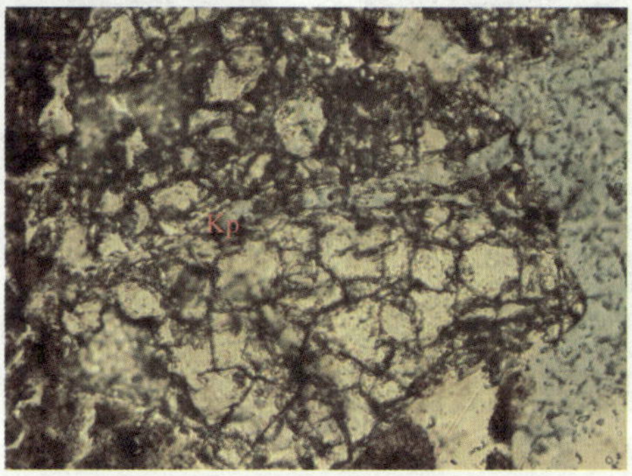

图 3-4-23　火驱后石英颗粒破裂缝

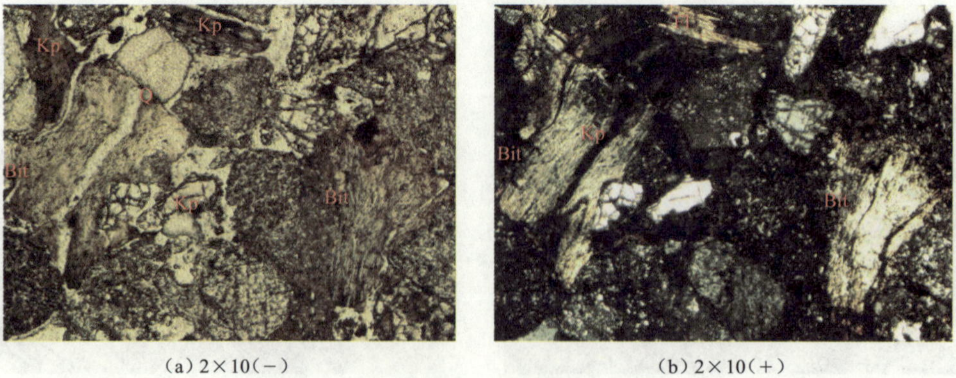

(a) 2×10(-)　　(b) 2×10(+)

图 3-4-24　火驱后云母解理收缩缝和粒间溶孔

Bit 为黑云母,Kp 为钾长石

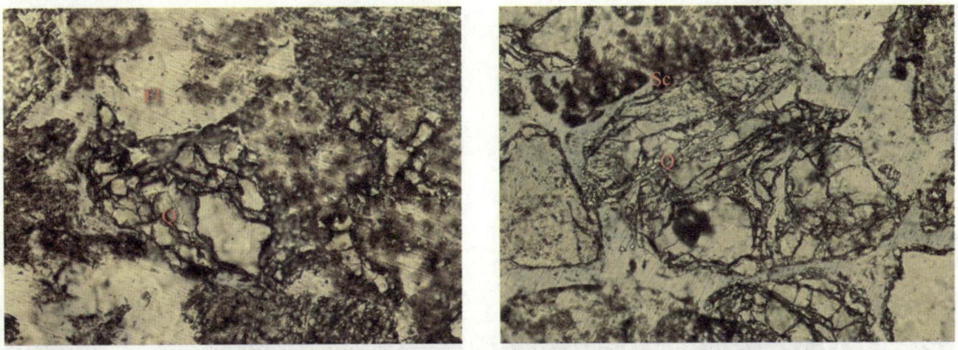

图 3-4-25　火驱后石英破裂和岩屑内、粒间溶孔[20×10(－)]

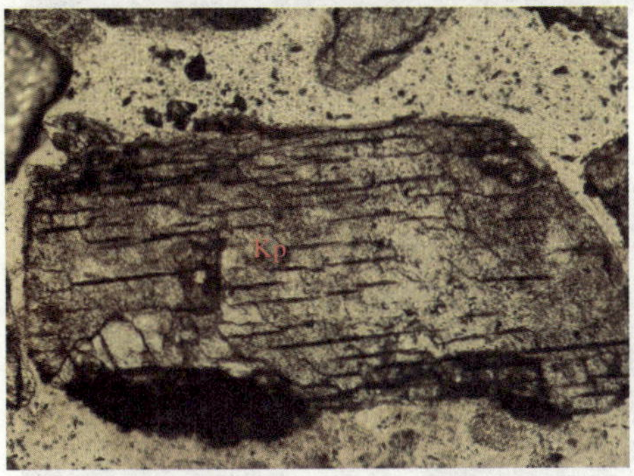

图 3-4-26　火驱前长石轻微黏土化[20×10(－)]

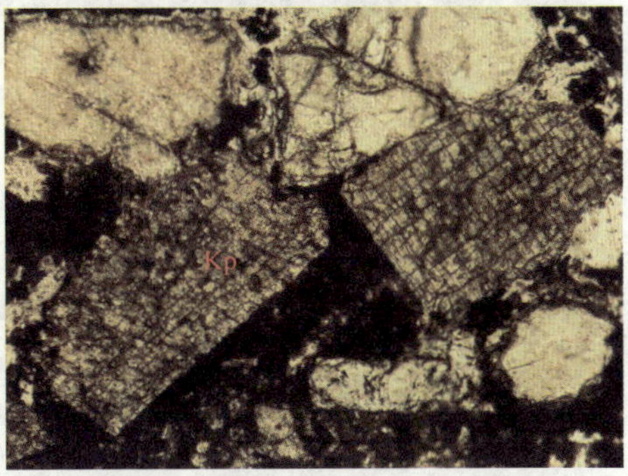

图 3-4-27　火驱后长石黏土化[10×10(－)]

可知，砂砾岩样品中沉积岩屑颗粒里的泥质被烧成长缝和明显溶孔的现象比砂岩样品中的更为常见且明显，碎屑颗粒破裂的现象也更明显，泥质岩屑绢云母化现象也较为常见，岩屑内溶孔和溶缝很发育(图 3-4-28)。

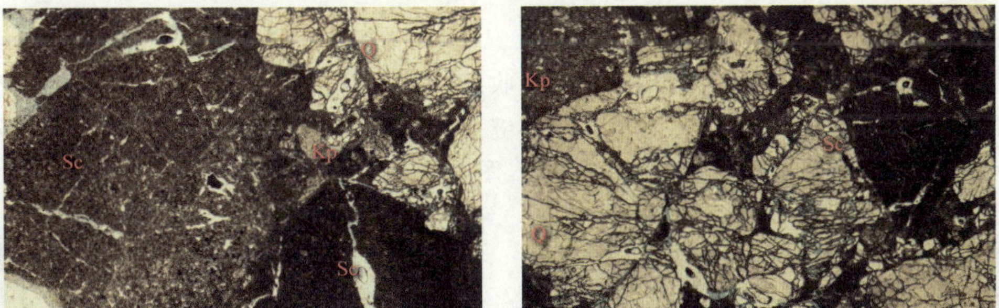

(a) 2×10(－)　　(b) 4×10(＋)

图 3-4-28　火驱后泥质岩屑颗粒破裂和石英颗粒破裂缝

2. 填隙物变化特征

实验样品中填隙物以泥质杂基为主，胶结物很少见。经高温火烧之后，样品中泥质杂基高温氧化的现象明显，其含量明显减小，部分颗粒间几乎不存在泥质杂基，且泥质杂基内溶孔变大、变明显(图 3-4-29)。在正交偏光下，偶见填隙物中硅质粉体颗粒相对增大，且有成块的趋势(图 3-4-30)。

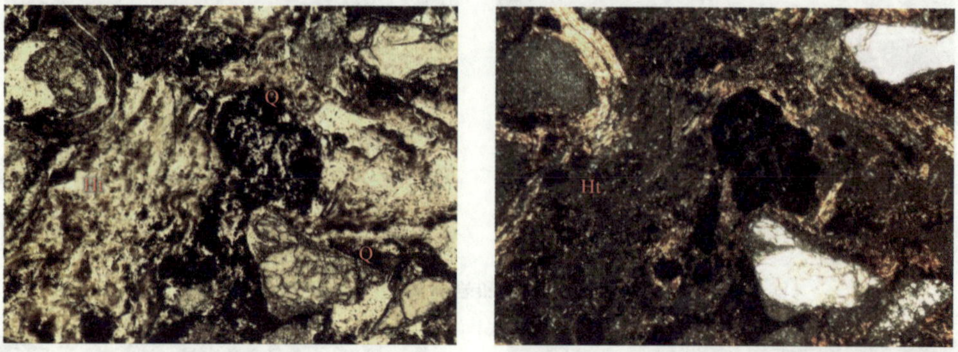

(a) 10×10(+)　　(b) 10×10(−)

图 3-4-29　火驱后 G2025-2 杂基内溶孔

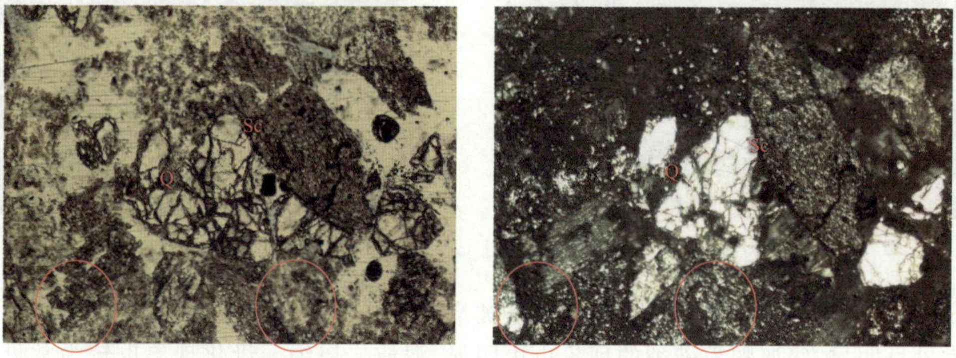

(a) 10×10(+)　　(b) 10×10(−)

图 3-4-30　火驱后填隙物中硅质质点

3. 孔隙变化特征

经高温加热后,碎屑颗粒破裂;颗粒边缘收缩缝和云母收缩解理缝常见;长石、燧石岩屑和泥质岩屑内溶孔、溶缝更发育;且溶孔和溶缝变大,泥质杂基内溶孔发育并变大,部分粒间孔变为粒间溶孔,可见面孔率增大(图 3-4-31、图 3-4-32)。

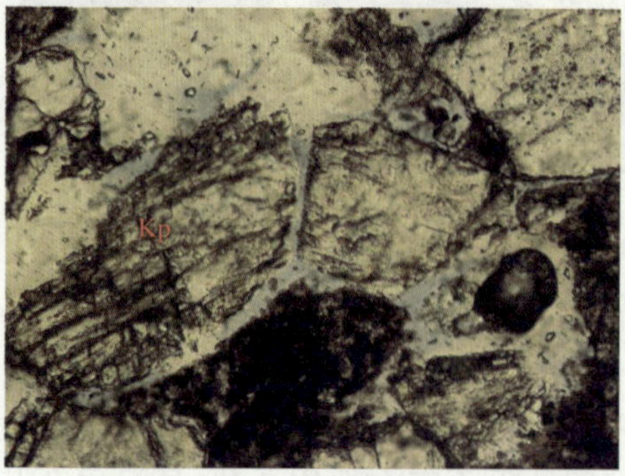

图 3-4-31　火驱后长石和粒间溶孔[10×20(−)]

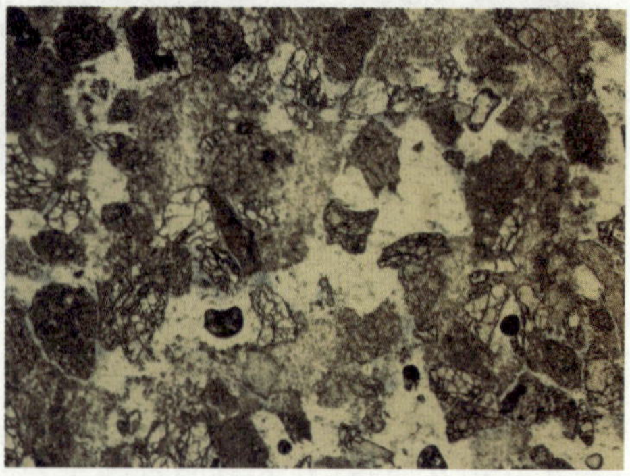

图 3-4-32　火驱后溶缝、溶孔[10×4(−)]

综上所述，通过薄片鉴定分析认为，砂岩和砂砾岩样品中碎屑颗粒和填隙物经高温加热后容易发生脱水、氧化、破裂、热胀冷缩等作用，使碎屑颗粒和填隙物内溶孔、溶缝、破裂缝、颗粒边缘缝和节理缝更发育。同时，脱水氧化导致样品表面硬化，使火驱开采过程中地层内更不容易坍塌。但由于高温下脱水和烃类迁移，少量黏土矿物和颗粒细的碎屑伴随水蒸气和烃类运移，从而堵塞孔隙或喉道，使储层孔隙度和渗透性的变化出现不一致的现象。

第四章
注蒸汽后稠油油藏高温火驱开发机理

火烧油层是一种重要的热力采油技术，需要注入井和生产井按一定数量比例和排列方式组成井网，利用油层本身部分燃烧的裂解产物作为燃料，利用外加的氧气源和人为的加热点火手段把油层点燃并维持不断的燃烧，燃烧生热使温度高达400 ℃以上，实现复杂的多种驱动作用。对于原油黏度较高的稠油油藏，火驱开发前进行一定时间的蒸汽吞吐开发是必要的。注蒸汽开发后油藏储层和流体的性质发生一定的改变，油水分布更为复杂，窜流通道分布广泛，转火驱开发前剩余油及其通道性质的研究显得格外重要。

第一节　注蒸汽后油藏剩余油分布特征

一、蒸汽开发后剩余油分布

蒸汽开发末期，剩余油主要分布在离油井较远的井间地带，此区域内蒸汽腔未形成连通；剩余储量丰度分布与剩余油饱和度分布特征基本一致。由蒸汽开发末期砂体剩余油饱和度分布图（图4-1-1）和剩余储量丰度分布图（图4-1-2）可以看出，孤立蒸汽腔之间的剩余油饱和度较高；剩余储量较大的区域分布在西部，剩余储量丰度$>10\times10^4$ m^3/km^2。

剩余油分布受储层岩性、物性、隔夹层控制作用明显，在含砾粗砂岩、渗透率高、夹层厚度小的西部区域剩余油饱和度高，剩余油富集。

纵向上，蒸汽腔沿含砾粗砂岩、高渗段突进，相对低渗层段剩余油富集（图4-1-3）。在剩余油饱和度高的区域，蒸汽驱优势通道不发育；在优势通道发育的区域，剩余油饱和度往往较低。

经历火驱开发后，油藏系数（孔隙度与含油饱和度的乘积）与火驱阶段累积产油量有较好的对应关系。在含油饱和度较高且孔隙度较大的区域，火驱阶段累积产油量高，燃烧效果好；在火驱过火区域，由于驱油效率可达95%以上，基本无剩余油，剩余油主要在火驱未波及区域富集。

二、剩余油分布定量描述

典型井产液、吸汽剖面测试资料显示，目的层八道湾组油层在纵向上动用程度有一定差

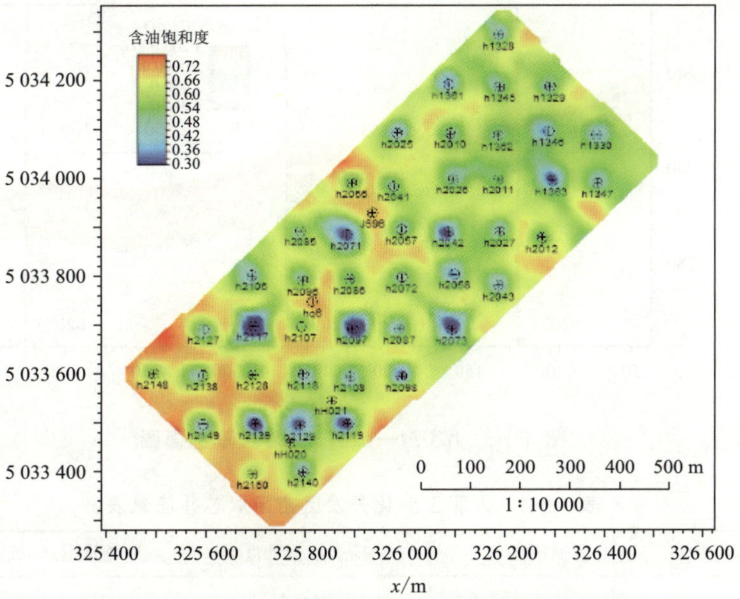

图 4-1-1　蒸汽开发末期砂体剩余油饱和度分布图

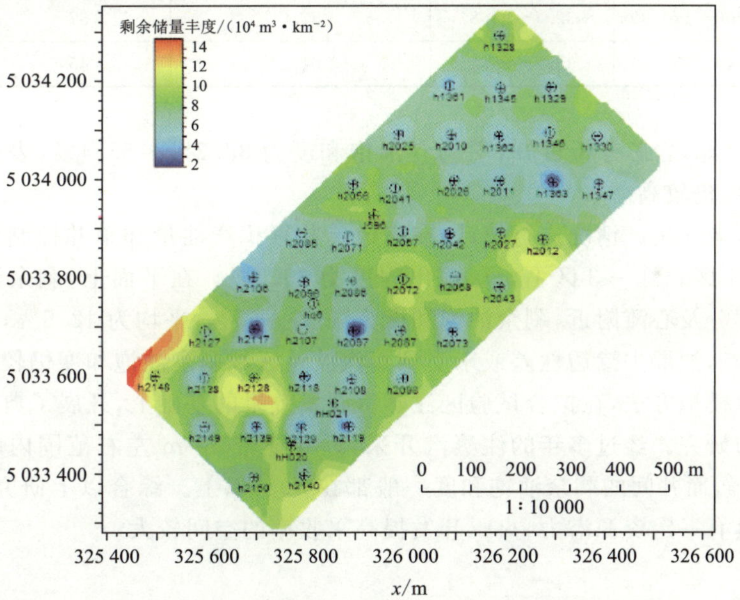

图 4-1-2　蒸汽开发末期砂体剩余储量丰度分布图

异，上部油层吸汽、产液比例略低于油层中、下部，这与 J_1b_4 层正韵律沉积特征有关。油层纵向动用程度与油层物性关系较为密切，油层物性好的层段动用程度高，但整体上差异不大，蒸汽超覆现象不明显。

目标区在蒸汽开发后，先后进行了四口井的密闭取芯（表 4-1-1）。其中，h2097A 井与老井间距 12.5 m，岩芯分析结果显示，在油层段均存在水淹特征，含油饱和度为 24.8%～52.6%，平均含油饱和度为 43.4%，反映出蒸汽开发后井筒周围动用程度高，含油饱和度降低幅度达 20%左右；J596，hH040 以及 hH074 井均位于蒸汽开发井网中的井间位置，与老

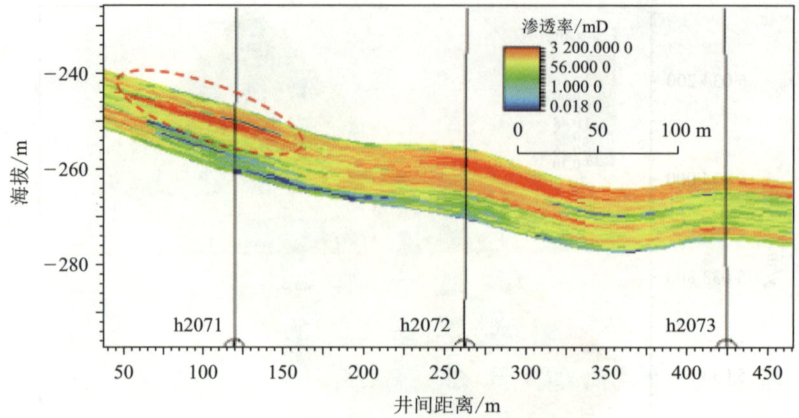

图 4-1-3 h2071—h2073 井渗透率剖面图

表 4-1-1 火驱工业化开发区密闭取芯井信息表

井 号	井段/m	含油饱和度/%	平均含油饱和度/%	与老井距离/m	备 注
h2097A	547.53～556.45	24.8～52.6	43.4	12.5	老井更新
J596	541.06～549.45	32.4～76.2	58.1	67	井间加密
hH040	455.00～470.80	32.7～84.8	57.0	57	井间加密
hH074	536.40～556.40	38.2～85.4	61.2	45	井间加密

井间距 45～67 m，岩芯分析可知，平均含油饱和度为 38.2%～85.4%，表明井间动用程度低，含油饱和度仍较高。

对目标区老井生产情况进行统计，在完成单井累积产油量和单井控制储量统计的基础上，计算红一 1 区—红一 3 区 $J_1b_4^2$ 层采出程度为 33.3%。在平面上，剩余油主要分布于主河道的上游部分及心滩附近，剩余油饱和度为 30%～55%，平均为 42.5%，与初期相比下降了 21 个百分点，油层中渗透性差或未受到蒸汽波及区域剩余油饱和度仍较高。

采用数值模拟方法，在拟合试验区注蒸汽开发效果的基础上，开展了典型井组注蒸汽后的剩余油分布研究。经过多年的注蒸汽开采，近井地带 30 m 左右范围内的剩余油饱和度为 20%～40%，而井间的剩余油饱和度一般都在 60%以上。综合以上研究表明，该区八道湾组油藏仍具有一定资源潜力，火驱开发提高采收率的空间较大。

第二节 高温改质降黏机理

新疆红浅火驱先导试验区在矿场试验实施前进行了系列机理研究及模拟实验分析，获得了此类高黏、高含水油藏火驱过程中的温度、压力变化及燃烧区带变化特征，有助于深化对火驱开发机理的认识。

一、燃烧管实验及其温压分布特征

本节采用第三章第一节中的一维燃烧管物理模拟装置，岩芯采用地层岩芯并经破碎后压实装填，原油采用红浅 1 井区八道湾组地层原油，燃烧模式为干式燃烧。实验结果（表 4-2-1）表明，该区块点火温度为 450 ℃，实际空气消耗量为 236 m^3/m^3，空气油比（AOR）为 1 092 m^3/m^3，驱油效率为 91.2%。

表 4-2-1　燃烧管实验的填砂数据和燃烧数据

填砂数据			
孔隙度/%	30.0	渗透率/μm^2	5
含油饱和度/%	60.0		
操作数据和实验结果			
点火温度/℃	450	燃烧带平均温度/℃	500
稳定注气速度/($L \cdot min^{-1}$)	12	实际空气消耗量/($m^3 \cdot m^{-3}$)	236
驱出油/kg	6.9	燃烧区含油/kg	6.5
燃烧区占百分比/%	78.4	燃烧区驱油效率/%	91.2
稳定燃烧后燃料消耗量/($kg \cdot m^{-3}$)	15	空气油比/($m^3 \cdot m^{-3}$)	1 092

1. 不同断面处温度随时间的变化情况

在燃烧管实验不同位置处，上点、中点和下点温度随时间的变化不同（图 4-2-1～图 4-2-3），说明燃烧前缘由点火端向出口端推进过程中燃烧前缘并非平行推进，而是经过一段时间后才逐渐均匀。燃烧管上部温度明显高于下部温度，这是由火烧油层中极易出现的气体超覆现象引起的，也是现场设计和调控需要重点考虑的内容。

不同时刻燃烧管温度剖面（图 4-2-4）显示，在所给通风强度下，原油温度在 400～420 ℃时即可达到稳定燃烧，燃烧带的峰值温度在 500～570 ℃之间；燃烧前缘移动速度在实验初期较慢，燃烧稳定后有所加快。

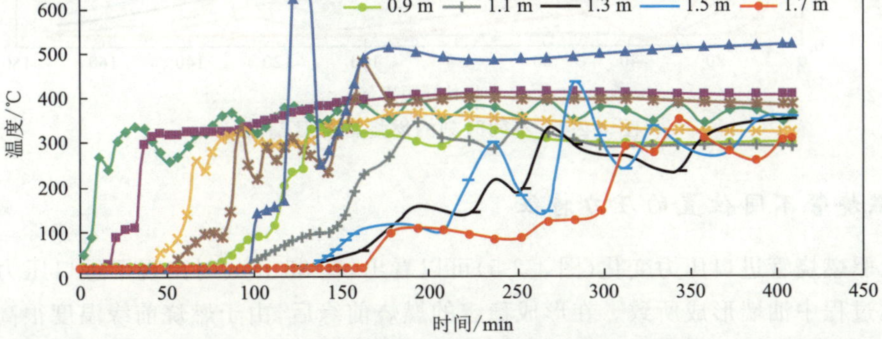

图 4-2-1　断面上部各点温度随时间的变化曲线

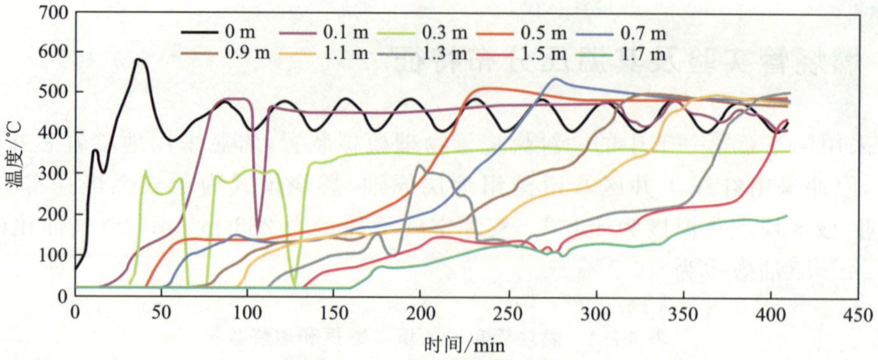

图 4-2-2 断面中部各点温度随时间的变化曲线

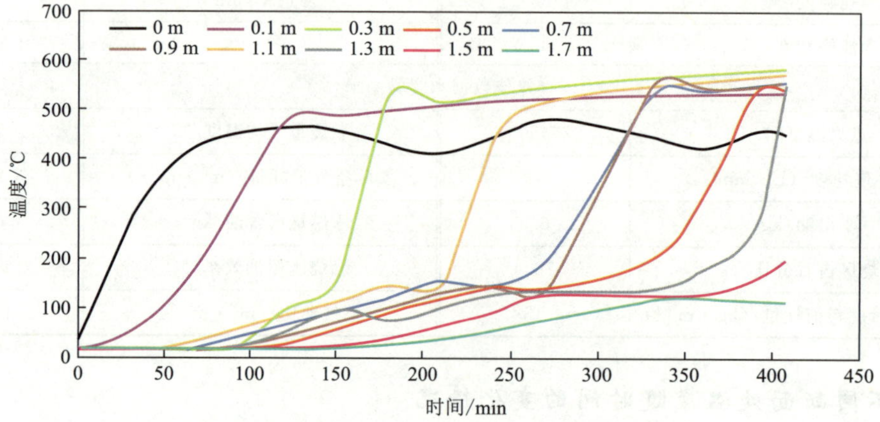

图 4-2-3 断面下部各点温度随时间的变化曲线

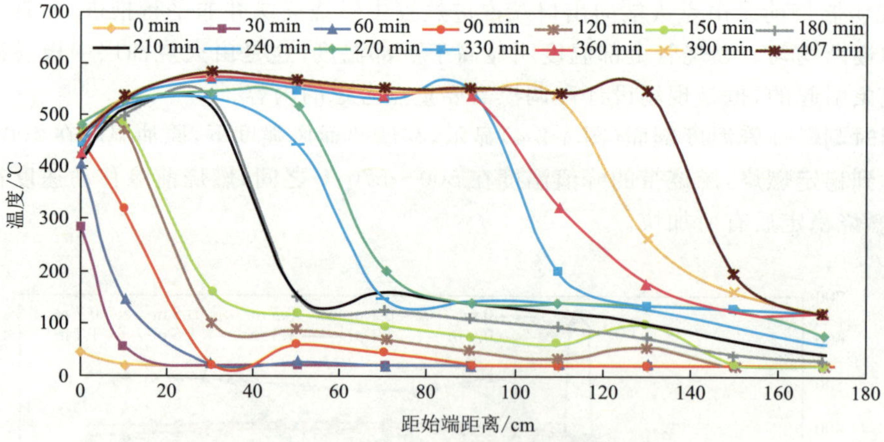

图 4-2-4 不同时刻的燃烧管温度剖面

2. 燃烧管不同位置的压力特征

由火驱燃烧管进口压力变化(图 4-2-5)可以看出，在 35 min 时出现了进口压力高峰，这是由火驱过程中油墙形成所致。在形成稳定的燃烧前缘后，由于燃烧前缘温度很高，形成强烈的蒸馏作用，原油被蒸馏后与燃烧后的烟道气向下游运移，在下游的冷油层中被蒸馏的原油冷凝，形成含油饱和度较高的油墙，由于气相饱和度降低，烟道气通过油墙的阻力提高，使空气注入压力提高。油墙形成后向出口方向移动，同时驱动油层中的油水前进，最后在出口端产出。

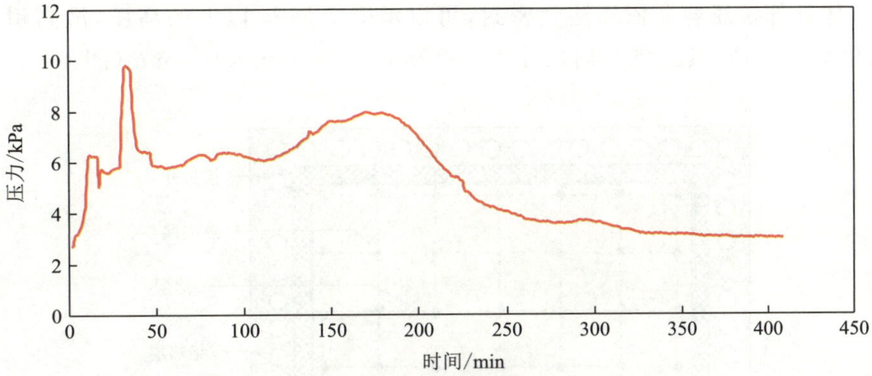

图 4-2-5　一维火驱燃烧管进口压力变化

一维燃烧管火驱不同位置处的压力变化特征不同。从图 4-2-5 可以看出，在点火后开始形成油墙，在压力分布曲线上出现一段大梯度下降区，显示出这一段气体通过阻力很大，这是由于油墙内含油饱和度高，导致气相渗透率较低，油墙不断向出口移动，在 200 min 时到达出口位置，实验观测到产出液量增加。在油墙到达出口端之前几乎没有产液，说明对稠油油藏而言，单纯气驱的效果是很差的。

二、三维火驱物理模拟实验及燃烧机理分析

1. 实验系统组成

三维火驱物理模拟实验系统主要由注入系统、模型本体、测控系统及产出系统构成，如图 4-2-6 所示。

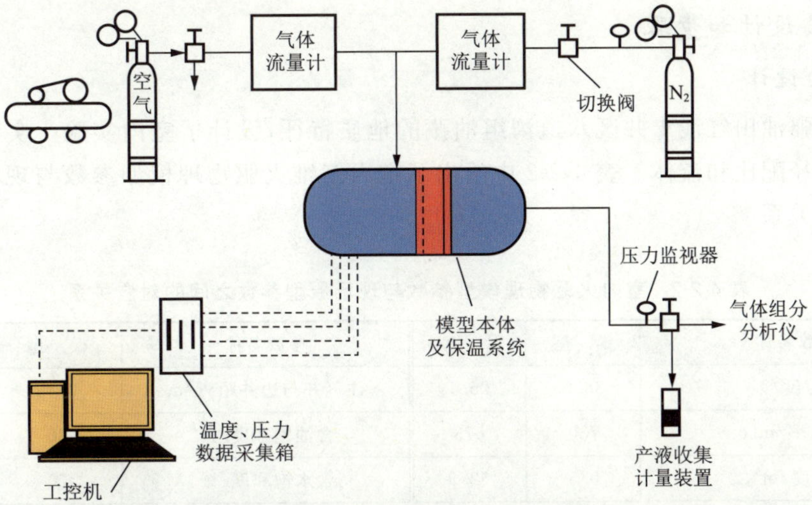

图 4-2-6　三维火驱物理模拟实验流程图

注入系统包括注入泵、中间容器、蒸汽发生器、空气压缩机及管阀件，为模型本体提供注入空气和蒸汽/热水。模型所模拟的原型为三维地层，包括油层、上盖层、下盖层。测控系统有147 支热电偶和 12 个压力传感器，用于对温度、压力、流量信号进行采集、处理，包括硬件和软件。产出系统用于模型产出流体的分离、计量。

模型本体外部承压容器依靠法兰密封，可以承受 7 MPa 以上的高压，最高耐受温度为 900 ℃；内层为立方体，其三维几何尺寸为 500 mm×500 mm×100 mm(图 4-2-7)。

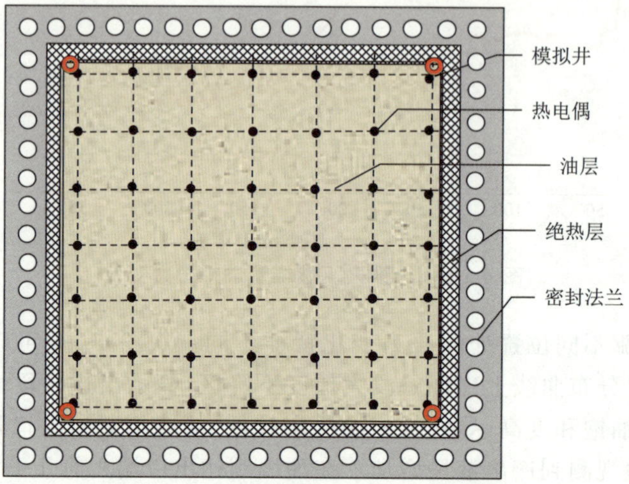

图 4-2-7　三维火驱物理模型俯视示意图

模型能最大限度地再现地层孔隙介质和流体，利用实验室内监测手段描述油藏三维可视化动态。模型可以模拟点火到燃烧推进的各个阶段，以及矿场的油藏管理过程。这对深入研究火烧过程中的宏观机理和过火面展布规律，及时调整注采工艺，优化注采参数，改善火驱开发效果具有重要意义。

为了研究注蒸汽后火烧油层燃烧机理，利用室内物理模拟实验揭示注蒸汽后火驱驱动模式和燃烧前缘的三维展布规律。

2. 实验设计和步骤

1）实验设计

针对新疆油田红浅 1 井区八道湾组油藏的地质特征，设计了室内实验。实验采用与地层相同的粒径配比和流体。表 4-2-2 中给出了室内三维火驱物理模型参数与现场原型参数之间的对应关系。

表 4-2-2　室内火驱物理模型参数与现场原型参数之间的对应关系

参数名称	模　型	原　型	参数名称	模　型	原　型
孔隙度/%	38.0	25.1	注气井与边井距离/m	0.48	60
渗透率/mD	730	673	含油饱和度/%	80	80
长度/m	0.5	62.5	含水饱和度/%	20	20

续表

参数名称	模　型	原　型	参数名称	模　型	原　型
油层厚度/m	0.08	10.0	储层原始温度/℃	24	20
地层导热系数/[W·(m·℃)$^{-1}$]	0.65	0.65	注气速度	50 L/min	2 700 m^3/h

参考常规的直井火烧模式，实验采用 1/4 个反九点面积井网，有 1 口直井注气井，3 口直井采油井，模型布井方案如图 4-2-8 所示。

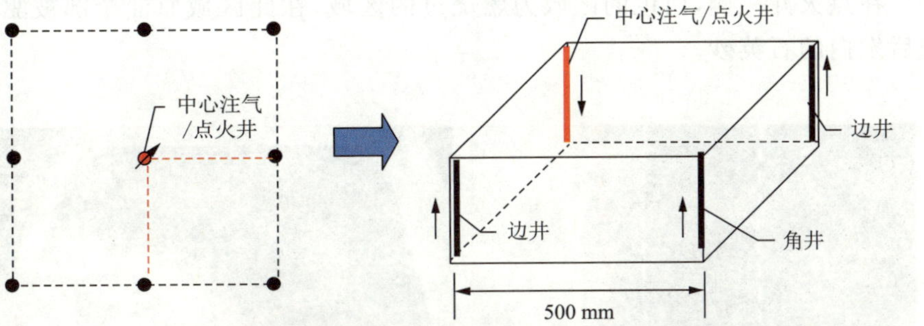

图 4-2-8　三维火驱物理模拟布井方式——直井组合

2）实验步骤

(1) 实验准备。

按照相似准则的要求准备合适粒径的石英砂，用于充填模型并满足渗透率要求。火驱实验采用地层实际原油，实验前测定油的黏度、密度等物性数据。检查温度传感器、压力传感器，保证其处于良好状态，必要时要进行重新标定。

(2) 模型装填。

把模拟井安装到指定的接口，同时将温度传感器、压力传感器安装到模型油层的指定位置，然后向模型中装填油砂，并逐层压实。在装填过程中注意保持热电偶在指定的位置不动。

(3) 封装模型。

油层填砂（或油砂）结束后，盖上承压容器上盖层进行封装。模型封装好以后，同时用氮气向模型的上、下盖层和油层打压。将压力稳定到 5 MPa，维持 3 h 后观察压力的变化。如果有泄漏，应及时更换密封接头。

(4) 建立初始温度场。

将模型本体连同承压容器都安装在分体式恒温箱中，设定恒温箱加热温度并持续加热 40～48 h，模型内部各个点的平均温度达到预热温度后可以开始进行火驱实验。

(5) 通风预热。

将点火器边壁温度控制在 400～420 ℃，启动点火器对油层进行加热。为防止局部过热并使热量向注气井周围有一定程度的扩散，在启动点火器的同时要向模型中通入一定流速的氮气。氮气通风强度的确定取决于点火器的加热功率和点火器边壁的设定温度。

(6) 火驱实验。

通风结束后，关闭氮气通道，向中心注气井改注空气。适当提高点火器控制温度，一般将点火器边壁温度控制在 420～450 ℃。通风强度为正常火驱强度的 1/3～1/2，根据点火情况逐级加大通风强度，防止前期因风量过大造成点火点附近热量损失过快而点火困难。火驱过程中要保持注气井与生产井之间排气通道的畅通，保证所有生产井都具有排气能力。

3. 实验结果和燃烧-驱油特征

1）三维模型中火驱区带识别

火驱实验灭火冷却后拆开模型并观察，如图 4-2-9 所示。图中，右上角为油层的上部（左上角为局部放大），其中红色箭头指示的位置为注气/点火井，黄色箭头指示的位置为 3 口生产井。在点火井一侧，白色的区域为燃烧过的区域，在此区域原油全部被驱走或烧掉，只留下烧后发白的石英砂。

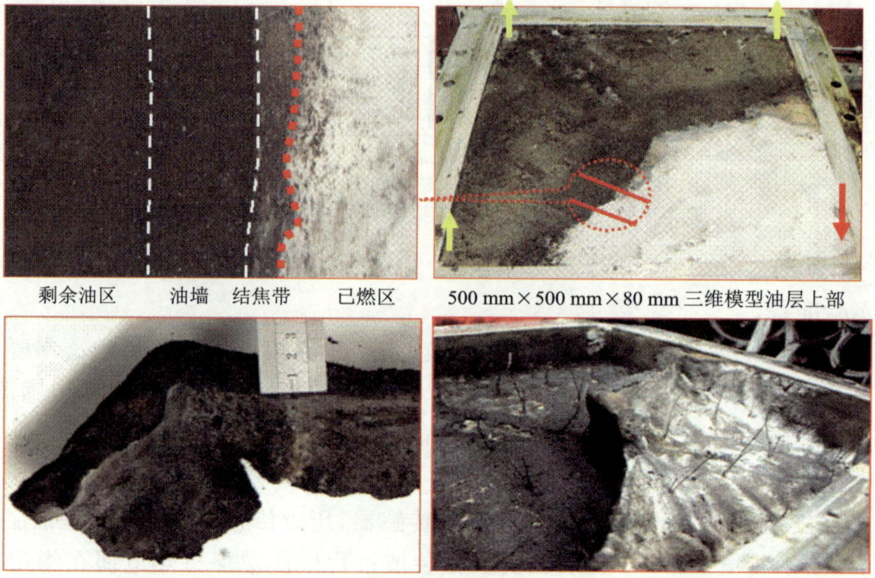

火驱过程中的区带展布特征

图 4-2-9　灭火冷却后模型照片

白色区域边缘为结焦带，结焦带之前有一条平行于它的深色条带，该条带上含油饱和度明显高于其他区域，这就是高饱和度油墙。在油墙前面是剩余油区，该区域受蒸汽的驱扫作用，其含油饱和度明显低于原始含油饱和度。

将模型已燃区的石英砂、剩余油、油墙部分的油砂取出，留下结焦带，测量可知其厚度为 15～20 mm，具有一定的倾角，显示了火驱过程中的超覆趋势，但是由于模型为单层均质模型，重力超覆没有明显发育。

2）燃烧前缘在空间的展布特征

（1）燃烧带平面展布特征。

注气井在中下层射孔时，点火初期中层温度最高，下层次之。随着空气的注入，点火成功，温度场显示中上层先着火。

随着点燃面积的扩大，注气量必须随之增加，同时通过调整注气压力发现升温速度和峰值温度对压力变化非常敏感，增加注气压力后单位体积内的分压增加，氧气浓度随之增加，氧化反应加快，燃烧达到的峰值温度也迅速增大。在此期间，油层上部温度变化很明显，可以判断内部反应很剧烈，同时上部带动中部，使燃烧反应得以良好地继续。实验观察发现，燃烧前缘的推进向边 1 井偏斜，边井和角井出油状况良好，注采压力差维持在 1.1 MPa。

随着注采参数和注入压力的调整，燃烧前缘逐渐校正到对称位置，并且稳步向角井方向推进，此时达到产油高峰。点火 153 min 后，当燃烧前缘逐步推进到对角线附近时，两口边井相继发生氧气突破，产油高峰期结束。此时关掉边井，只保留角井生产。当实验进行到 250 min 时，角井产液温度达到 120 ℃。为了更直观地观察火驱过程中各个区带的特征，采用在三维火驱中途注氮气灭火的方法来保留火驱中间状态下的区带特征。

(2) 燃烧带垂向展布特征。

燃烧前缘以一定角度倾斜于垂直截面，向前行进(图 4-2-10)，表现在垂向推进速度上是油层上部最快，其次为油层中、下部，结合平面上测得的温度场，说明油层中、下部的燃烧状况明显较上层差，存在气体重力超覆现象。

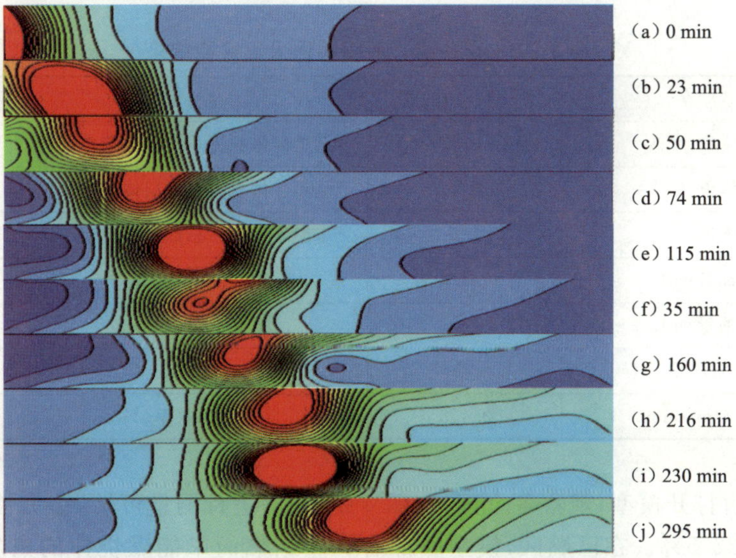

图 4-2-10　燃烧前缘在垂向(对角方向)上的温度分布

从结焦带的几何形状上也能发现重力超覆现象。结焦带与垂直方向存在一个 15°左右的夹角，同时在油层的最底部形成了宽 1～1.5 cm 的结焦带，这个结焦带在火驱后续推进过程中无法完全燃烧。

(3) 油墙推进特征。

油层含油饱和度分布的一般规律(图 4-2-11)为：油层下部＞油层中部＞油层上部。需要指出的是，打开模型以后各区带之间的压力梯度已经不复存在，各区带之间的流体会在一定程度上重新分布。因此，打开模型后取样测定的油墙位置的含油饱和度会比动态火驱过程中的含油饱和度低，高饱和度的范围也会有所扩大。同时，油墙也不是垂直分布的，对应于同一个取样位置，油层上、中、下部的含油饱和度有时可能有较大差异，如在序号为 7 的取样点，油层上、中、下部的含油饱和度分别为 0.335，0.620 和 0.521，说明油层中部的这个位置正是油墙所在位置，而上部的油墙已越过。

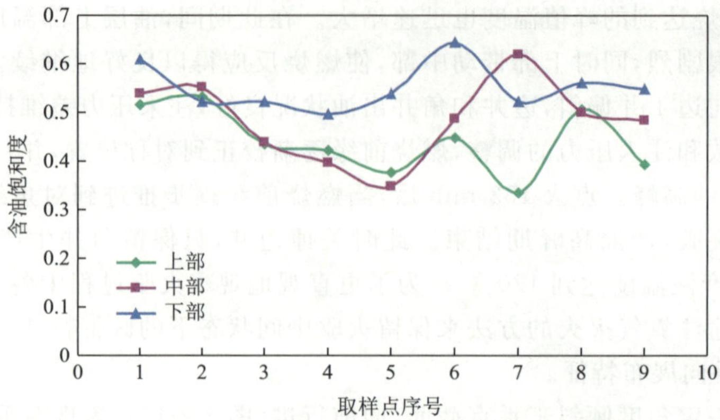

图 4-2-11　直井组合火驱后含油饱和度分布曲线

3）三维火驱实验采收率分析

表 4-2-3 给出了三维火驱实验的燃烧和产油结果。

表 4-2-3　直井组合面积井网火驱实验结果

名　称	数　值	名　称	数　值
已燃区体积/L	9.1	已燃区体积占总油层体积比/%	37.9
结焦带体积/L	5.4	结焦带体积占总油层体积比/%	22.5
未燃区体积/L	9.5	未燃区体积占总油层体积比/%	39.6
边 1 井产油量/mL	633.6	角井产油量/mL	2 596
边 2 井产油量/mL	966	总产油量/L	4.196
点火后注入空气量/L	5 693	空气油比/$(L \cdot L^{-1})$	1 357
前缘推进速度/$(cm \cdot min^{-1})$	0.453	总的采收率/%	65.56

实验结束后打开模型，观察各个区带（图 4-2-12）并进行测量可知，结焦带体积占储层总体积的比例为 22.5%。在已燃区，模型底部有大量结焦而未能燃烧掉的焦炭，以及比较清晰的梯田状痕迹，距离注气井越远，模型底部结焦越厚，这是由于燃烧前缘的超覆作用所致。

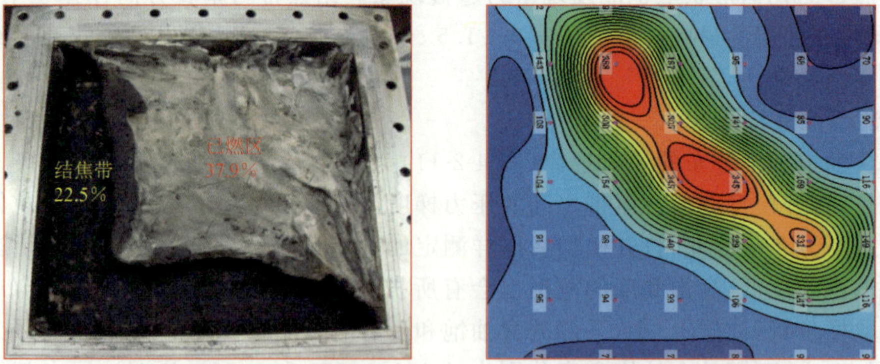

（a）模型俯视图　　（b）实验过程中已燃区形状（用温度等值线标定）

图 4-2-12　三维火驱油层的燃烧状况

尽管已燃区体积占比只有37.9%，已燃区和结焦带的体积占比总和为60.4%，但最终采收率却达到了65.56%。这说明结焦带的含油饱和度非常低，剩余油区的含油饱和度远远低于原始含油饱和度。

实验在燃烧前缘尚未突破到角井时结束，65.56%的采收率不是火驱最终采收率，根据对温度场、含油饱和度场发育的趋势推断，其最终采收率为75%～80%。

4）注蒸汽后火驱的多重驱替机理

观察温度分布平面图可以发现，在燃烧前缘到达之前，油层就已经升温，但是其温度处于120 ℃左右，这是燃烧产生蒸汽和原地水受热汽化后受烟道气推动向前传播的结果，而且在纵向上上部的传播速度更快，这是重力分异造成的。

对角方向的燃烧前缘更能清晰地展示出蒸汽向前驱动原油的特征，尤其是从160 min到295 min的时间段内，燃烧前缘还没有波及此处，但是蒸汽带下部的冷油区在逐步缩小，说明注蒸汽后火驱的一个重要机理是蒸汽在整个火驱过程中起到了传递热量、逐层剥离冷油的作用。

通过以上研究综合分析可知，火驱提高采收率以混合气体穿过火墙和结焦带推动油墙为主要驱油机理，烟气是油墙和蒸汽向前运动的原动力，由于未燃区油水黏度差较大，主要的渗流通道是水饱和度较高的通道，这是注蒸汽后火驱存在较长排水阶段的原因。

火驱提高采收率以油墙及其前缘附近的蒸汽驱作用为次要驱油机理。蒸汽主要起传递燃烧热量和剥离剩余油区原油的作用，蒸汽冷凝后的热水与未燃区内的油水混合后被烟气携带至生产井。

综上，火驱产油是蒸汽剥离、烟气携带和燃烧乳化降黏多重作用的结果，而且各机理交织在整个火驱系统中，不能简单地分割看待。油墙和前面的蒸汽带受到烟气推动力，而烟气优先通过储层上方区域和高渗条带，这就要求汽-水道＋烟道在火驱过程中尽量统一，保证火驱发挥最大的驱替效果。火驱现场试验过程中尤其要注意高渗条带等通道对火驱整体效果的影响，火驱方案设计时要加强对高渗通道的识别和采取避开高渗条带射孔等工程措施预案的设计.

第三节　注蒸汽后油藏火驱生产特征

注气井和采油井是火驱开发油藏的基本单元。随着燃烧前缘离开注气井向采油井方向推进，油层中的油、气、水始终处于不断变化的状态。这些变化不断地通过注气井、采油井的日常生产和录取到的生产数据反映出来。这样，把不同范围内注气井、采油井的动态变化情况综合起来，就可反映出井组、区块乃至整个油藏的生产状况的变化。因此，要掌握好燃烧动态，根据它们的变化趋势及时采取应对措施，以维持油层均匀稳定地燃烧，实现火驱最佳经济技术指标的目的。

地质和开发条件的不同导致火驱采油井呈现出不同的特征，该特征体现出采油井处于哪一个生产阶段，下一阶段将出现什么现象或者注意哪些问题，这都是火驱管理过程中应该重点关注的。因此，需要结合地质条件对单井生产特征进行分类，进而确定单井所处生产阶段，掌握生产动态特征，控制燃烧和驱替过程。

以红浅火驱先导试验区截止到 2018 年 1 月的生产数据为例。试验区累计注气 4.1×10^8 m^3，累计产油 14.7×10^4 t，火驱阶段采出程度 34.59%，生产指标与当初方案设计值接近(图 4-3-1)。试验区累计见效井 42 口，见效率 95%，单井最高产油量达到 4 900 t，累积空气油比为 2 789 m^3/m^3左右。

图 4-3-1　试验区实际与预测产油量对比曲线

下面针对累积产量、产气和产油关系总结试验区的区域生产特征，并分析因地质及流体等客观因素差异而导致的不同生产特征和规律。

一、火驱生产特征

1）注蒸汽开发后火驱生产过程的五个阶段

根据火驱开发特点，前人把火驱生产阶段划分为烟道气驱、产量上升、高温稳产、氧气突破四个阶段(图 4-3-2)。

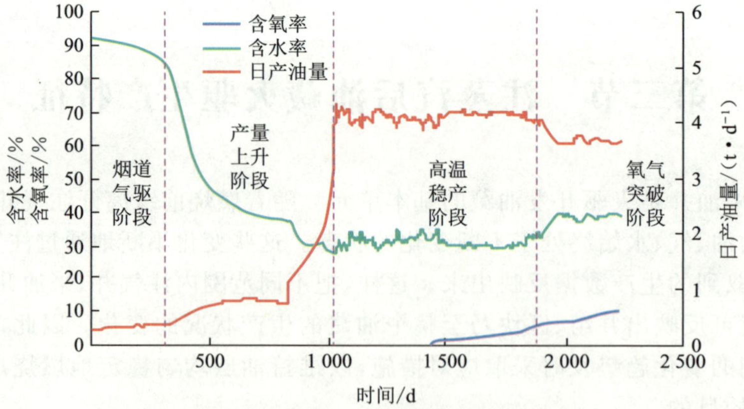

图 4-3-2　注蒸汽后转火驱见效模式图

(1) 烟道气驱阶段：油层燃烧面积小，生产井附近原油黏度较高，油井尚未受到加热效应的影响，产量、井底温度无变化，唯有油层压力随着注气量的增加而上升，生产井产出液含水率在 95%以上，产出气中 CO_2 含量保持在 10%以上。

(2) 产量上升阶段：燃烧面积不断扩大，此阶段生产井普遍见效，产油量与第一阶段相比增加 2～5 倍，原油轻质馏分增多，密度、黏度下降，井底温度上升，油井含水率下降。

(3) 高温稳产阶段：生产井附近温度较高，原油改质特征明显，含水率稳定在 40%左右，是产油高峰期。此时游离水中 SO_4^{2-}，Cl^-，Fe^{2+} 含量增加，pH 下降。

(4) 氧气突破阶段：此阶段氧气到达生产井附近，生产井中氧气含量超过 5%的警戒线，需要关闭生产井。

试验区经历过面积井网到线性行列式排状井网的转换，目前有一排注气井、三排生产井，整体处于高温稳产阶段。红浅火驱具有湿式燃烧特征，在高温稳产阶段后会进入一个高气液比阶段，该阶段的产生主要是由于大量蒸汽穿越燃烧带冷凝。例如先期点火的 hH008 和 hH010 井组，气体组分监测及生产数据显示，目前生产井并没有出现氧气含量迅速上升的现象，而是表现出高温、高含水特征。因此，修正了火驱生产阶段划分，将注蒸汽开发后的油层火驱生产阶段分为排水、上产、稳产、高温高含水及氧气突破五个阶段(图 4-3-3)。火驱生产中达到第四阶段后，应加强监测，控制注气量或采取控关措施，避免发生氧气突破及各类安全事故。

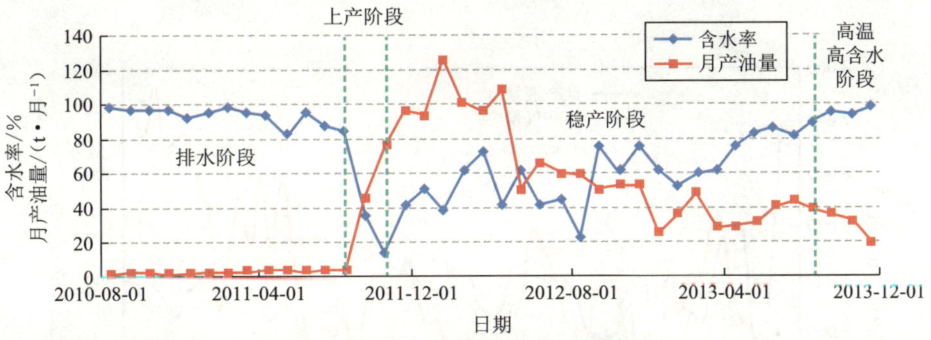

图 4-3-3　hH021 井实际生产曲线

2) 火驱开发井见效初期和生产后期空气油比高，稳产阶段空气油比低

在试验区初期(约 1 年半)，油层燃烧面积小，产量低，空气油比较高，波动较大。2011 年 6 月进入稳产阶段，生产井附近温度较高，含水率低，产液量、产油量上升较大且保持稳定，此阶段空气油比在 2 000～4 000 m^3/m^3之间，平均为 2 800 m^3/m^3(图 4-3-4、图 4-3-5)。

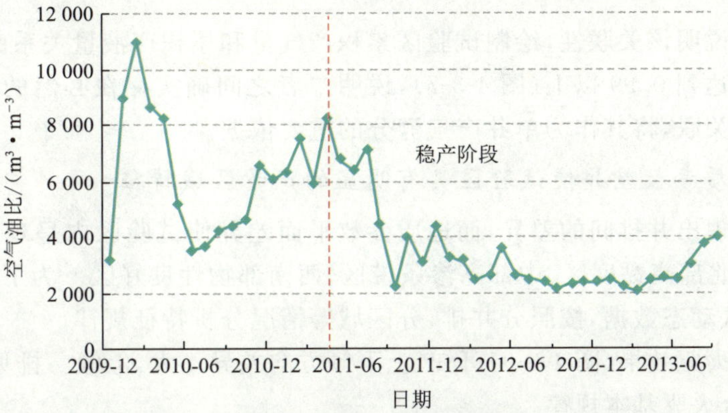

图 4-3-4　试验区空气油比曲线

图 4-3-5 试验区月产油量曲线

3）试验区生产阶段产气量与产液量呈正相关关系

前期研究总结出气体携带作用在火驱过程中所占比例为 20%以上，借助火驱的热力作用，该比例会提高，二者在整个火驱过程中有协同作用。统计试验区在整个生产阶段的月产气量和月产液量数据（图 4-3-6）可知，产液高峰是伴随产气高峰出现的，说明二者之间具有关联性。

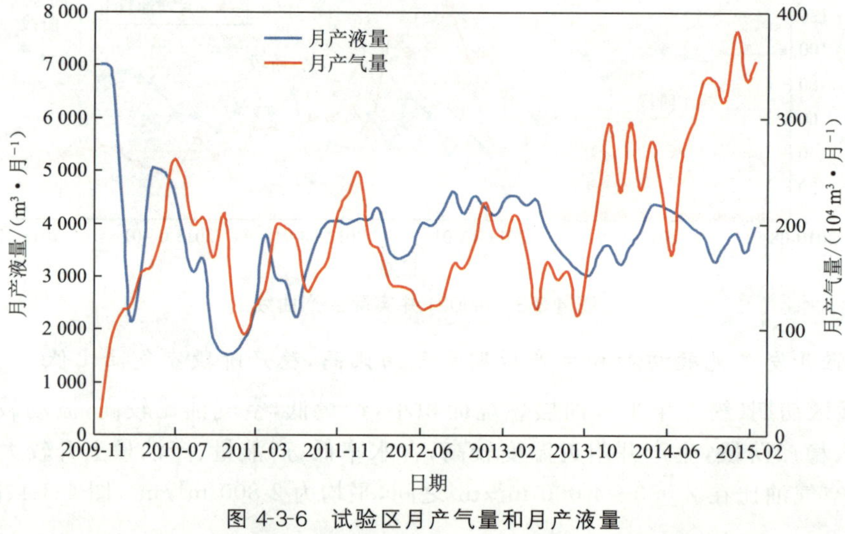

图 4-3-6 试验区月产气量和月产液量

为了进一步说明该关联性，绘制试验区累积产气量和累积产液量关系曲线，该曲线线性拟合后相关程度达到 0.99 以上（图 4-3-7），说明二者之间确实存在必然的联系。鉴于产液量和产气量密切关联，将其作为单井产气劈分的重要依据。

4）井网、地质参数差异使试验区具有明显的产量区域特征

排状井网表现出井排间的差异，而地质参数平面差异使试验区内呈现出三个典型区带（图 4-3-8），即东北部高黏度区、中部高渗条带区、西南部物性良好区。为了研究产量的区域特征，利用生产区动态数据，按照分井排、分区域等情况分析特征规律。

分井排整理火驱效果（图 4-3-9）可知，上下倾方向差异不大，上倾一排见效较早，下倾二排见效较晚，符合火驱基本规律。

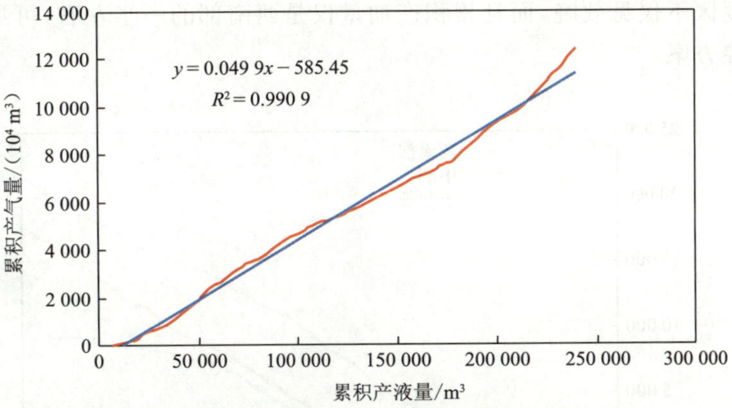

图 4-3-7 试验区累积产气量和累积产液量相关分析

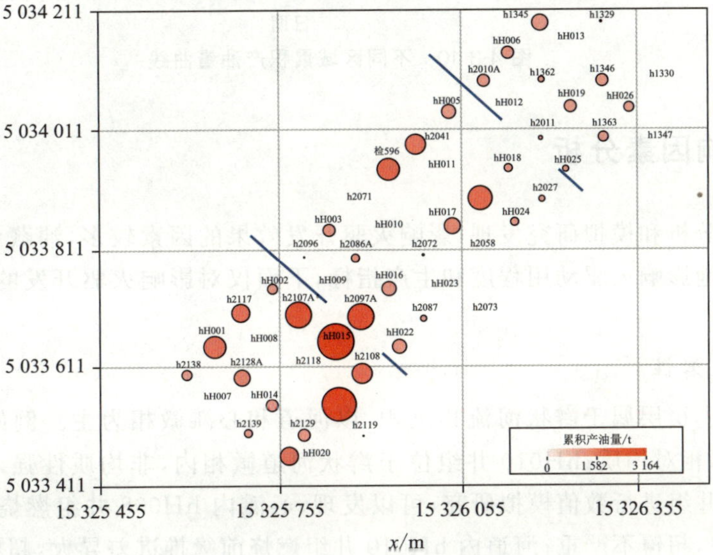

图 4-3-8 试验区累积产油量分布

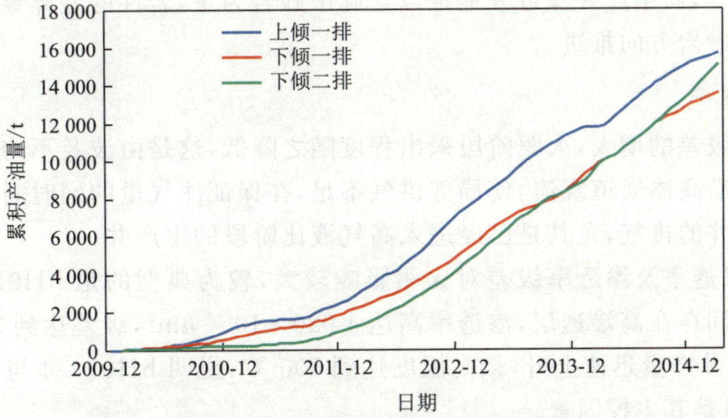

图 4-3-9 不同井排累积产油量曲线

分区域整理火驱效果（图 4-3-10）可知，在累积产油量上，西南部＞中部＞东北部，特别是东北部高黏度区不仅见效晚，而且累积产油量仅是西南部的一半左右，可见不同区域应分别制订火驱调控方案。

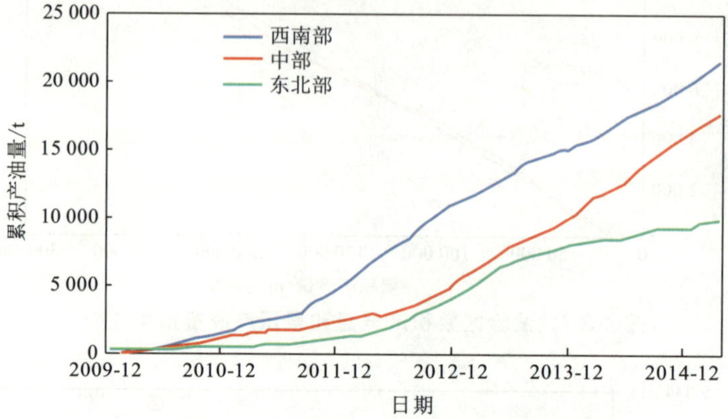

图 4-3-10　不同区域累积产油量曲线

二、影响因素分析

经过跟踪分析和模拟研究发现，影响火驱开发效果的因素较多，油藏条件、工艺技术水平等不同程度地影响火驱动用程度和生产指标，下面仅对影响火驱开发的地质油藏因素进行逐一分析。

1）相带及岩性

八道湾组 $J_1b_4^2$ 层属于辫状河流相沉积，以河道和心滩微相为主。例如，hH008 井组位于心滩微相内，相对均质；hH010 井组位于辫状河道微相内，非均质性强，渗透率级差大于 20。对这两个井组进行数值模拟研究，可以发现，心滩内 hH008 井组燃烧前缘（火线）推进均匀，速度适中，超覆不严重；河道内 hH010 井组燃烧前缘推进差异大，超覆严重。

沉积相带内岩性不同，岩性的变化引起气体波及的方向性差异。注气井位于中砂岩和含砾中砂岩交界处，而生产井及近井地带以含砾中砂岩为主，岩性的差异导致气体优先向物性较好的含砾中砂岩方向推进。

2）储层渗透率

随着渗透率级差的增大，火驱阶段采出程度随之降低，这是由波及不均匀导致的。渗透率差异导致空气沿高渗通道绕流，使局部供气不足，在保证注气量的同时需要控制高渗薄层区带内部分低产井的排气，尤其是已经进入高气液比阶段的生产井。

试验区内，渗透率及渗透率级差对火驱影响较大，较为典型的是 hH010 井组。hH010 井与 h2071 井之间存在高渗透层，渗透率高达 $4\,020\times10^{-3}\ \mu m^2$，级差达到 94。hH010 井注气点火后，h2071 井产量迅速上升，最高温度达到 500 ℃，说明 hH010 井与 h2071 井之间发生气窜，高渗通道是其主控因素。

3）含油饱和度

随着含油饱和度的降低，油层中的燃料含量随之减小，对燃烧前缘推进起到延缓作用，而含油饱和度过高和黏度过大会导致局部高温、原油消耗量过大的问题出现。高的含油饱和度会造成油藏系统热传递效果变差，局部高温和热传递受限是导致原油过多消耗的直接原因。

统计试验区不同含油饱和度区域的累积产油量（图 4-3-11）可知，含油饱和度 $S_o \geq 40\%$时，以Ⅰ类井为主，累积产油量占试验区总产量的 91%；$S_o < 40\%$时，以Ⅲ类井为主。含油饱和度 30%以上可以获得较好的火驱生产状态，含油饱和度越低的区域含水饱和度越高，油墙饱和该区域的时间也就越长。

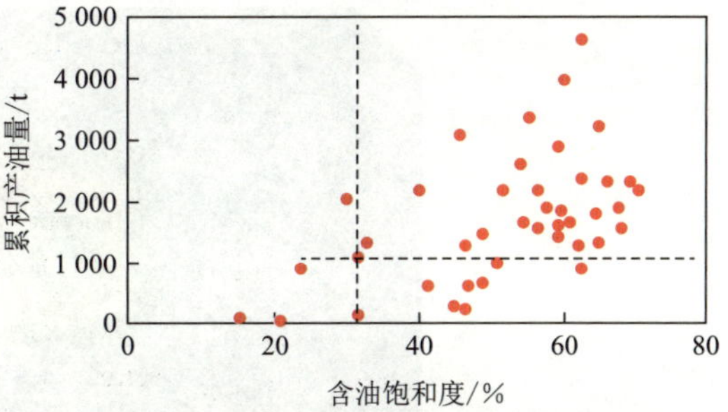

图 4-3-11　试验区不同含油饱和度区域的累积产油量

4）原油黏度

随着原油黏度的增加，燃烧前缘推进速度趋缓（图 4-3-12）。这主要是由于黏度增加会导致流动性变差，热传递也受到限制，所以燃烧前缘推进速度趋缓。试验区内 50 ℃时黏度为 300～600 mPa·s 的 hH008 井组以Ⅰ类井为主，产量较高；50 ℃时黏度为 900～1 200 mPa·s 的 hH012 井组以Ⅲ类井为主，开发效果较差。

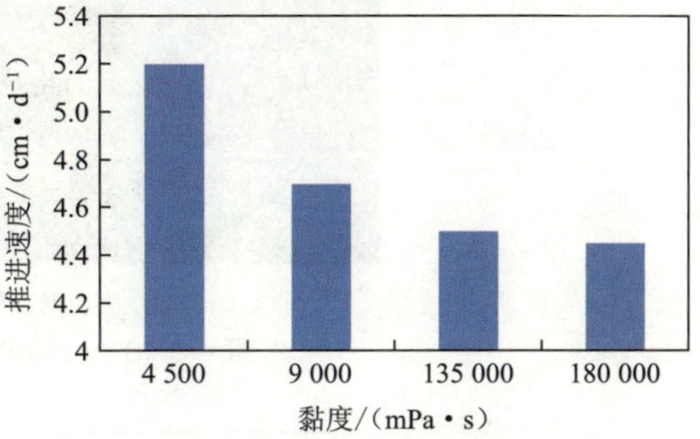

图 4-3-12　不同黏度下燃烧前缘推进速度

5）注气速度

燃烧前缘的发展受燃烧腔内气体推动，随着注气速度的变化，燃烧前缘推进速度相应变快。无论在实验室内还是在火驱现场，注气质量是保证燃烧持续进行、燃烧前缘稳定推进的重要因素。

如果注气速度下降，随之而来的肯定是燃烧温度的改变和燃烧前缘推进速度的下降。例如，试验区内注气井 hH008 的注气速度在 2011 年 8 月调减。注气量调整后燃烧前缘温度由 409 ℃下降至 330 ℃；与 hH008 井相距 100 m 的四口生产井的 CO_2 浓度出现波动，hH008 井向 h2017 井方向燃烧前缘发展减缓，两大方向上燃烧前缘跨度比开始接近（图 4-3-13）。

三、地下燃烧状态判断

燃烧状态判断需要结合火驱的特点进行分析，在火驱过程中产出原油、产出气体、产出水等都会发生变化，如果某一指标是生产特征的综合体现，那么从中分离出火驱特有的状态和阶段性特征的参考性就比较弱。下面分别从产出原油、产出气体、产出水等方面进行分析。

1. 产出原油性质变化

产出原油族组分分析结果（图 4-3-14）显示，原油中饱和烃含量上升，芳香烃、胶质、沥青质含量下降，体现出火驱对原油的改质作用。红浅火驱产出原油黏度由 16 500 mPa·s(20 ℃)

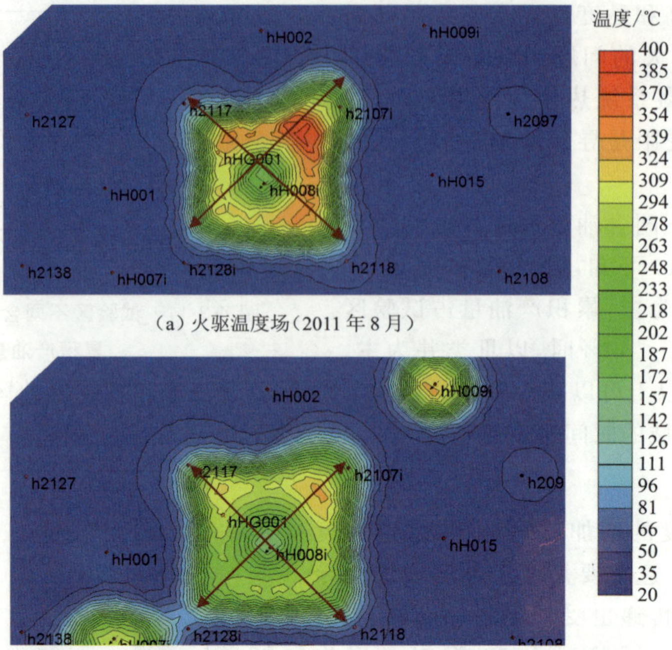

（a）火驱温度场（2011 年 8 月）

（b）火驱温度场（2012 年 5 月）

图 4-3-13　hH008 井组不同时刻火驱温度场图

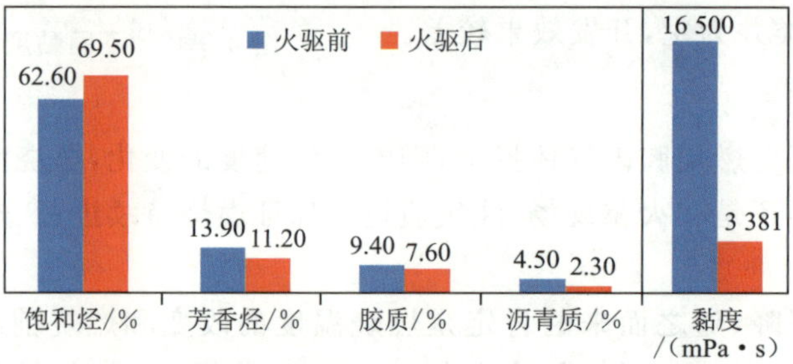

图 4-3-14　试验区原油物性化验结果对比图

降至 3 381 mPa·s，下降幅度较大。

为了考察改质作用与火驱阶段性之间的联系，分别统计了多口井在火驱阶段原油族组分构成的变化，结果显示，随着火驱的进行，产出原油组分阶段性变化趋势不明显（图 4-3-15）。

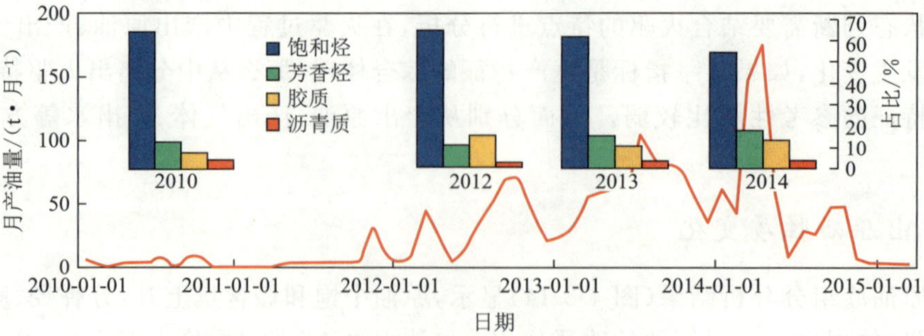

图 4-3-15　h2108 井产出原油族组分变化

火驱井组产出原油酸值明显高于外围井(图 4-3-16),区别于蒸汽吞吐酸值降低的特征。火驱氧化过程中还会产生部分酸、醛、酮等产物,主要是因为石油酸(C_{10}～C_{20})沸点主要集中于温度 200～400 ℃之间。对连续监测酸值变化的两口井统计发现,产出原油酸值随火驱进行呈现逐渐升高的特征,但是多井对比发现酸值井间差异大,考虑到地下氧化状态和火线距离等因素都是该指标的制约因素,故酸值指标适合于单井时间序列对比。

图 4-3-16　hH021 井原油酸值变化特征

实验室条件下可以检测到火驱原油物性变化,总体规律与矿场开发一致。但由于实验室环境和火驱现场条件存在差异,该结果不能量化使用并直接推广到火驱现场,主要是由于火驱改质油与原始油长时间混合以及复杂运移规律使原油物性变化规律有别于实验室结果。

为了进一步验证火驱见效井油样中轻质烃含量增加是否是受高温裂解作用造成的,对油样进行了红外色谱分析。结果(图 4-3-17)表明,油样脱水前后官能团结构图未发生变化,也就是说,脱水过程中并未发生轻质组分蒸馏作用,否则官能团会发生变化,即火驱饱和烃含量增加主要是由高温裂解作用造成的。

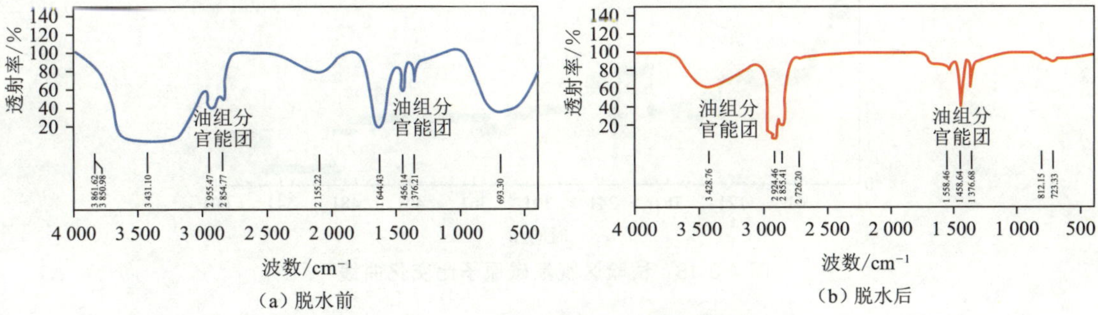

图 4-3-17　h2107A 井油样红外色谱分析结果

2. 产出气体组成诊断

原油的氧化一般认为有两种:低温氧化和高温氧化。所谓低温氧化,是指原油在注空气过程中生成了以酸、醛、酮为主的有机化合物;而高温氧化就是通常所说的火烧油层,原油中的重质成分作为燃料和氧气反应,生成了 CO_2,CO,H_2O,由于反应不完全等原因,也有部分 O_2 排出。系统温度是造成两种不同反应的决定因素。

火烧油层的产出气体主要是CO_2,CO,N_2,O_2等,其中N_2不参与反应,O_2是整个火烧油层过程中的氧化剂,参与燃烧反应产生CO_2,故O_2含量变化可以反映出火烧油层的不同阶段。

由于凭借某一监测指标的变化来判断火烧油层的状态往往会出现偏差,所以可用多种产出气体综合判断的方法来实现。

目前由产出气体组成判断燃烧状态的方法有视氢碳原子比法、氧气利用率法和N_2/CO_2法等。

视氢碳原子比法中,根据反应式的不同,视氢碳原子比有不同的表达。基于高温燃烧的表达式如下:

$$X=\frac{1.06-3.06\nu(CO)-5.06[\nu(CO_2)+\nu(O_2)]}{\nu(CO_2)+\nu(CO)} \tag{4-3-1}$$

式中 X——视氢碳原子比;

$\nu(O_2)$——产出气体含氧量,%;

$\nu(CO_2)$——产出气体含二氧化碳量,%。

$\nu(CO)$——产出气体含一氧化碳量,%。

一般认为,在低温氧化主导的加氧反应模式下,其视氢碳原子比介于3.0~10.0之间;在高温燃烧主导的断键反应模式下,其视氢碳原子比则介于1.0~3.0之间。

试验区初期X值在3.0以上(图4-3-18),主要为低温燃烧;随着燃烧半径逐渐加大,产生的热量越来越多,燃烧前缘温度升高,X值逐渐降低,在240 d左右时红浅1井区监测的视氢碳原子比为1.37左右,氧气利用率大于97%,表明试验区的地下燃烧进入高温燃烧阶段。

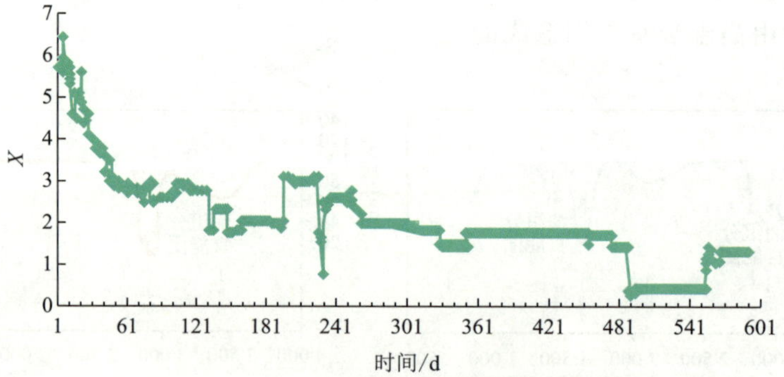

图 4-3-18 试验区视氢碳原子比变化曲线

氧气利用率法主要考虑了产出气体中氧气的含量,其表达式为:

$$Y=\left[1-\frac{79\nu(O_2)}{21\nu(N_2)}\right]\times 100\% \tag{4-3-2}$$

式中 Y——氧气利用率,%;

$\nu(O_2)$——产出气体含氧量,%;

$\nu(N_2)$——产出气体含氮量,%。

试验区氧气利用率保持在97%以上,目前室内实验和矿场实践已经证明,氧气利用率指标只体现出氧气被消耗这一现象，不能表征氧化状态和氧化阶段性(图 4-3-19)。

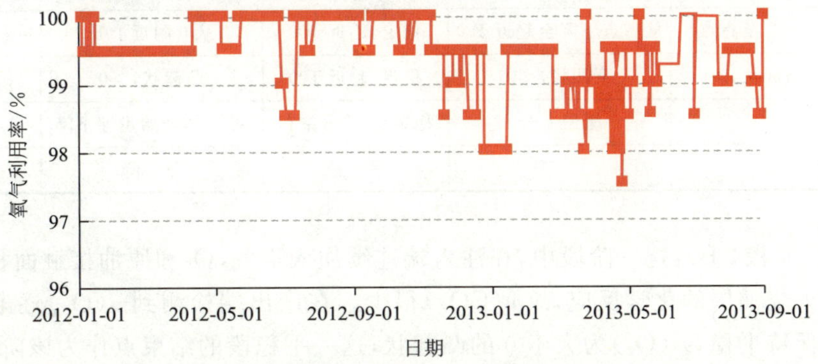

图 4-3-19 试验区氧气利用率变化曲线

基于以上分析，为了更加详细地刻画不同的反应阶段，引入 O_2 含量导数 $\nu'(O_2)$ 的概念，定义如下：

$$\nu'(O_2)=\frac{\Delta\nu(O_2)}{\Delta t}=\frac{\nu(O_2)_n-\nu(O_2)_{n-1}}{t_n-t_{n-1}} \tag{4-3-3}$$

式中 $\nu'(O_2)$——O_2 含量导数；

$\Delta\nu(O_2)$——O_2 含量变化；

Δt——时间变化，h；

n——时间序列，$n=1,2,\cdots$。

如果 $\nu'(O_2)$ 趋于 0，那么可以认为 O_2 在系统中含量稳定，稳定燃烧和燃烧结束时都会出现这种情况。$\nu'(O_2)$ 急剧变化是因为 O_2 在系统中参与了燃烧反应，这样可根据 O_2 含量、$\nu'(O_2)$ 的曲线变化转折点来划分燃烧阶段。

选取一组室内燃烧管火驱实验，分析 $\nu(O_2)$，$\nu'(O_2)$，$\nu(CO_2)$ 三条曲线变化。根据曲线综合特征，可把火烧油层划分为五个典型阶段(图 4-3-20、表 4-3-1)。

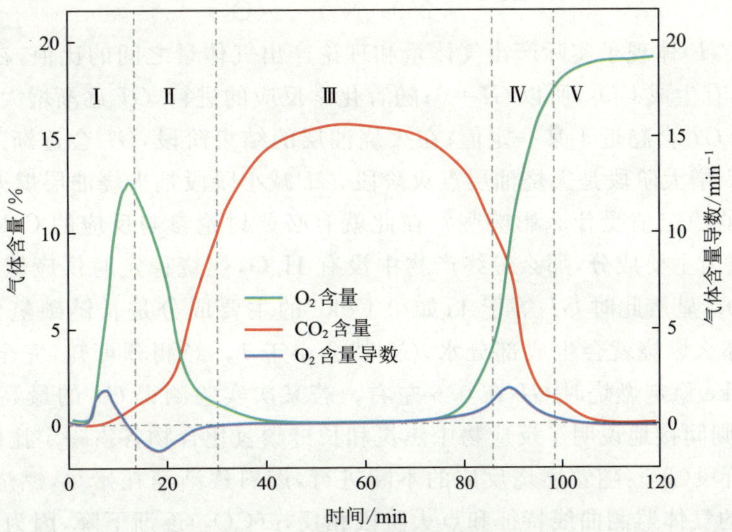

图 4-3-20 火驱阶段划分示意图

表 4-3-1　火烧油层各燃烧阶段特征

参　数	通风阶段(Ⅰ)	点火阶段(Ⅱ)	稳定阶段(Ⅲ)	衰减阶段(Ⅳ)	熄灭阶段(Ⅴ)
$\nu(O_2)$	上升至高点	从高点下降至趋近于 0	稳定,趋近于 0	从 0 附近上升	稳　定
$\nu'(O_2)$	凸起状,>0	下凹状,<0	稳定,趋近于 0	凸起状,>0	稳定,趋近于 0
$\nu(CO_2)$	0	缓慢上升	稳定在 15%左右	从 10%开始迅速下降	趋近于 0
气体指数 *GI*	0	上　升	平　稳	下　降	0

(1) 通风阶段(Ⅰ):这一阶段中,在注入端连续注入空气,O_2和原油接触面积增大,但是还没有开始火烧油层的化学反应,故 $\nu(CO_2)$很少。在产出端检测到 $\nu(O_2)$逐渐上升,并在一段时间内保持平稳,$\nu'(O_2)$为大于 0 的凸起状,这一平稳段的结束点作为该阶段与下一阶段的分界点。

(2) 点火阶段(Ⅱ):在这一阶段中实现了火烧油层反应的开始到稳定。$\nu(CO_2)$逐渐上升,表明火烧油层的化学反应已经开始。$\nu(O_2)$迅速下降,$\nu'(O_2)$为小于 0 的下凹状,两条曲线到都趋近于 0 时就是火烧油层反应趋于稳定的时候。因此,这一阶段与下一阶段的分界点就定为两条曲线都趋近于 0 的时候,但是不必严格界定在 0 点上,因为通过实验发现,$\nu(CO_2)$在 10%以上时就是比较稳定的燃烧状态,所以一般界定在 CO_2含量 10%这一点上。

(3) 稳定阶段(Ⅲ):经历了点火阶段后,火烧油层已经进入了稳定燃烧阶段,这一阶段明显的特征是 $\nu(O_2)$和 $\nu'(O_2)$都趋近于 0,$\nu(CO_2)$在 15%左右。

稠油大部分是长链碳氢化合物,因此火烧过程中与氧气发生反应的主要物质可以近似地用化学式 Coke 来表示,反应生成物主要为 CO 和 CO_2,则火烧油层燃烧化学反应可以用下式表示:

$$\mathrm{Coke}+O_2 \longrightarrow H_2O+CO_2+CO \tag{4-3-4}$$

在整个燃烧过程中 CO 和 CO_2是燃烧的主要产物,在不同的燃烧阶段有不同的含量特征,N_2不参与反应。在此引入气体指数(*GI*)来作为燃烧阶段的辅助判断指标,其定义为:

$$GI=\frac{\nu(CO)+\nu(CO_2)}{0.269\nu(N_2)-\nu(O_2)} \tag{4-3-5}$$

气体指数(*GI*)体现了实际产出气体量和理论产出气体量之间的比值,在火烧油层的初始阶段,因为没有生成 CO_2,所以 $GI=0$;随着化学反应的进行,*GI* 逐渐增大,在火烧油层稳定阶段,产出端 *GI* 会趋近于某一定值;在火烧油层的结束阶段,*GI* 会逐渐下降到 0。可以简单地认为,*GI* 增大阶段是火烧油层点火阶段,*GI* 减小阶段是火烧油层熄灭阶段。

那么,*GI* 的稳定值受什么影响呢?在此就有必要讨论参与反应的 Coke 是什么物质,如果 Coke 以碳为主要成分,那么最终产物中没有 H_2O,燃烧稳定时供应燃烧的 O_2完全生成了 CO 和 CO_2,显然此时 *GI* 等于 1;如果 Coke 的主要成分是长链碳氢化合物,近似用 $(CH_2)_n$表示,那么燃烧就会生成部分水,*GI* 就会小于 1。经测算可知,完全以长链碳氢化合物为主的 Coke 稳定燃烧时 *GI* 在 0.6 左右。若某次实验测得 *GI* 的最高值达 0.8,介于 0.6 和 1 之间,则间接地说明了反应物中焦炭和长链碳氢化合物各占一定比例。

(4) 衰减阶段(Ⅳ):随着燃烧反应的不断进行,燃料逐渐消耗殆尽,燃烧前缘到达产出端。这一阶段的气体监测曲线特征和点火阶段相反,$\nu(CO_2)$逐渐下降,因为燃料不足,越来

越多的 O_2 在产出端产出。$\nu'(O_2)$为大于 0 的凸起状，这一阶段的开始也定为 CO_2 含量 10%这一点上。

(5) 熄灭阶段(Ⅴ)：这是火烧油层结束后的状态，这一阶段的主要特征是各条曲线都是常数，不随时间变化。

GI 评价火驱状态和阶段性的适用范围为：① 利用单井产气组分组成数据；② 火驱燃烧启动到结束各阶段；③ 单井方向的燃烧状态诊断。

单井 *GI* 阶段性变化明显(图 4-3-21)，呈现先见 CO_2，后见油的特征，而且 *GI* 稳定在 0.6 以上时能指示高温燃烧。

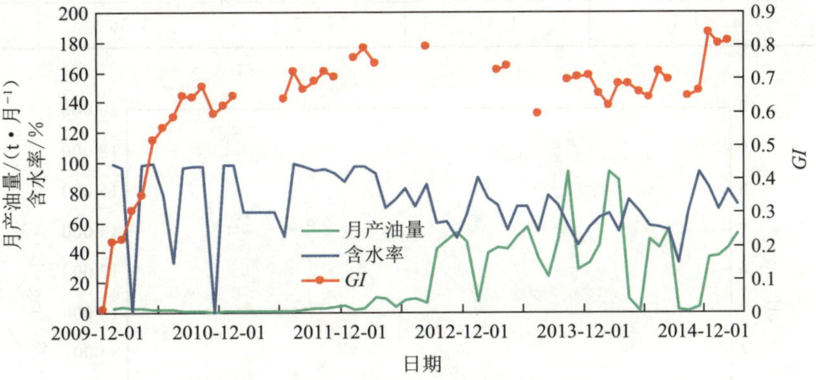

图 4-3-21　hH016 单井产量与 *GI* 检测结果

GI 与单井产量存在相关性，见表 4-3-2。

表 4-3-2　*GI* 与单井产量的相关性

GI 范围	燃烧阶段	生产特征
0<*GI*<0.6	点火燃烧启动	含水稳定，产量略升，为烟道气驱作用阶段
0.6≤*GI*<1.0	高温燃烧	产量上升，为高温稳产阶段

根据视氢碳原子比法、氧气利用率法、*GI* 指数法等表征火驱状态的原理，对其进行对比分析，结果见表 4-3-3，可见 *GI* 界限明确，是较为理想的诊断参数。

表 4-3-3　产出气体组成判断火驱状态方法对比

方　法	低温氧化	高温燃烧	备　注
视氢碳原子比法	3～10	1～3	依据燃烧方程
氧气利用率法	>95%	>95%	无明显界限
GI 指数法	<0.6	≥0.6	界限明确

3. 产出水性质变化

经过对火驱前后产出水矿化度的分析(表 4-3-4、图 4-3-22)可知，火驱后产出水矿化度明显上升，主要体现在钙、镁离子含量上升。结合岩矿分析结果认为，钙、镁离子含量的增加主要是岩矿迁移的结果。

试验区产出水性质变化规律与国外火驱油田一致，伴随着火驱推进，产出水性质没有持续的规律出现。

表 4-3-4　地层产出水矿化度及主要离子含量对比表

项　目	矿化度/(mg·L^{-1})	阴离子含量/(mg·L^{-1})		阳离子含量/(mg·L^{-1})	
		HCO_3^-	Cl^-	Ca^{2+}	Mg^{2+}
火驱前	5 435	1 520	2 445	39.84	21
火驱后	9 395	2 040	3 786	142	61
升高倍数	1.73	1.34	1.55	3.56	2.90

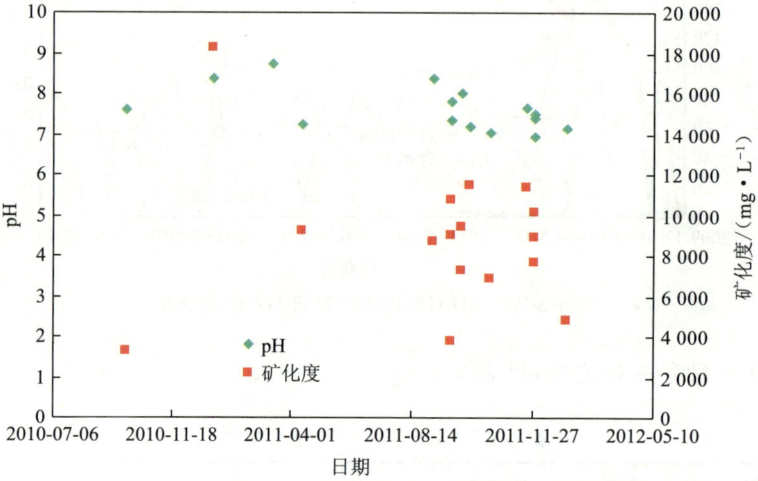

图 4-3-22　试验区 2011—2012 年产出水性质变化

火驱后发生明显的岩矿迁移，高岭石转变为伊利石、蒙脱石，可以指示岩石经过 350 ℃高温。产出水含盐量变化是岩矿迁移的结果，与火驱阶段性关联差。

4. **温度变化**

试验区内部署温度观察井 5 口(图 4-3-23)，其中新井 3 口(hH 观 001 井、hH 观 002 井、hH 观 003 井)；既作为生产井，也可用于测温的生产观察井 2 口(h2071 井、h2072 井)。但是，仅有的 5 口观察井不能覆盖整个试验区，这种监测方法受到温度观察井数量的限制。

经过以上分析，总结出各指标评价燃烧状态的适应性，见表 4-3-5。气体指数法(主要 *GI* 指数法与视氢碳原子比法)都能用于诊断燃烧状态，*GI* 揭示火驱阶段性更明显，可以作为燃烧状态判断的主要指标。火驱对原油改质作用明显，改质与火驱阶段性无明显关联，酸值升高与火驱阶段性有关，需要单井持续监测，可作为燃烧状态判断的辅助指标。而岩矿分析和温度分析虽然具有明显的现象，但受井数限制，难以实现。水性质明显变化可作为燃烧状态判断的指标，但阶段性规律不强，不推荐。

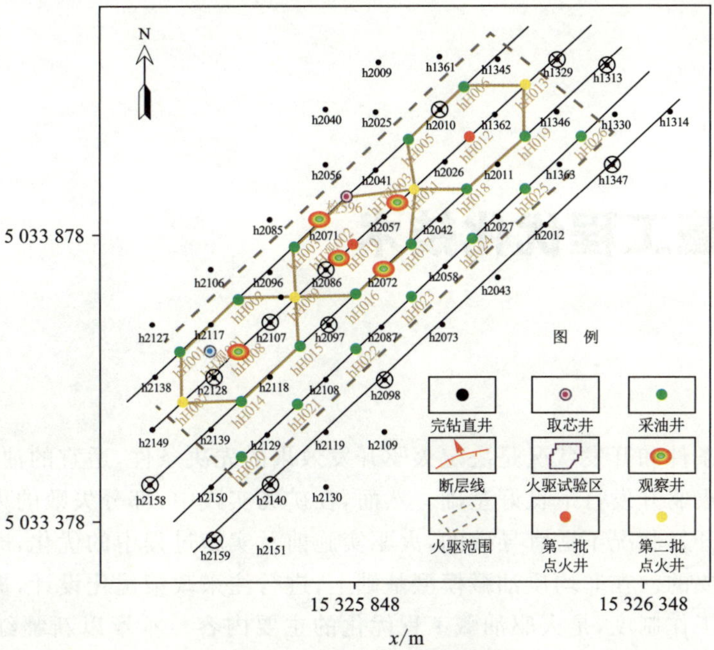

图 4-3-23　温度观察井布置图

表 4-3-5　燃烧状态监测手段对比表

指　标	室内实验	现　场	结　论
油性质	性质随时间变化	有改质，与实验室有差异，受流体迁移影响	可作为燃烧状态佐证，阶段性规律不强
气体指数 *GI*	能连续监测，能反映燃烧状态	能连续监测，与实验室相符	能表征燃烧状态，具有阶段性
水性质	非监测指标	监测简单	可用于燃烧状态判断，阶段性规律不强，不推荐
温　度	能连续监测	监测井监测，直观	可用于燃烧状态判断，受井数限制

第五章
火驱油藏工程优化技术

油藏地质条件和开发状况是决定火驱开发效果的先决条件，适宜的油藏条件、合理的转火驱时机可为火驱开发打下良好基础。然而，在矿场实践中，部分失败的火驱开发案例并不是油藏条件和开发状况不适宜导致的，火驱实施前及实施过程中的优化，即火驱油藏工程优化也是非常重要的。在非均质油藏模型基础上，进行注采政策优化设计，提出适合油藏特点的操作参数和工作制度，是火驱油藏工程优化的主要内容。本章以新疆红浅稠油区块为例介绍火驱的油藏工程优化技术。

第一节　注蒸汽后稠油油藏非均质表征

一、单砂体精细刻画

1. 岩电关系研究

利用实验室分析资料对岩芯进行归位与电测曲线标准化后重新识别岩性，将岩性细分为含砾粗砂岩、细砂岩、中砂岩、砂砾岩、泥岩、泥质粉砂岩，以指导后期相控单砂体精细刻画。

由于在实际生产过程中存在不同时期不同设备的测井解释成果，在进行测井解释之前必须对研究区测井资料进行统一的标准化处理，以保障最后的测井解释模型能统一用到研究区的所有井。

测井数据的误差除了受环境因素的影响外，还受仪器刻度不精确性的影响，很难保证测井数据都采用相同类型的仪器、统一标准的刻度装置以及同样的操作方式。因此，在对测井原始数据进行环境影响校正后，要对数据进行标准化处理，测井资料的标准化是实现由单井解释到多井评价的关键。本章采用频率直方图和趋势面分析两种方法进行测井标准化，主要对自然伽马（*GR*）曲线采用频率直方图法做标准化处理，采用 $J_1b_4^1$ 层泥岩作为标准层。

1）岩芯归位

测井解释模型建立常采用的方法是岩芯刻度测井，所需的基础工作就是岩芯物性资料归位处理。常用岩芯分析孔隙度与对应段的声波时差、密度建立交会图版，从而获得测井解释孔隙度。在归位处理时，最好采用系统取芯井，收获率大于80%，岩芯分析密度为每米3块。为保证归位处理的精度，要对岩芯分析孔隙度与测井资料对比进行深度归位。

2）岩性识别

利用全区13口井195个岩样分析数据，通过岩芯刻度测井法建立电阻率-声波时差交会图版对岩性进行识别，划分了泥岩、泥质粉砂岩、细砂岩、中砂岩、含砾粗砂岩、砂砾岩六类岩性（图5-1-1），并对红浅地区侏罗系八道湾组岩性识别标准进行了归纳（表5-1-1）。

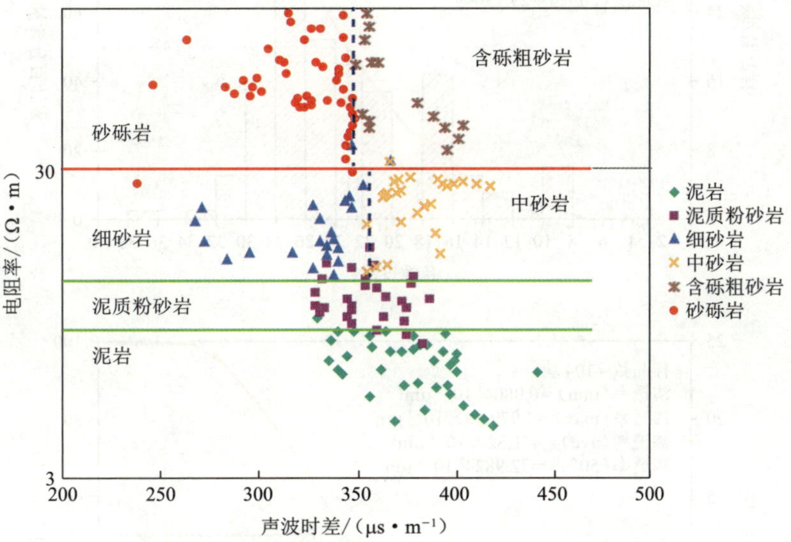

图 5-1-1　红浅地区侏罗系八道湾组岩性识别图版

表 5-1-1　红浅地区侏罗系八道湾组岩性识别标准

岩　性	声波时差/(μs·m⁻¹)	电阻率/(Ω·m)
泥　岩	—	≤9
泥质粉砂岩	—	9～14
细砂岩	≤355	14～30
中砂岩	>355	14～30
含砾粗砂岩	>350	>30
砂砾岩	≤350	>30

2．“四性关系”研究

“四性关系”即岩性、电性、物性、含油性之间的关系。岩性不同的储层，其电性特征也不相同，测井信息间接地反映了储层的岩性、物性、电性及含油性。对储层岩性进行准确划分和识别，研究其与物性、电性、含油性间的关系，是进行储层精细评价的关键。下面通过对测井资料的综合分析，以及与取芯资料的对比，探讨研究区储层的“四性关系”。

1）储层物性特征

对研究区146口井的样品进行孔隙度和渗透率分析。结果（图5-1-2、图5-1-3）显示，研究区储层孔隙度平均为22.974%，渗透率平均为$471.82\times10^{-3}\ \mu m^2$；油层孔隙度平均为25.167%，渗透率平均为$632.9\times10^{-3}\ \mu m^2$。由此可知，研究区储层属于中高孔、中高渗储层。

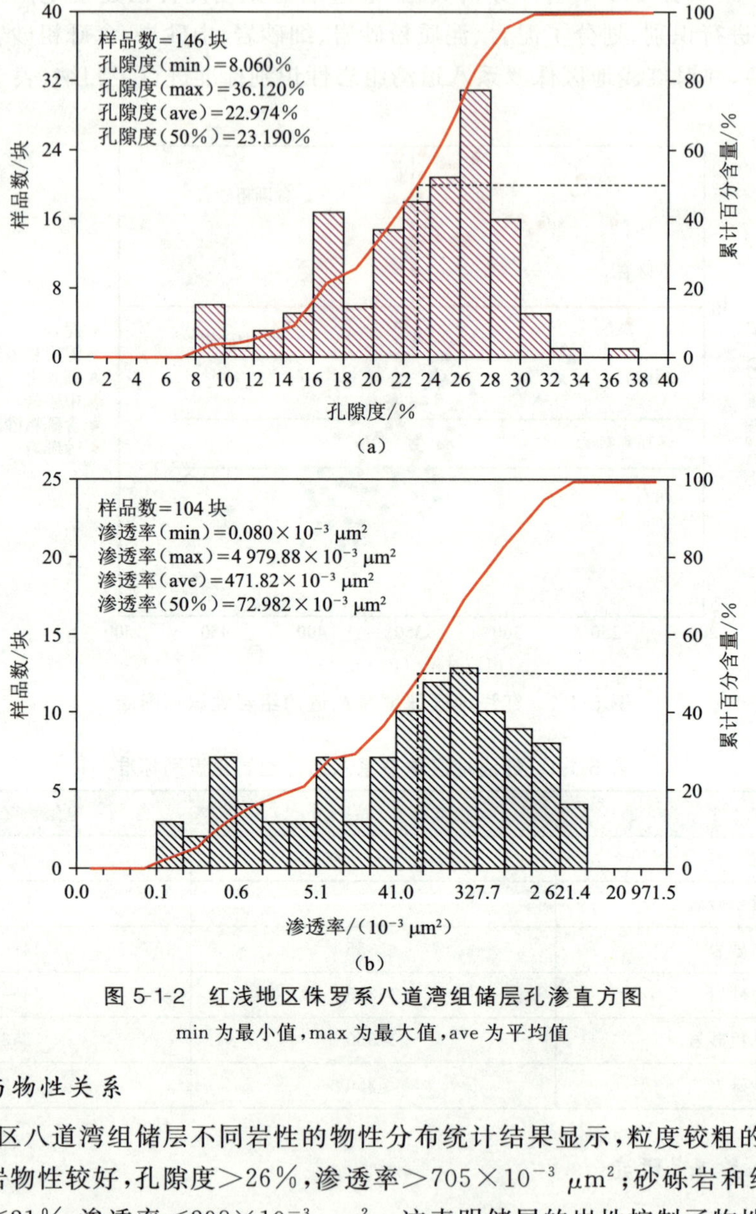

图 5-1-2　红浅地区侏罗系八道湾组储层孔渗直方图

min为最小值，max为最大值，ave为平均值

2）岩性与物性关系

红浅1井区八道湾组储层不同岩性的物性分布统计结果显示，粒度较粗的砂岩，即中砂岩、含砾粗砂岩物性较好，孔隙度>26%，渗透率>$705\times10^{-3}\ \mu m^2$；砂砾岩和细砂岩的物性较差，孔隙度<21%，渗透率<$298\times10^{-3}\ \mu m^2$。这表明储层的岩性控制了物性。

3）岩性与含油性关系

红浅1井区八道湾组储层不同岩性的含油性分布统计结果显示，中砂岩、含砾粗砂岩的含油性最好，含油级别以饱含油、富含油为主；细砂岩及砂砾岩的含油性差，含油级别以油迹、荧光为主。

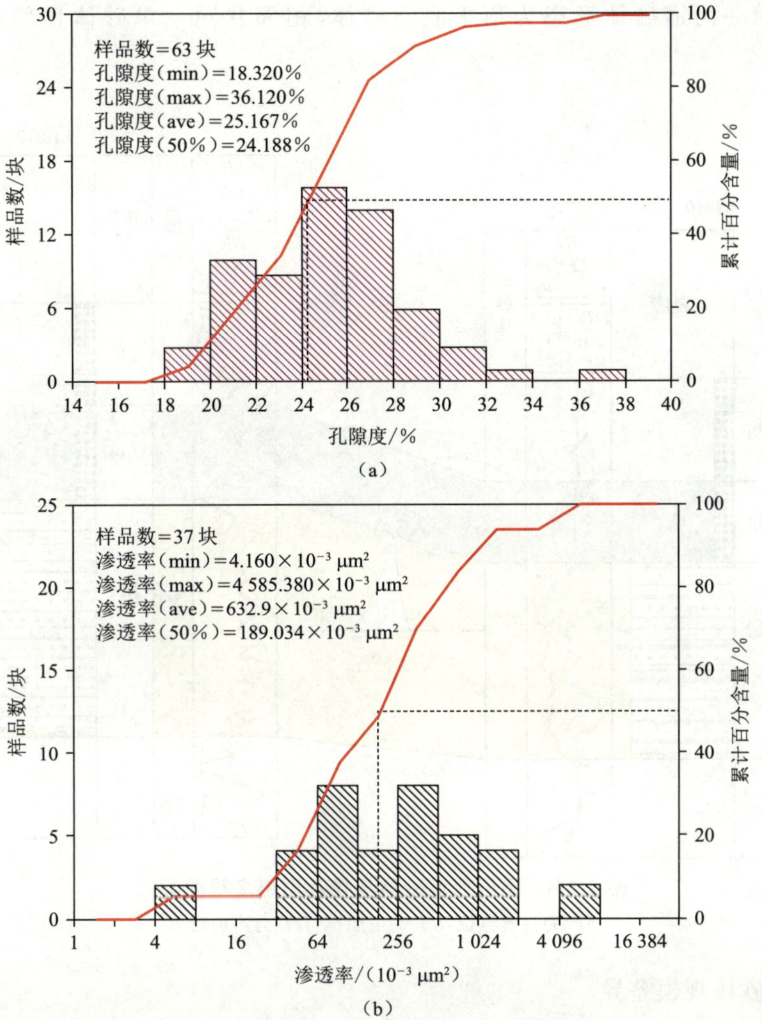

图 5-1-3　红浅地区侏罗系八道湾组油层孔渗直方图

3. 单砂体构型解剖

在研究区扇三角洲前缘沉积微相的约束下，采用层次分析、模式预测的原则逐级解剖，识别单砂体，建立单砂体对比、展布模式。通过研究区密井网条件下的井—井对比，建立扇三角洲前缘微相识别方法，在此基础上主要识别四级构型层次下的单期水下分流河道、河口坝及砂体间隔夹层。

1）单期水下分流河道识别

在等时地层格架下，以沉积微相为约束，垂向上细分到单一期次的水下分流河道砂体，横向上确定单个水下分流河道的边界。研究区确定单期水下分流河道边界的主要识别标志有以下四种：

(1) 河道砂体间顶部高程差异。

沉积时受古地形、水动力能量的差别及河道改道或废弃时间差异的影响，不同的河道砂体间顶部高程会存在差异，如果出现在河道分界附近，可以作为两条河道砂体的边界标志

(图 5-1-4)。单一河道砂体形态为顶平底凸砂体，相邻井同一单砂体顶部高程差不超过 4 m。

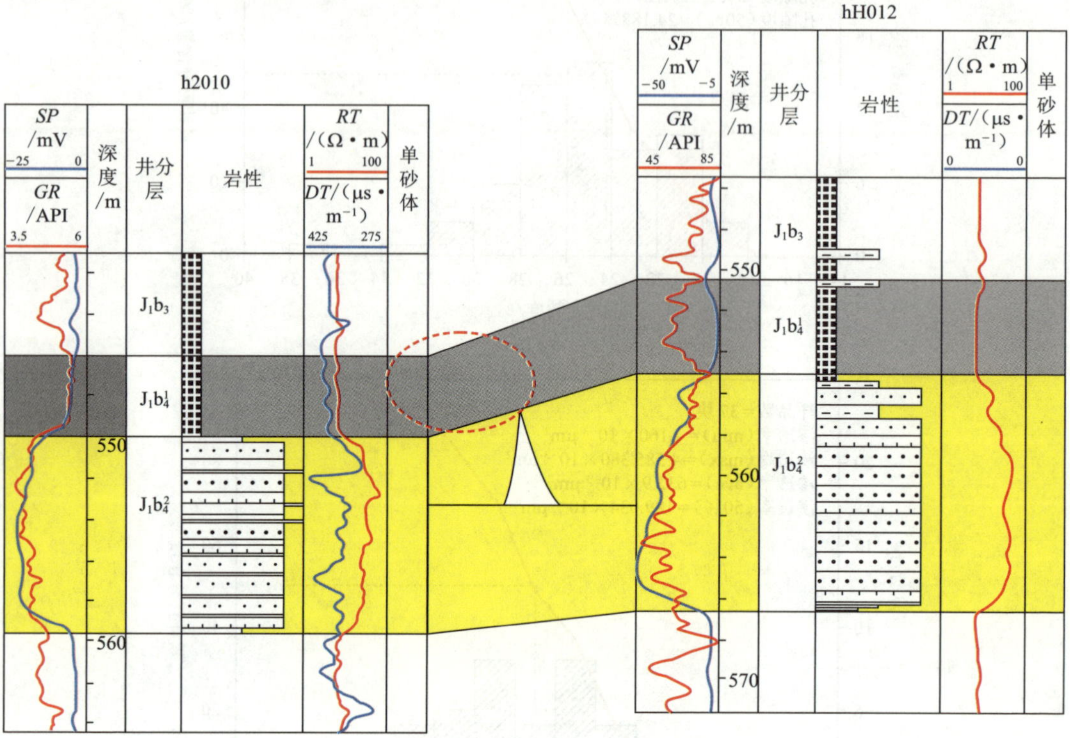

图 5-1-4　不同河道砂体规模及顶部高程差异图

SP 为自然电位，*RT* 为电阻率，*DT* 为声波时差

(2) 河道砂体规模差异。

单一河道砂体的厚度从河道中心到边部厚度减薄，这种差异性的边界可以在较大范围内追溯。但是，当河道砂体规模出现厚—薄—厚差异时，必然存在河道边界，此时需要结合井间动态响应关系及电阻率、声波时差曲线的变化辅助判断河道边界。

(3) 河道之间存在相变或不连续的河间砂体。

大面积分布的河道砂体是多条河道侧向拼合的结果，电阻率、声波时差、孔隙度曲线在两条河道之间的形态有明显变化，留下河间沉积物的地质记录，沿河道纵向上不连续分布的河间砂体以及河道间的相变可作为两条不同河道分界的标志(图 5-1-5)。

2) 单期河口坝识别

单期河口坝的主要识别标志有以下三种：

(1) 对应单层注采资料，如采用示踪剂等可以判断处于两个不同的河口坝单元。

(2) 河道砂体顶面层位差异，即砂体顶面距顶面层位的距离往往指示单河道砂体的边界，如果两个河口坝砂体距顶面层位距离有较大差异，基本可以判断处于两个不同的河口坝单元。

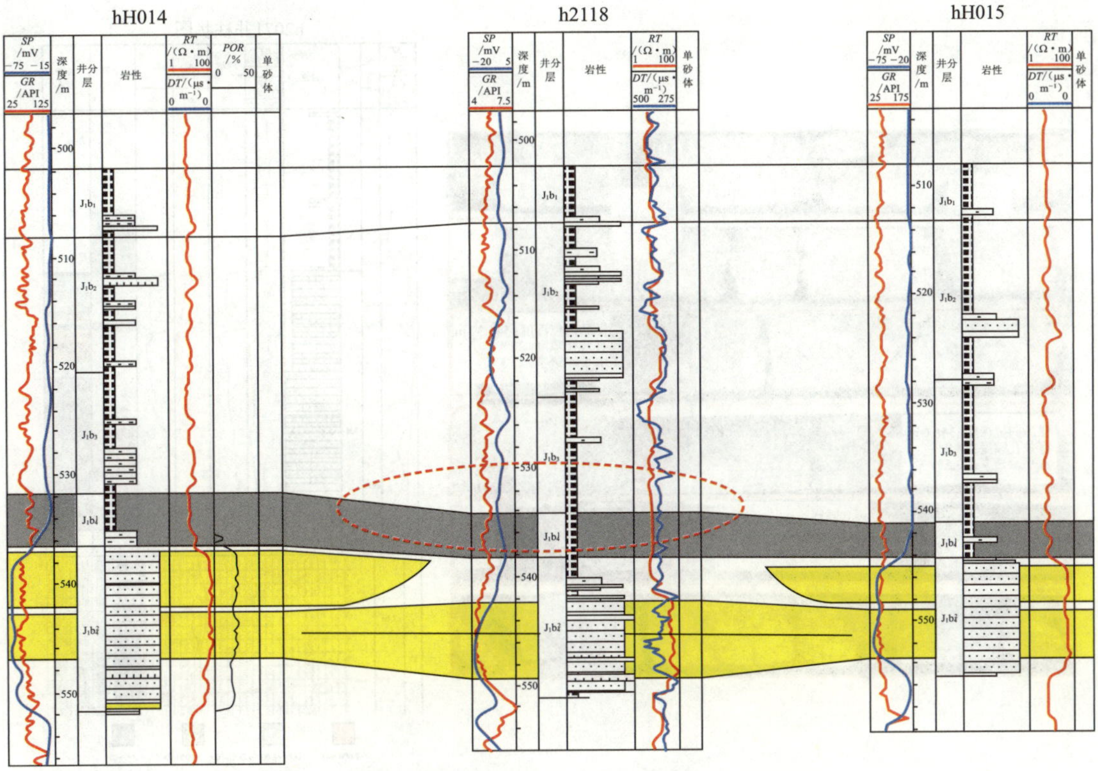

图 5-1-5 不同河道砂体间相变或不连续河间砂剖面图

POR 为孔隙度

(3) 不同河口坝体沉积韵律、发育厚度等不同,会表现在测井曲线形态差异上,也可以作为判断的辅助依据。河口坝微相测井曲线表现为下细上粗的反旋回特征,呈漏斗状,底部渐变,顶部突变。

3) 隔夹层识别

隔层是位于储集层之上,能够封盖储集层使其中的油气免于逸散的保护层,岩性一般为膏盐岩类、泥质岩类和碳酸盐岩类。红浅 1 井区八道湾组 $J_1b_4^1$ 层岩性为泥岩,在研究区内稳定发育,是目的层 $J_1b_4^2$ 上覆的区域隔层,在火驱开发过程中起到了很好的封闭、遮挡作用,也是火驱成功开发的关键。夹层的分布对火驱开发影响也较为重要,下面重点介绍。

由于沉积、成岩等地质作用不同,不同夹层的成因、特点和分布有较大差异,对油水运动的控制也不同。概括起来,夹层可分为三类:泥质夹层、钙质夹层和物性夹层。红浅 1 井区八道湾组储层内的夹层主要为岩性夹层和物性夹层两大类,其中岩性夹层主要为 $J_1b_4^2$ 内发育的泥岩,物性夹层则为未火烧段物性较差部位。以 h2071 井为例进行夹层识别与分析。

h2071A 井的取芯可反映 h2071 井的燃烧情况,通过观察岩芯(图 5-1-6)可知,$J_1b_4^2$ 层取芯段的上部岩性以含砾粗砂岩、砂砾岩为主,岩芯呈白色,燃烧状况较好;而 546.8～551 m 取芯段的岩性以砂砾岩、泥质粉砂岩为主,岩芯呈黑色,含油,未发生明显的高温氧化作用,对火驱而言,该部位储层未过火。同时,将该部位与储层的孔隙度、渗透率、含油饱和度对比,发现燃烧界限与物性及含油性有一致的对应关系,对应的孔隙度小于 20.5%,渗透率小于 37 mD,含油饱和度低于 30%。

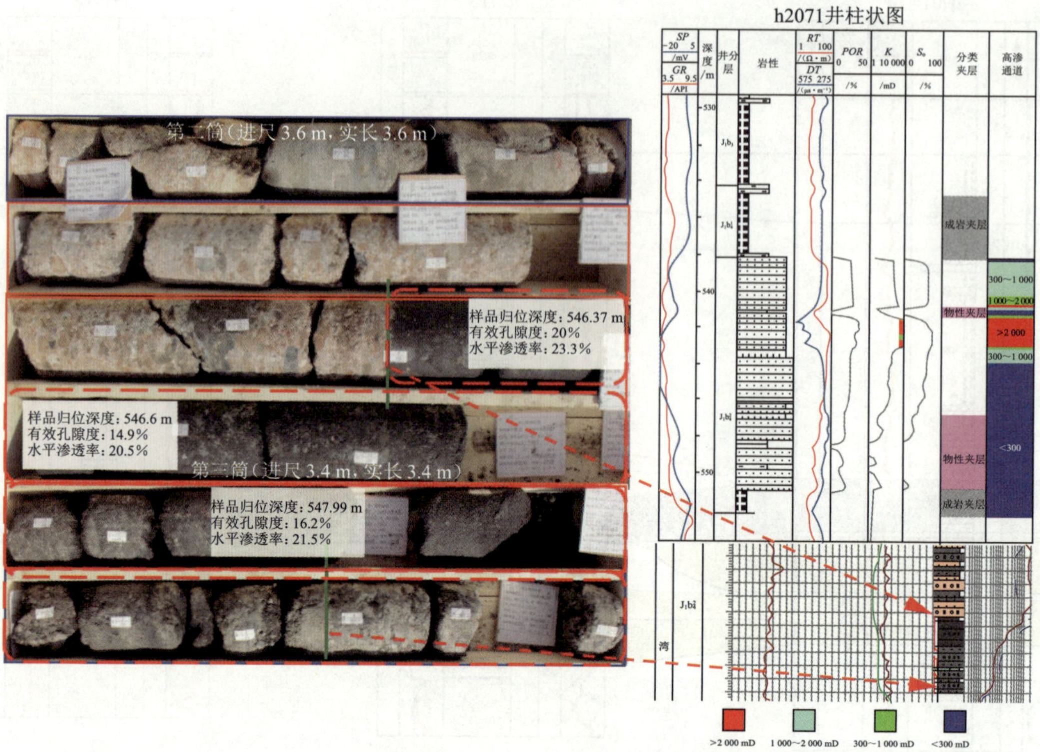

图 5-1-6　h2071A 井岩芯照片及 h2071 井单井综合柱状图

K 为渗透率，S_o 为含油饱和度

通过 h2071 井物性和岩性夹层的孔渗分布统计可知，对于物性夹层，孔隙度<20.5%，渗透率<37 mD，声波时差<350 μs/m，9 Ω·m<电阻率<29 Ω·m，4.7 API<自然伽马<5.6 API；对于岩性夹层，主要为泥岩和泥质粉砂岩，孔隙度<20%，渗透率<25 mD，声波时差<350 μs/m，电阻率<18 Ω·m，5 API<自然伽马<5.6 API。

4. **夹层统计**

通过连井剖面的岩相模型剖面(图 5-1-7)预测相应岩性夹层剖面(图 5-1-8)，对岩性夹

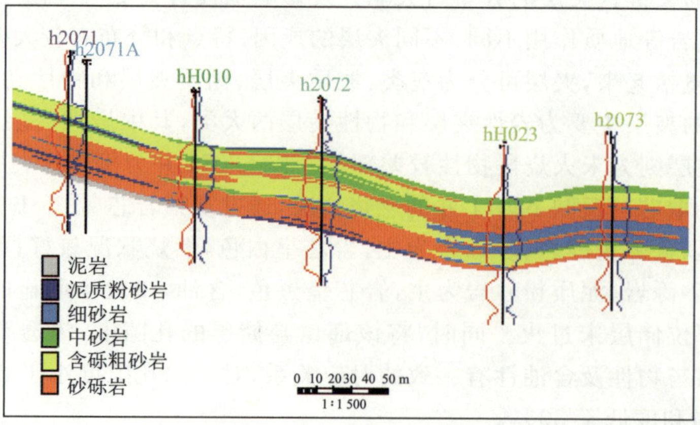

图 5-1-7　过 h2071—hH010—h2072—hH023—h2073 井岩相模型剖面

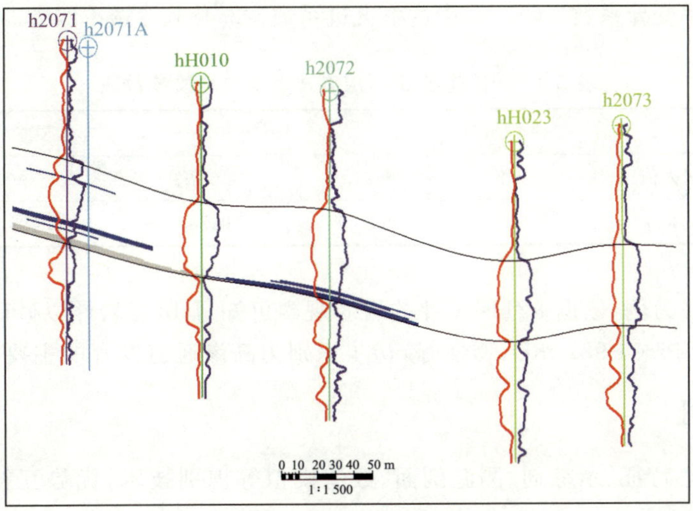

图 5-1-8　过 h2071—hH010—h2072—hH023—h2073 井岩性夹层剖面

层和物性夹层进行要素统计。综合分析认为，$J_1b_4^1$层全区发育稳定的泥岩隔层；$J_1b_4^2$层以物性夹层为主，一般发育 2～3 个物性夹层，延伸 1～3 个井距，厚度多为 0.5～3 m。

二、单砂体精细对比

在单砂体构型模式的指导下，通过密井网条件下的井—井对比，在火驱先导试验区进行综合对比分析，认为：

(1) 研究区 $J_1b_4^2$多发育两期水下分流河道及河口坝单砂体，砂体间垂向上叠置，平面上搭接，整体连通性好。

(2) 北西顺物源方向，沿河道或河口坝主体部位多发育高渗条带，是引起气窜的主要通道。

(3) 纵向上储层中部夹层不发育，规模较小；砂体顶面及底面附近夹层较为发育，分布范围大，形成火驱的渗流屏障。

在此基础上，利用 direct 软件，进行单砂体精细刻画，建立单砂体连井剖面，并在单砂体划分、连井剖面建立的基础上，制作试验区三维单砂体模型。分析认为，在顺物源方向砂体较连续，在垂直物源方向单砂体展布有限，$J_1b_4^2$层纵向多发育两套单砂体，与火驱先导试验区分析结果一致。

三、储层强非均质识别

1. 地质识别

储层的物性及非均质性是高渗通道发育的地质基础，以渗透率、渗透率级差、渗透率变异系数、渗透率突进系数等参数的平均值为界限，建立水流优势通道的地质识别标准，判断水流优势通道可能发育的方向及层位。

将火驱优势通道叠合孔隙度、渗透率模型，可初步判断高渗通道的分布，标准为：渗透率>

632.9 mD,渗透率变异系数>0.785,渗透率突进系数>3.485,渗透率级差>45.89(表 5-1-2)。

表 5-1-2　试验区 $J_1b_4^2$层渗透率及非均质参数表

层　位	渗透率/mD			非均质参数		
	极大值	极小值	平均值	变异系数	突进系数	级　差
$J_1b_4^2$	4 585	51	632.9	0.785	3.485	45.89

以 h2118A 井为例,依据 h2118A 井的岩芯观察可知,$J_1b_4^2$层岩性以砂砾岩为主,其邻井 h2118 渗透率为 546～4 987 mD,物性好,初步识别为高渗通道发育的主要位置。

2. 动态识别

综合生产动态特征、示踪剂、测温剖面、数值模拟等识别技术,优势互补,综合识别优势通道。

试验区在前期的蒸汽驱阶段以注蒸汽井为中心形成九点注采单元;火驱开发阶段分三批点火,第一批井点火后形成斜七点面积井网,第二批井点火后形成九点面积井网,第三批井点火后形成线性井网。结合生产曲线、动液面、压力、温度等动态资料,测温剖面、示踪剂等动态监测资料,分析单元内注采井间的响应关系,初步划分等级。

1) 生产特征识别法

由于经历了蒸汽驱开发阶段,且周边受效井同时吞吐,造成蒸汽驱优势通道判断困难,因此通过注汽量与油井含水率、产液量变化无法判断其动态响应关系。研究中利用受效井生产特征变化与注蒸汽井注入时间的配伍关系,判断蒸汽驱阶段可能的优势通道方向。

2) 数值模拟法

数值模拟法是以地质模型为基础,模拟生产过程,在动静结合中认清油藏现状;对模拟结果进行统计分析,绘制优势通道;结合测井曲线、沉积相等资料,检验与修正优势水流通道认识;综合分析注入气体流速分布、井间连通等现状,其中注入流体分布主要用于判断注采井间的主要受效方向、分级评价各方向的连通程度。具体过程如下:

(1) 建立地质骨架并加载 petrel 模型属性,平面为 10 m×10 m,垂向 25 个层,总网格为 107×44×25=11.77 万个。

以渗流解析解为理论指导,根据试验区的油水相渗曲线、产出油物理性质,计算出在特定地层压力和温度条件下三相相对渗透率等关键参数。

(2) 计算设置与模拟:设定 1991 年 6 月—2016 年 7 月,时间步为 0.5 个月;自适应调整参数,通过整个生产过程的模拟推测地下的实际情况;在模拟中追踪注水流向并调整与修正地质模型。

(3) 数值模拟法模拟结果检查。结果显示,试验区注蒸汽阶段、火驱阶段计算结果与实际值吻合很好,累积产油量相对误差<8%(图 5-1-9、图 5-1-10、表 5-1-3)。

(4) 在蒸汽吞吐阶段,采用 100 m 正方形井网蒸汽吞吐 5 年,加热半径为 25～30 m,径向扩展。结果显示,井间仍有区域未被加热动用(图 5-1-11、图 5-1-12)。

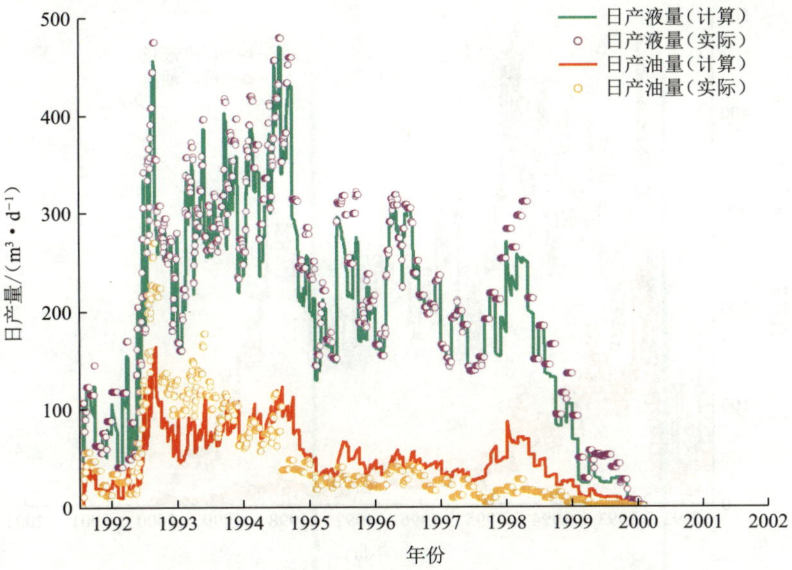

图 5-1-9　注蒸汽阶段模拟结果与实际对比图

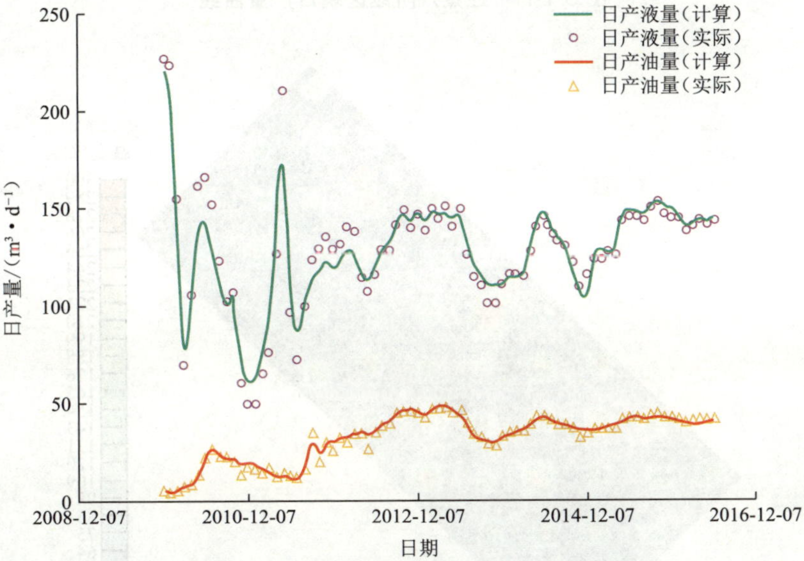

图 5-1-10　火驱阶段模拟结果与实际对比图

表 5-1-3　井组产量模拟结果与实际对比

类　别	注蒸汽阶段相对误差/%	火驱阶段相对误差/%
日产液量	0～10	0～6
日产油量	0～8	0～5
累积产油量	−5.5	−1.6

h2071 井出现蒸汽单方向突进现象。这与渗透率级差相对应，说明在吞吐阶段，当渗透率级差大于 1 000 时，蒸汽会向高渗透方向突进。纵向上，渗透率＞1 000 mD 的优势通道

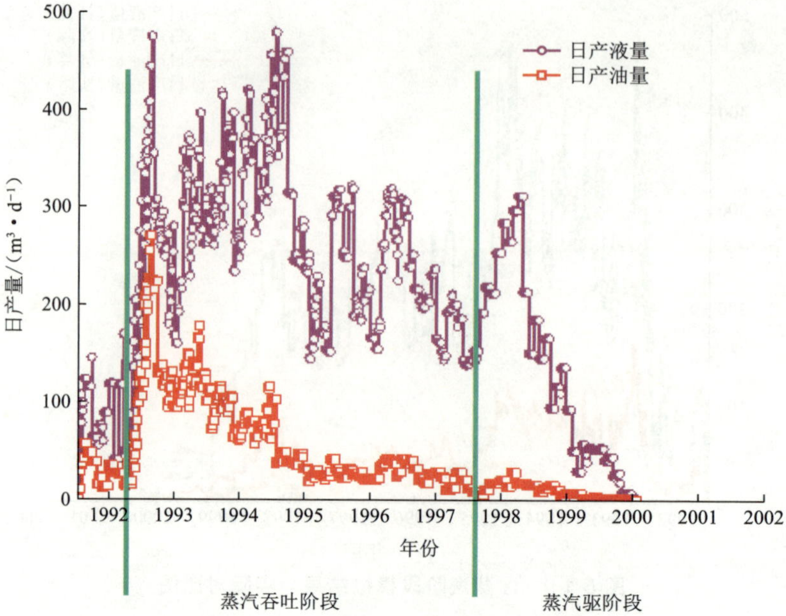

图 5-1-11 注蒸汽阶段区块日产量曲线

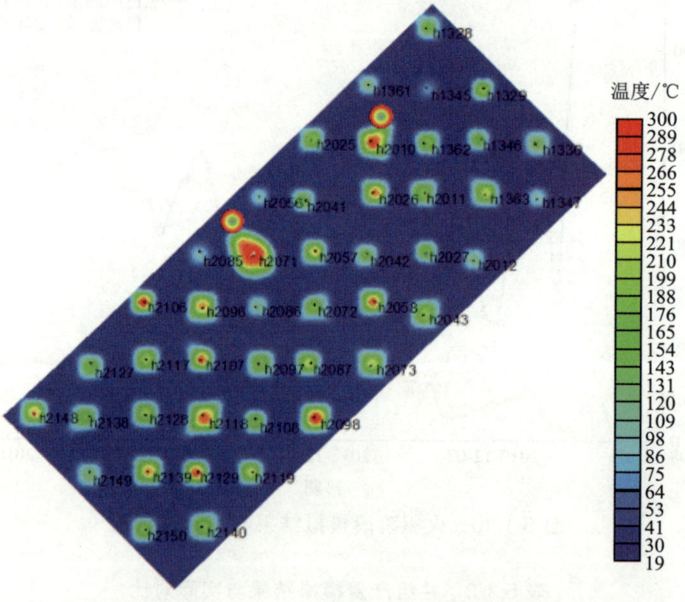

图 5-1-12 蒸汽吞吐结束后加热带平面图

成为吸汽主力层位，横向展布较好的优势薄层成为蒸汽流动主要范围。

(5) 在蒸汽驱阶段，注采井间高渗透区域平面分布可分为三种主要类型：单方向、多方向、环形带(图 5-1-13)。

类型一：单方向，注采井间只有一个优势方向，如 h2071 井组。

类型二：多方向，注采井间有两个以上优势方向，如 h2042，h2073，h2139，h2097，h2119 井组。

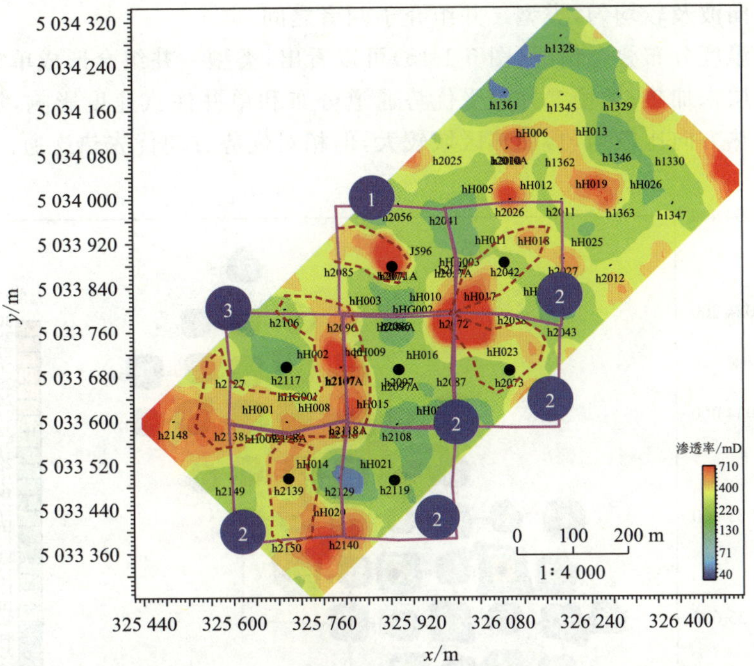

图 5-1-13　试验区渗透率平面分布主要类型

类型三：环形带，如 h2117 井组，周围生产井有六口以上位于呈环形的高渗透区域，但是注采井间无高渗透条带连通，注入井渗透率较低。

结合地下蒸汽流速分布叠合情况（图 5-1-14）可以看出，地下蒸汽（或热水）流向分布、流速大小和渗透率分布较吻合。类型一井组会产生蒸汽的单方向突进，h2056 井未受波及，类

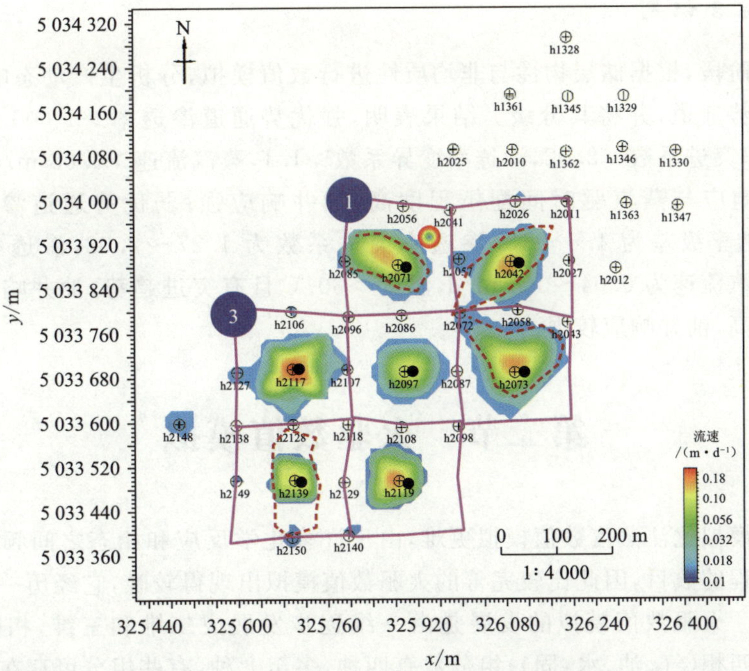

图 5-1-14　试验区地下蒸汽流速分布叠合图

型三井组各方向波及较均匀,类型二井组介于两者之间。

结合地下温度分布叠合情况(图 5-1-15)可以看出,类型一井组会形成单方向热连通,其他方向上的地层未加热;类型二井组受优势通道分布和单井注汽速度影响,加热形状各异;类型三井组加热方向比较均匀,加热区域较大,但相对优势方向优先热连通。

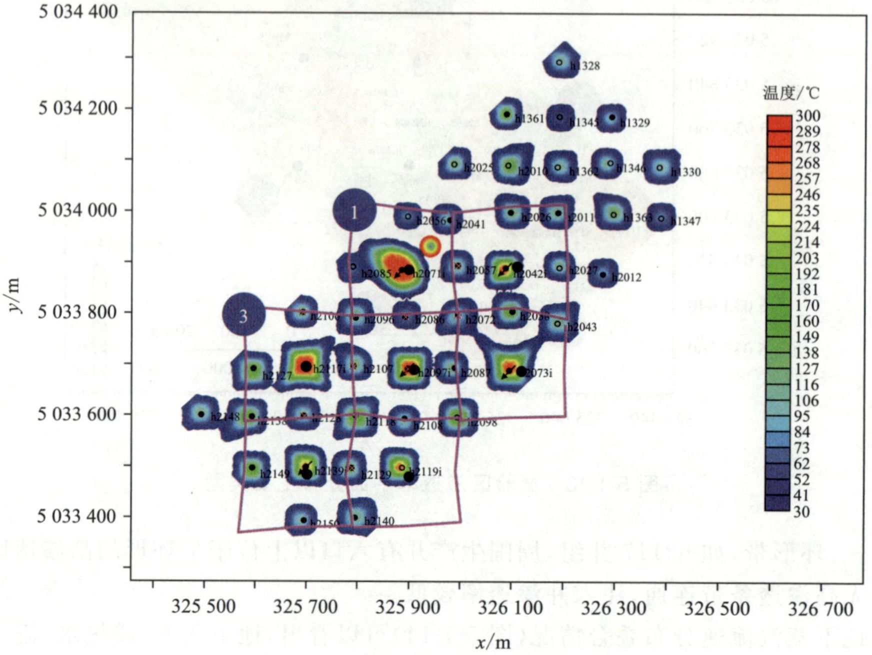

图 5-1-15 试验区地下温度分布叠合图

3. 动静综合识别

在蒸汽驱阶段,根据储层物性与非均质性进行数值模拟,分析生产动态响应,综合判断蒸汽驱阶段优势通道,并将其分级。结果表明,强优势通道渗透率>1 600 mD,渗透率级差>15,渗透率突进系数>2.02,渗透率变异系数>1.1,蒸汽流速>0.08 m/d,温度>30 ℃且连片,油井响应与蒸汽驱时间配伍程度高,油井响应强;弱优势通道渗透率为 800~1 600 mD,渗透率级差为 1.6~15,渗透率突进系数为 1.27~2.02,渗透率变异系数为 0.16~1.1,蒸汽流速为 0.04~0.8 m/d,温度>30 ℃且有突进趋势,油井响应与蒸汽驱时间配伍程度较高,油井响应较强。

第二节 火驱数值模拟

火驱数值模拟比注蒸汽数值模拟更难,由于许多化学反应和相态之间频繁变换大大地增加了控制方程的数目,因此比较完善的火驱数值模拟出现得较晚,它经历一段由简单到复杂的发展阶段。火驱数值模拟的发展是由一维逐步发展成二维和三维,相数一般为三相(气、油、水)或四相(气、油、水、固);组分数有四种,多至七种,有些组分可存在于一相或两相之中;化学反应数由最简单的一种至最详细的四种。油藏岩石和流体性质以及重力、毛管力的考虑与否使得数值模拟使用范围和预测效果各有差异。发展到现在,已有适用于各种热采方法的多用途数值模拟。

从研究者的关注度来看,数值模拟的研究和物理模拟有类似的规律。在一些引进的商业化的油藏数值模拟软件(如 STARS)中也加入了燃烧过程的数学模型。但是,总体而言,实际应用效果并不理想。尽管在经济上数值模拟是成本最低的研究手段,但面临的困难很多。因此,从对火驱基本规律进行探索的角度讲,在目前条件下,室内实验研究辅助现场试验研究的方式可能是最合适的。

最初的火驱数学模型是 1963 年由托马斯(Thomms)和朱杰(Chu C)分别提出的二维火驱数学模型。后来人们又提出了一些模型,模型的组分有所增减,但基本都是二维模型。到 1979 年,格拉博斯基(Grabowski)提出了名为 ISCOM 的全隐式通用的热采数学模型。该模型既可以模拟火驱工艺过程,也可以应用于注蒸汽工艺过程。该模型可处理一维、二维及三维问题。随后陆续又有一些模型发表,火驱数学模型基本成熟。表 5-2-1 所示为按年份先后顺序排列的火驱数学模型特性。随着人们对火驱工艺过程的认识逐步深化,特别是对化学反应的正确模拟,它的数值模拟将会越来越符合现场实际情况。

表 5-2-1 火驱数学模型特性一览表

模型创始人及年份	维数	相数	组分数		化学反应数	是否考虑动力学定律	是否考虑重力、毛管力	是否考虑原油蒸馏	是否考虑气溶于油	备注
			油相	气相						
托马斯,1963	2								否	解析解,常物性
朱杰,1963	2									汽化冷凝作用
戈特弗赖德,1965	1	3			1			否	否	
库奥,1968										两个温度前缘
史密斯,法鲁克,1971	2	3	1	3	1	是	是	否	是	孤立井网
法鲁克,1977	2	3	1	3	1	是	是	是	否	IMPES
克鲁格斯顿,1979	2	4	2	5	4	是	是	是	否	ISCOM,通用
格拉博斯基,1979	3	4	n	n	n	是	是	是	否	通 用
杨格伦,1980	3	3	1	4	1	否	是	可 能	可 能	
柯茨,1980	3	4	n	n	n	是	是	是	否	
夏本·宏,1987		4	2	5						

一、火驱数学模型的基本特点

1. 原油组分的简化处理

原油是一种混合物，由不同的组分组成。各组分的性质变化影响原油的性质，这种变化通常会体现在原油的物性参数上，如原油的相对分子质量、黏度、密度、碳氢比等。外界条件(如压力和温度等)改变时，这些参数通常会发生变化。在火驱过程中，原油的性质是不断变化的，特别是在原油的蒸发和凝结过程中，原油的性质变化最大，这种变化通常用原油的密度进行体现。

在建立火驱数学模型时，可将原油假设为由两种组分组成的混合物，这两种组分是：① 轻质油组分，代表原油中较轻的组分；② 重质油组分，代表原油中较重的组分。这两种组分具有独立的性质，互不干扰，通过不同的混合比例体现原油的不同性质。这样可以简化模型，节省计算时间并降低对计算机的要求。

2. 用基本变量表示气体组分

火驱过程中存在着很多复杂的相态变化，如随着温度的升高，油层中的水和轻质挥发油会由液相变为气相，这个过程中密度、体积等参数变化很大，如果处理不好，则会影响到数值模拟求解的稳定性。在数学模型中，基本变量可取气体的摩尔分数，通过这样处理可以提高求解的稳定性。通过将方程互代消去变量，能够解决将水蒸气和油蒸气的摩尔分数都作为基本变量而使变量个数增加的问题。

二、火驱数学模型的建立

目前已经建立了许多火驱数学模型，其中有很多模型是三维的，而且包括油、水、气和固四相，而固相一般认为是焦炭。为了描述火驱过程，模型中还包括多种成分，如水、氧气、惰性气体(包括二氧化碳和氮气)、焦炭和至少具有两种组分组成的原油，并假设化学反应包括原油的低温氧化、原油的热裂解、焦炭的燃烧以及原油的高温氧化等。

在此介绍前人开发的四相七组分数学模型。建立模型时，假设在火驱过程中，原油中的轻质组分在温度升高或降低时发生汽化、冷凝现象，重质组分既不会汽化，也不会冷凝；重质组分在高温下发生氧化燃烧、裂解，裂解后产生的焦炭发生氧化燃烧，而轻质组分既不发生裂解，也不燃烧，且不考虑岩石骨架中其他沉积物的燃烧；焦炭会吸附在岩石骨架的表面，不考虑它的流动过程；多相渗流服从达西定律；不考虑原油的低温氧化反应。

为了建模方便，将原油简化为两种组分：油 1 和油 2。气相包括 O_2，CO_x，H_2O，Oil 1，Oil 2 和 N_2，其中 CO_x 为 CO 与 CO_2 按一定比例形成的混合物，并且忽略 CO_x 的液化量。水相为 H_2O，固相为焦炭。数学模型的相与组分参数见表 5-2-2。

模型中的基本变量有 14 个$[S_g, S_w, S_o, \phi_c, y_1, y_2, y_3, y_{41}, y_{42}, y_5, x_1, x_2, p, T]$，根据各个参数的一些内在关系进行简化，最终采用的独立变量为 $p, T, y_1, y_2, y_3, y_4(y_{41}+y_{42}), y_5, x_1, S_g, S_w$ 10 个。

表 5-2-2 相与组分关系表

相	饱和度	组 分	摩尔分数
气 相	S_g	1 O_2	y_1
		2 CO_x	y_2
		3 H_2O	y_3
		4 Oil 1	y_{41}
		5 Oil 2	y_{42}
		6 N_2	y_5
水 相	S_w	3 H_2O	1
油 相	S_o	4 油 1	x_1
		5 油 2	x_2
固 相	ϕ_c	7 焦炭	

1. 各组分的质量守恒方程

O_2 的质量守恒方程为：

$$\frac{\partial}{\partial t}(\phi S_g c_g y_1)=\nabla\cdot\left(c_g y_1 \frac{K_g}{\mu_g}\nabla p\right)-(a_{11}R_{c1}+a_{31}R_{c2})+(Q_{O_2}-Q_{gp}y_1)/V \quad (5\text{-}2\text{-}1)$$

CO_x 的质量守恒方程为：

$$\frac{\partial}{\partial t}(\phi S_g c_g y_2)=\nabla\cdot\left(c_g y_2 \frac{K_g}{\mu_g}\nabla p\right)-(a_{12}R_{c1}+a_{32}R_{c2})-(Q_{gp}y_2)/V \quad (5\text{-}2\text{-}2)$$

水蒸气的质量守恒方程为：

$$\frac{\partial y_3}{\partial t}=\frac{\partial}{\partial t}\left(\frac{p_{satw}}{p}\right) \quad (5\text{-}2\text{-}3)$$

油蒸气的质量守恒方程为：

$$\frac{\partial y_4}{\partial t}=\frac{\partial}{\partial t}\left(\frac{p_{sato}}{p}\right) \quad (5\text{-}2\text{-}4)$$

N_2 的质量守恒方程为：

$$\frac{\partial}{\partial t}(\phi S_g c_g y_5)=\nabla\cdot\left(c_g y_5 \frac{K_g}{\mu_g}\nabla p\right)+(Q_{N_2}-Q_{gp}y_5)/V \quad (5\text{-}2\text{-}5)$$

H_2O 的质量守恒方程为：

$$\frac{\partial}{\partial t}[\phi(S_g c_g y_3+S_w c_w)]=\nabla\cdot\left[\left(c_g y_3 \frac{K_g}{\mu_g}+c_w\frac{K_w}{\mu_w}\right)\nabla p\right]+(a_{13}R_{c1}+a_{33}R_{c2})-(Q_{gp}y_3+Q_{wp})/V \quad (5\text{-}2\text{-}6)$$

油 1 的质量守恒方程为：

$$\frac{\partial}{\partial t}[\phi(S_g c_g y_{41}+S_o c_o x_1)]=\nabla\cdot\left[\left(c_g y_{41}\frac{K_g}{\mu_g}+c_o x_1\frac{K_o}{\mu_o}\right)\nabla p\right]+(a_{21}R_{c2}+x_1 R_{c1})-(Q_{gp}y_{41}+Q_{op}x_1)/V \quad (5\text{-}2\text{-}7)$$

油 2 的质量守恒方程为：

$$\frac{\partial}{\partial t}[\phi(S_g c_g y_{42}+S_o c_o x_2)]=\nabla\cdot\left[\left(c_g y_{42}\frac{K_g}{\mu_g}+c_o x_2\frac{K_o}{\mu_o}\right)\nabla p\right]+(R_{c2}+x_2 R_{c1})-(Q_{gp}y_{42}+Q_{op}x_2)/V \tag{5-2-8}$$

式中 c_o,c_g,c_w——油、气、水相的浓度，mol/m^3；

K_o,K_g,K_w——油、气、水相的绝对渗透率，10^{-3} μm^2；

μ_o,μ_g,μ_w——油、气、水相的地下黏度，mPa·s；

R_{c1},R_{c2}——氧化反应、燃烧反应的反应速率，mol/(L·s)；

Q_{gp}——气体的产出速率，mol/s；

Q_{O_2}——O_2的注入速率，mol/s；

Q_{op}——油的产出速率，mol/s；

Q_{N_2}——N_2的注入速率，mol/s；

Q_{wp}——水的产出速率，mol/s；

ϕ——孔隙度；

p_{satw},p_{sato}——水、油的饱和蒸气压，Pa；

V——体积，m^3；

t——时间，s；

$a_{ij}(i=1,2,3;j=1,2,3)$——化学计量系数。

2. 能量守恒方程

将油层视为一个封闭系统，各种能量能够相互转化，但是总能量保持恒定。该系统的能量守恒方程为：

$$\frac{\partial}{\partial t}[\phi(S_g c_g U_g+S_w c_w U_w+S_o c_o U_o)+U_r]=\nabla\cdot\left[\left(c_g h_g\frac{K_g}{\mu_g}+c_w h_w\frac{K_w}{\mu_w}+c_o h_o\frac{K_o}{\mu_o}\right)\nabla p\right]+H_{r1}R_{c1}+H_{r2}R_{c2}+\nabla\cdot(\lambda\nabla T)+(Q_e-Q_{ep}-Q_{el})/V \tag{5-2-9}$$

式中 U_g,U_o,U_r,U_w——气、油、岩石和水的内能，J/mol；

h_g,h_o,h_w——气、油、水的比焓，J/mol；

H_{r1},H_{r2}——氧化反应、燃烧反应的反应焓，J/mol；

Q_e,Q_{el},Q_{ep}——能量的注入量、损失量及产出量，W；

λ——导热系数，W/(m·K)；

T——温度，K。

3. 其他辅助方程

1）饱和度方程

$$S_g+S_w+S_o=1 \tag{5-2-10}$$

2）孔隙度方程

模型中只考虑压力对孔隙度的影响，忽略温度的影响，原油发生裂解反应生成的焦炭将在岩石上沉积，从而导致油层孔隙度降低。油层孔隙度的计算式如下：

$$\phi=\phi_0[1+C_r(p-p_{o0})]-\phi_c \tag{5-2-11}$$

式中　C_r——岩石的压缩率，Pa^{-1}；

p_{o0}——基准压力，Pa；

ϕ_0——基准压力下的岩石孔隙度；

ϕ_c——焦炭在岩石中所占的相对孔隙度，由式(5-2-12)计算。

$$\phi_c = \frac{M_c}{\rho_c V} W_c \tag{5-2-12}$$

式中　M_c——焦炭的摩尔质量，kg/mol；

ρ_c——焦炭的密度，kg/m^3；

W_c——焦炭的物质的量，mol。

3) *相对渗透率方程*

油相和水相间的相对渗透率与油相和气相间的相对渗透率可表示为：

$$K_{row} = (K_{row0} + \Delta K_{row})/(1 + \Delta K_{row}) \tag{5-2-13}$$

$$K_{rog} = (K_{rog0} + \Delta K_{rog})/(1 + \Delta K_{rog}) \tag{5-2-14}$$

式中　K_{row}——油相在油水两相中的相对渗透率；

K_{row0}——初始油相在油水两相中的相对渗透率；

K_{rog}——油相在油气两相中的相对渗透率；

K_{rog0}——初始油相在油气两相中的相对渗透率。

三相中油相的相对渗透率可表示为：

$$K_{ro} = (K_{rog} + \Delta K_{rg})(K_{row} + K_{rw}) - (K_{rw} + K_{rg}) \tag{5-2-15}$$

式中　K_{ro}——三相中油相的相对渗透率；

K_{rg}——三相中气相的相对渗透率；

K_{rw}——三相中水相的相对渗透率。

4) *各组分的浓度方程*

根据理想气体状态方程，气体浓度 c_g 与压力 p、温度 T 以及压缩因子 Z 具有下列关系：

$$c_g = p/(ZRT) \tag{5-2-16}$$

式中　R——通用气体常数。

在标准状态下，$\rho_0 = c_0 M_0$（M_0 为标准状态下气体摩尔质量），所以 $c_0 = \rho_0 M_0^{-1}$。

水的浓度 c_w 与压力和温度的关系如下：

$$c_w = c_{w0}[1 - \beta_w(T - T_0) + C_w(p - p_0)] \tag{5-2-17}$$

式中　p_0——标准状态下压力，Pa；

T_0——标准状态下温度，K；

c_{w0}——标准状态下水的浓度，mol/m^3；

β_w——水的热膨胀系数，$℃^{-1}$；

C_w——水的压缩系数，MPa^{-1}。

油蒸气的密度 ρ_{og} 与原油的密度 ρ_{o0}（标准状态下）和温度 T 的经验关系式为：

$$\rho_{og} = -398.33 + 1.267\rho_{o0} + 0.10021T \tag{5-2-18}$$

原油的浓度 c_o 可表示为：

$$c_o = c_{o0}[1 - \beta_o(T - T_{o0}) + C_o(p - p_{o0})] \tag{5-2-19}$$

式中 c_{o0}——标准状态下原油浓度,mol/m³;

T_{o0}——标准状态下原油温度,K;

p_{o0}——标准状态下原油压力,Pa;

β_o——原油的热膨胀系数,℃⁻¹;

C_o——原油的压缩系数,MPa⁻¹。

标准状态下原油的浓度 c_{o0} 与模型中油的摩尔分数的关系为:

$$c_{o0} = 1/(x_1/c_{o1} + x_2/c_{o2}) \tag{5-2-20}$$

式中 c_{o1}——油 1 的浓度,mol/m³;

c_{o2}——油 2 的浓度,mol/m³。

5)油的摩尔分数方程

模型中,假设原油是由油 1 和油 2 两种组分组成的混合物,所以有:

$$x_1 + x_2 = 1 \tag{5-2-21}$$

6)油蒸气的饱和蒸气压方程

油蒸气的饱和蒸气压 p_{sato} 是原油密度及温度的函数,其经验关系式如下:

$$p_{sato} = a + b(T - 273.15)^3 \tag{5-2-22}$$

式中

$$a = 1/(8.8886 \times 10^{-2} - 1.861 \times 10^{-4}\rho_{o0} + 9.776 \times 10^{-8}\rho_{o0}^2) \tag{5-2-23}$$

$$b = \exp\left(\frac{28741}{\rho_{o0}} - 36.098\right) \tag{5-2-24}$$

根据水的饱和蒸气压表可以查得水的饱和蒸气压 p_{satw}。

油蒸气的气相摩尔分数可由汽化后油蒸气的密度及油蒸气的总摩尔分数计算:

$$y_{41} = \frac{\rho_{o2} - \rho_{og}}{(\rho_{o2} - c_{o2}M_{o1}) - (1 - c_{o2}/c_{o1})\rho_{og}} y_4 \tag{5-2-25}$$

$$y_{42} = y_4 - y_{41} \tag{5-2-26}$$

式中 y_4——油蒸气的总摩尔分数;

ρ_{o2}——油 2 的密度,kg/m³;

M_{o1}——油 1 的摩尔质量,kg/mol。

7)气体的摩尔分数平衡方程

$$\sum_{i=1}^{5} \frac{\partial y_i}{\partial t} = 0 \tag{5-2-27}$$

8)油相的摩尔质量及氢碳原子比方程

油蒸气的摩尔质量 M_{g4} 为:

$$M_{g4} = M_{o1}\frac{y_{41}}{y_4} + M_{o2}\frac{y_{42}}{y_4} \tag{5-2-28}$$

原油的摩尔质量 M_{o4} 为:

$$M_{o4} = M_{o1}x_1 + M_{o2}x_2 \tag{5-2-29}$$

原油的氢碳原子比 n 可用下式求得:

$$n = n_1 x_1 + n_2 x_2 \tag{5-2-30}$$

式中 M_{o2}——油 2 的摩尔质量,kg/mol;

n_1——油 1 的氢碳原子比;

n_2——油 2 的氢碳原子比。

9）黏度方程

气相的黏度比液相的黏度小很多,一般情况下在 0.01 mPa·s 左右。假设气相的黏度和压力、组分无关,则可按下式计算:

$$\mu_g = 0.013\,6 + 3.8 \times 10^{-5}(T - 273) \tag{5-2-31}$$

水相的黏度可以通过实验测得,也可以用如下关系式求得:

$$\mu_w = A\exp^{B/T} \tag{5-2-32}$$

式中 A,B——系数。

假设油由 i 种组分构成,则油相的黏度计算公式为:

$$\ln \mu_o = \sum_{i=1}^{n} x_i \ln \mu_{oi} \tag{5-2-33}$$

式中 μ_{0i}——油相中第 i 种组分的地下黏度,mPa·s。

10）内能和反应焓方程

气相、水相、油相及岩石的内能 U_g, U_w, U_o, U_r 分别为:

$$U_g = \left(\sum_{i=1}^{5} y_i C_{vg} M_g\right)(T - T_0) \tag{5-2-34}$$

$$U_w = C_{vw} M_w (T - T_0) \tag{5-2-35}$$

$$U_o = C_{vo} M_o (T - T_0) \tag{5-2-36}$$

$$U_r = C_{vr}(1 - \phi)(T - T_0) \tag{5-2-37}$$

式中 $C_{vo}, C_{vg}, C_{vw}, C_{vr}$——油相、气相、水相、岩石的比热容,J/(kg·K);

M_o, M_g, M_w——油相、气相、水相的摩尔质量,kg/mol。

高温氧化反应焓 H_j (j=g,w,o,r)可表示为:

$$H_j = U_j + pV_j \tag{5-2-38}$$

4. 化学反应

在火驱工艺中,油层中发生的化学反应有燃料的燃烧反应与重质油的裂解反应两种。燃料的燃烧反应包括原油组分的燃烧与焦炭的燃烧。重质油的裂解反应是原油中的重质组分受热分解生成焦炭的反应。在此模型中忽略低温氧化反应。

1）氧化反应

$$(CH_n)_m + a_{11}O_2 \longrightarrow a_{12}CO_x + a_{13}H_2O \tag{5-2-39}$$

式中 n——原油的氢碳原子比;

m——碳原子数。

$$m = 1\,000M_o/(1\,000M_o + n) \tag{5-2-40}$$

系数 a_{11}, a_{12}, a_{13} 的表达式为:

$$a_{11} = \left(\frac{2+\beta}{2+2\beta} + \frac{n}{4}\right)m \tag{5-2-41}$$

$$a_{12}=m \tag{5-2-42}$$

$$a_{13}=m\cdot\frac{n}{2} \tag{5-2-43}$$

式中 β——发射率。

氧化反应速率 R_{c1} 可由下式确定：

$$R_{c1}=A_1(y_1 p)^{1/2}\phi S_o c_o \exp\left(-\frac{E_1}{RT}\right) \tag{5-2-44}$$

式中 A_1——氧化反应的预幂率指数；

E_1——氧化反应活化能,J/mol,可根据实验测定。

氧化反应的发热量 H_{r1} 为：

$$H_{r1}=4.186\ 05\times10^6\left(\frac{94+26.15\beta}{1+\beta}+31.175n\right)m \tag{5-2-45}$$

2）重质油的裂解反应

$$(CH_{n_2})_{m_2}\longrightarrow a_{21}(CH_{n_1})_{m_1}+a_{22}(CH_{n_c})_{m_c} \tag{5-2-46}$$

式中 n_1,n_2,n_c——油 1(轻质油)、油 2(重质油)与焦炭的氢碳原子比；

m_1,m_2,m_c——油 1(轻质油)、油 2(重质油)与焦炭的碳原子数。

系数 a_{21},a_{22} 的表达式为：

$$a_{21}=\frac{m_1}{m_2}\cdot\frac{n_c-n_2}{n_c-n_1} \tag{5-2-47}$$

$$a_{22}=\frac{m_2}{m_c}\left(1-\frac{n_c-n_2}{n_c-n_1}\right) \tag{5-2-48}$$

热分解速率 R_{c2} 可表示为：

$$R_{c2}=A_2\phi S_o c_o x_2\exp\left(-\frac{E_2}{RT}\Big/a_{21}\right) \tag{5-2-49}$$

式中 A_2——裂解反应的预幂率指数；

E_2——裂解反应活化能,J/mol,可根据实验测定。

3）焦炭的燃烧反应

$$(CH_{n_c})_{m_c}+a_{31}O_2\longrightarrow a_{32}CO_x+a_{33}H_2O \tag{5-2-50}$$

系数 a_{31},a_{32},a_{33} 的表达式为：

$$a_{31}=\left(\frac{2+\beta}{2+2\beta}+\frac{n_c}{4}\right)m_c \tag{5-2-51}$$

$$a_{32}=m_c \tag{5-2-52}$$

$$a_{33}=\frac{n_c}{2}m_c \tag{5-2-53}$$

燃烧反应速率 R_{c3} 为：

$$R_{c3}=A_3 y_1 p W_c\exp\left(-\frac{E_3}{RT}\right) \tag{5-2-54}$$

式中 A_3——焦炭燃烧反应的预幂率指数；

E_3——裂解反应活化能,J/mol,可根据实验测定。

焦炭燃烧的发热量 H_{r3} 为：

$$H_{r3}=4.18605\times10^{6}\left(\frac{94+26.15\beta}{1+\beta}+31.175n_{c}\right)m_{c} \tag{5-2-55}$$

火驱数学模型包括化学反应动力学、热力学、渗流力学和地质力学模型四个选项，同时定义复杂的化学反应来计算火驱过程中活化能、反应速率、熵和焓的变化，模型模拟从开始点火到燃烧以及后续火驱进程等整个过程中的油藏温度、压力、饱和度以及各组分含量的变化。油藏数值模拟发展速度很快，现在逐渐向大型化、一体化以及自适应化的方向发展，如 Eclipse 及 CMG 等模型，尤其是 CMG 数值模拟软件用于稠油模型比其他软件的优势更明显。

三、红浅火驱数学模型的建立与评价

1. 热采油藏数值模型

热采油藏数值模拟一般采用加拿大商业软件 CMG 的 STARS 模块。为了研究红浅油区的注蒸汽历史，首先建立了三相二组分的注蒸汽开发模型，其基本假设条件为油藏中存在油相、水相和气相三种相态，包括水、油两个组分。对注蒸汽开发历史进行拟合，在拟合的油藏参数基础上，建立火驱油藏数值模型(图 5-2-1)。该模型网格数为 82×25×15＝30 750 个，网格步长为 10 m×10 m×0.8 m。再结合室内实验与现场试验数据的拟合结果，对火驱可采储量和采收率进行预测。

图 5-2-1 红浅 1 井区试验区油藏数值模型网格顶部构造深度

采用的火驱油藏数值模型是四相七组分的 Classic 模型，其基本假设条件为油藏中存在气相、水相、油相和固相四种相态，包括水、重质油、轻质油、CO_2、N_2 & CO、O_2、焦炭七个组分，包括重油裂解、重质油燃烧、轻质油燃烧和焦炭燃烧四个化学反应。

2. 蒸汽吞吐生产动态历史拟合

试验区于 1991 年 7 月投入蒸汽吞吐开发，至 1998 年底 90％的生产井上返至齐古组生产，到 2000 年底仅有 3～4 口生产井在生产，但产量已很低。在根据试验区实际资料建立的精细油藏模型基础上，对试验区八道湾组的生产井的蒸汽吞吐动态进行历史拟合，共包括

124 口生产井。蒸汽吞吐阶段历史拟合采取的工作制度是给定每口井各周期的最大产液量和最小井底流压，主要拟合指标为产液量、产油量和平均油藏压力。

1）注蒸汽参数拟合

在蒸汽吞吐阶段的历史拟合过程中，各井各周期的注蒸汽量、注蒸汽速度、注蒸汽时间和焖井时间是确定的，均按实际数据输入模型中，但由于井筒热损失不易确定，且井底蒸汽干度是未知的，因而需要通过历史拟合确定。通过历史拟合，得到蒸汽吞吐的干度在 40% 左右。

2）产液量和产油量拟合

产液量的拟合是在给定各周期的最大产液速度和最小井底流压下进行的。在产液量的拟合中，主要调整了最小井底流压和岩石的压缩系数。在产液量拟合的基础上，主要通过调整相对渗透率曲线来拟合产油量。

表 5-2-3 所示为模拟区的累积产液量、产油量的拟合结果，图 5-2-2、图 5-2-3 分别为模拟区的累积产液量、产油量的拟合曲线。可以看出，拟合结果总体较好，模拟值与实际值的误差较小，累积产液量、产油量的最大误差为 4.4%。

表 5-2-3　模拟区内生产动态的历史拟合结果

范　围	累积产油量			累积产液量		
	实际值/(10^4 t)	拟合值/(10^4 t)	误差/%	实际值/(10^4 t)	拟合值/(10^4 t)	误差/%
模拟区	36.2	34.6	−4.4	180.9	180.2	0.4

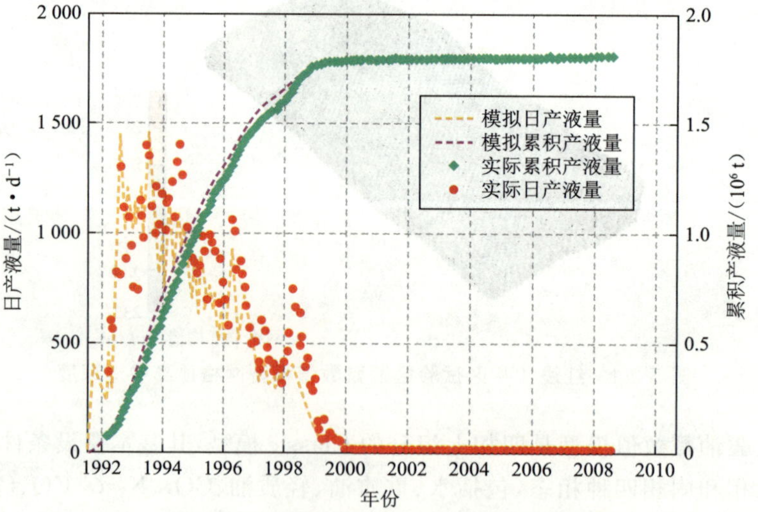

图 5-2-2　模拟区产液量动态拟合曲线

在各井的产液量和产油量拟合结果中，有 85% 的生产井的拟合误差在 10% 以下，有 15% 的井的拟合误差为 20%，这说明拟合结果能够正确反映注蒸汽后的油藏特征。

3）压力拟合

在注采量拟合的基础上，对压力进行拟合，结果如图 5-2-4 所示。根据历史拟合结果，

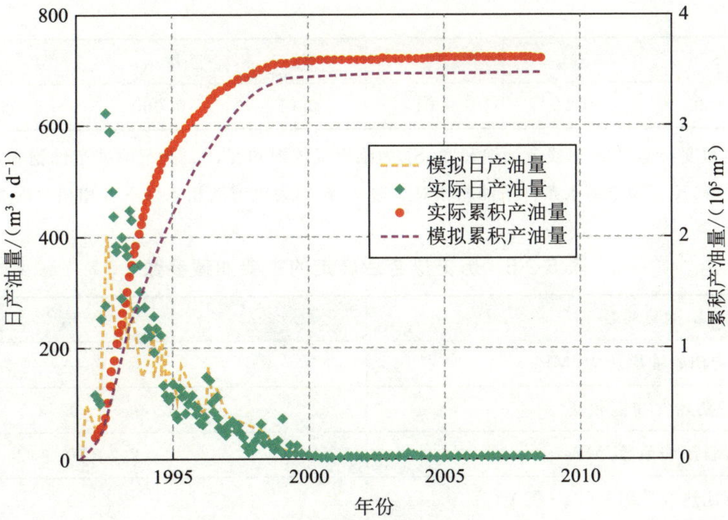

图 5-2-3　模拟区产油量动态拟合曲线

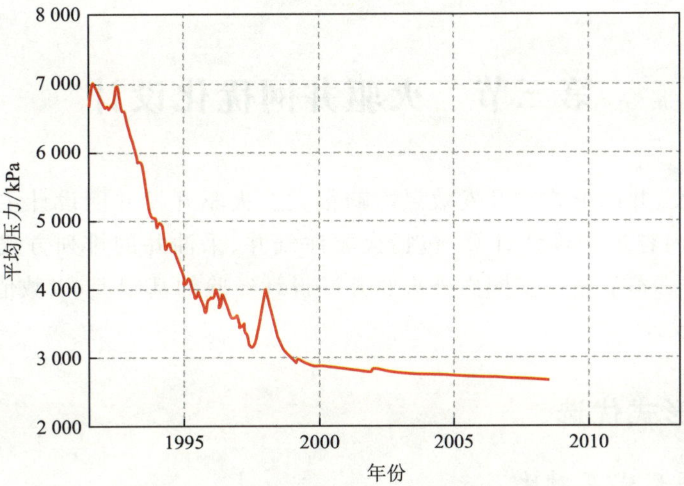

图 5-2-4　模拟区油层压力动态拟合曲线

可以看出，拟合末期试验区的平均油层压力已降至 2.7 MPa。因红浅 1 井区在开发过程中压力测试数据很少，无法与实际测试数据对比。

综上，历史拟合结果表明，注蒸汽量、产液量、产油量拟合精度比较高，模拟计算的生产动态与实际动态吻合比较好，因此历史拟合是成功的。

通过历史拟合修正了油藏参数，使油藏数值模型更加合理，更能代表实际的油藏特征，可为火烧驱油的参数优化和动态预测提供可靠的基础。通过历史拟合修正后的相对渗透率及主要油藏参数见表 5-2-4、表 5-2-5。

表 5-2-4　历史拟合修正后的饱和度及相对渗透率曲线端点值

温度/℃	S_{wr}	S_{orw}	S_{gr}	S_{org}	K_{rwro}	K_{row}	K_{rgw}
17	0.27	0.26	0.01	0.15	0.050	1.00	0.14
177	0.28	0.23	0.01	0.11	0.055	1.00	0.14

续表

温度/℃	S_{wr}	S_{orw}	S_{gr}	S_{org}	K_{rwro}	K_{row}	K_{rgw}
337	0.30	0.20	0.01	0.08	0.060	1.00	0.14

注：S_{wr}为束缚水饱和度，S_{orw}为水驱残余油饱和度，S_{gr}为临界气体饱和度，S_{org}为气驱残余油饱和度，K_{rwro}为含水饱和度为1时的水相渗透率，K_{row}为束缚水条件下油相相对渗透率，K_{rgw}为束缚液相条件下气相相对渗透率。

表 5-2-5　历史拟合后确定的主要油藏参数

油藏参数	数　值
平均初始油层压力/MPa	6.4
初始含油饱和度	0.65～0.73
岩石压缩系数/MPa^{-1}	2.7×10^{-2}
油层岩石比热容/[kJ·(kg·℃)$^{-1}$]	2 280
油层岩石导热系数/[kJ·(m·d·℃)$^{-1}$]	150

第三节　火驱井网优化设计

对于火驱开发，井网形式对开发效果影响很大。火驱开发井网设计主要是对井网形式和井距等方面的内容进行设计计算，包括火驱注气井、采油井的排列方式，注气井(或采油井)之间的距离等。本节在借鉴国内外火驱井网设计经验的基础上，以数值模拟为手段对生产井网进行优化设计。

一、井网形式优选

1. 常用井网形式及对比

在火驱矿场实践中，常用的井网形式有面积井网、线性井网和不规则井网三种(表 5-3-1)，其中面积井网包括五点井网、反九点井网等。

表 5-3-1　国外不同井网类型火驱项目(成功的)注气速度及开采指标

井网类型	油层厚度/m	项目规模(注井数/采井数)	单井注气速度/(10^4 $m^3\cdot d^{-1}$)	单井日产油量/($m^3\cdot d^{-1}$)	空气油比/($m^3\cdot m^{-3}$)
IRR-1	9.1	1/7	2.990	9.1	470
IRR-2	39.0	5/30	3.398	8.5	515
IRR-3	15.7	3/41	5.660	1.3	3 241
IRR-4	8.4	1/6	3.964	4.3	1 603
I5-1	15.0	3/12	2.380	4.6	1 852
I5-2	9.3	1/4	9.910	5.6	3 384

续表

井网类型	油层厚度 /m	项目规模 (注井数/采井数)	单井注气速度 /(10^4 m^3 · d^{-1})	单井日产油量 /(m^3 · d^{-1})	空气油比 /(m^3 · m^{-3})
I5-3	4.4	10/27	2.830	2.8	2 938
I9-1	18.3	14/57	2.237	2.1	2 618
I9-2	6.5	5/29	3.568	2.2	2 743
I9-3	22.6	94/312	1.501	1.4	2 903
LD-1	2.8	3/11	0.850～5.600	2.9	1 425
LD-2	10.0	38/205	4.730	5.1	1 496

注:IRR 表示不规则井网,I5 表示正方形五点井网,I9 表示正方形反九点井网,LD 表示线性井网。

以印度 Balol 稠油油田为例,该油田先后开展了两次面积井网的火驱先导试验。该地层的倾角为 5°～7°。先导试验均采用正方形五点井网。第一次试验的井网控制区域为 150 m×150 m,有一口注气井(IC-1)、四口生产井(IC-2,IC-3,IC-4,IC-5)、一口观察井(IC-6),其中观察井与 IC-5 井的距离为 20 m。结果发现,上倾方向以高温氧化为主导,下倾方向则以低速不完全燃烧为主导。除了一些孤立的数据外,燃烧气实际上没有从下倾部位的井产出。进一步观察发现,燃烧带的移动优先向上倾方向,在下倾方向上几乎没有发生燃烧。

为了克服上倾方向与下倾方向上燃烧的差异,第二次试验采用偏心井网,即注气井 IC-17 距离下倾部位生产井 IC-16 和 IC-19 的距离为 160 m,距离上倾部位生产井 IC-15 和 IC-18 的距离为 280 m。现场试验表明,气体仍然优先向上倾方向运移,即向 IC-15 井方向运移,同时发现下倾方向的重力泄油始终存在。

线性火驱能最大限度地利用重力泄油机理,由上倾方向开始,把顶部一排井作为注气井,可有效地阻止空气和烟道气向上运移,从而有助于改善下倾部位生产井方向的燃烧动态。当燃烧前缘推进到第一排生产井时,将该生产井转为注气井,同时可以关闭最先作为注气井的注气井排。如果注气井的井况条件允许,燃烧前缘也可以越过第一排生产井(该排生产井关闭,但不转为注气井),直到燃烧前缘推进到第二排(甚至第三排)生产井时,再将生产井转为注气井。迄今为止,世界范围内取得成功的两个最大的火驱项目——罗马尼亚 Suplacu 和印度 Balol & Santhal 油田火驱项目均采用线性井网形式。

与面积井网火驱相比,线性井网火驱除了具有平面波及系数高、理论采收率高的优势外,还具有以下优势:

(1) 地面设施建设及管理相对容易。线性火驱经过初期的点火和逐级提高注气速度,一旦注气井排形成相互连通的燃烧前缘,其燃烧界面大小基本不变。因此,客观上只要维持恒定的注气速度,就能保证燃烧前缘推进速度也是恒定的。这对地面注气压缩机站及相关供电、供水、分离、处理等配套设施的设计、建设和管理有利。而在面积井网火驱过程中,燃烧带扩展半径不断加大,为保持燃烧前缘稳定推进,要求注气速度逐渐增加,这对地面设施的配套投资和管理都提出了一定的要求。如果地面设施能力不能与持续扩展的燃烧半径相匹配,就会导致燃烧前缘推进逐步放缓,极端情况下甚至能导致油藏灭火。

(2) 油藏管理及配套工艺相对简单。由于线性火驱是从上游向下游方向、井间接替式的开采过程,与面积井网火驱相比,其动态管理的井数更少。以 Suplacu 火驱项目为例,从

1975 年开始基本完成了面积井网火驱模式向线性井网火驱模式的转变，形成了平行于构造等高线的燃烧前缘。1983—2010 年，该项目产油量一直维持在（40～50）×10^4 t/a，处于其动态监管之下的油藏范围是一个长 10 km、宽 0.5 km 的条带，动态管控的井数维持在约 500 口，即约 100 口的注气井加上约 400 口的下游生产井。依据线性火驱的特点，生产管柱只要在 6～8 年的有效生产期内满足要求即可。在新疆红浅火驱试验区，尽管老井井况条件普遍较差，但在生产井没有采取特殊防腐工艺措施的情况下，生产井仍可以在有效期内满足正常生产的需要。

（3）容易实现燃烧前缘的目的性调控。对燃烧前缘的调控是火驱项目管理中一项关键内容，某种程度上决定了火驱项目的成败。矿场实践中一般通过控制各生产井的产气量来控制燃烧前缘推进的方向和速度，在线性火驱模式中，注气井与生产井之间的对应关系相对简单，即一口注气井对应多口生产井。通过控制某口生产井产出的气量，就可以控制燃烧前缘向该生产井方向的推进速度。这在矿场实施的目标和措施明确，实施的效果也很容易被验证。

2. 井网形式优化研究

利用红浅 1 井区基本模型参数（表 5-3-2），结合物理模拟结论，采用油藏数值模拟方法研究带有倾角地层在五种不同井网形式（图 5-3-1）下火驱燃烧带展布特征及生产规律。

表 5-3-2　红浅 1 井区基本模型参数表

参　数	数　值	参　数	数　值
油层埋深/m	550	油层压力/MPa	3.5
油层厚度/m	9	地层倾角/(°)	5
地层温度/℃	23	含油饱和度/%	0.55
渗透率/mD	700	孔隙度/%	26.0
原油黏度(50 ℃)/(mPa·s)	800	岩石压缩系数/MPa^{-1}	2.0×10^{-2}

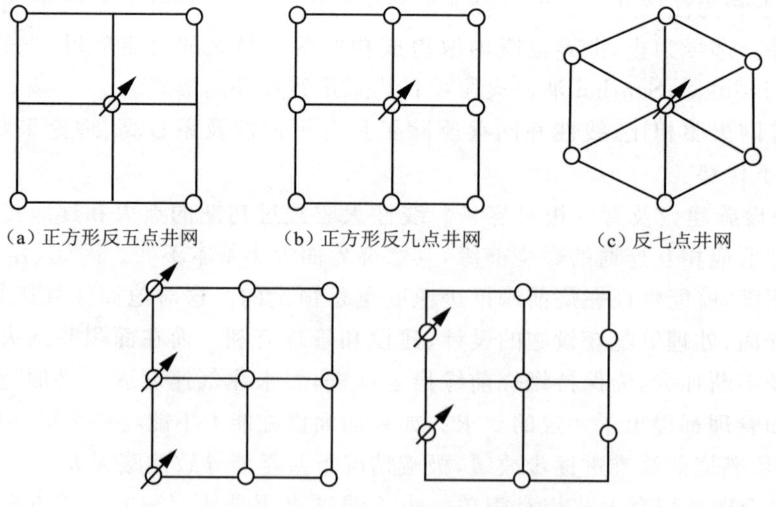
(a) 正方形反五点井网　(b) 正方形反九点井网　(c) 反七点井网

(d) 线性平行井网　(e) 线性交错井网

图 5-3-1　五种井网形式的注采井排布示意图

对比红浅 1 井区八道湾组油藏在不同井网形式下的火驱生产指标可知，线性井网明显好于面积井网，线性交错井网略好于线性平行井网(表 5-3-3)。

(1) 线性交错井网生产井稳产期平均单井产量最高为 12.8 t/d；

(2) 累积空气油比最小为 2 485.0 m^3/m^3，经济指标最优；

(3) 线性平行井网生产井稳产期单井产量达到 11.6 t/d，明显高于反七点面积井网下的 6.5 t/d。

表 5-3-3　八道湾组油藏不同井网火驱数值模拟结果对比

井网类型	反五点井网	反七点井网	反九点井网	线性平行井网	线性交错井网
注采井距(或井距/排距)/m	140×140	124×124	100×140	100×100	100×100
单井注气速度/(10^4 $m^3 \cdot d^{-1}$)	1.5	2.0	3.0	1.5	1.5
最终采收率/%	63.0	74.8	72.0	79.0	80.0
井组日产油量/($t \cdot d^{-1}$)	3.5	6.5	9.2	11.6	12.8
累积产油量/t	37 580	37 704	42 462	49 360	49 658
累积空气油比/($m^3 \cdot m^{-3}$)	4 039.4	2 917.5	2 713.0	2 572.9	2 485.0

通过数值模拟研究构造高部位注气线性交错井网火驱生产规律。从含油饱和度场、温度场和含氧饱和度场(图 5-3-2)看，无论是线性平行井网还是线性交错井网，均存在着一个现象，即当火驱前缘从第一排生产井突破时，两口注气井之间的燃烧带没有完全连通，注气井间存在死油区。从这个角度看，采用线性井网火驱时，前期宜采用线性排列的几个面积井网，待以注气/点火井为中心的几个面积井网火驱燃烧带连通成为一个细长的条带后，再转入线性井网火驱模式。这样可以消除注气井间的死油区，实现燃烧前缘火线完整、平行推进。

由于是交错井网，模型第一排生产井只有 1 口全井，第二排生产井为 2 口 1/2 井。从图 5-3-3 中可以看出，注气 200 d 后，第　排生产井开始见效，产量持续上升；注气 500 d 后达到峰值产量 8 t/d，此后产量缓慢下降，到 2 000 d 后氧气突破关井。稳产期维持了 1 500 d，远

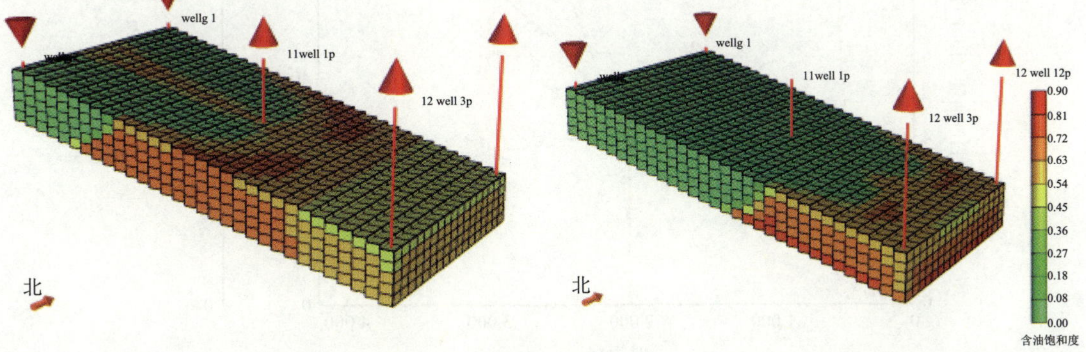

(a) 含油饱和度场

图 5-3-2　线性交错井网火驱动态

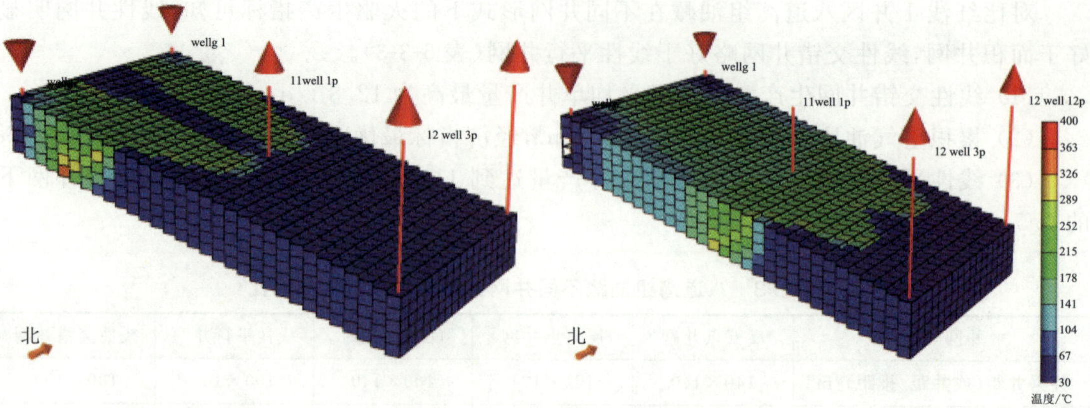

（b）温度场

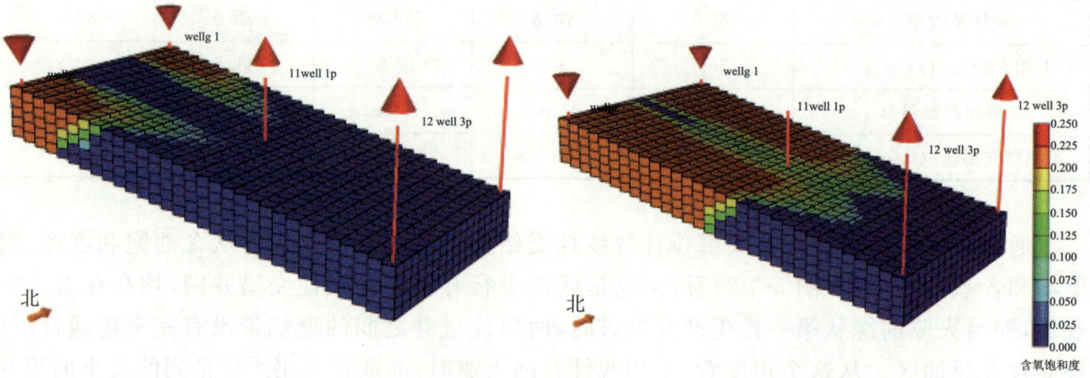

（c）含氧饱和度场

生产井　注入井

图 5-3-2(续)　线性交错井网火驱动态

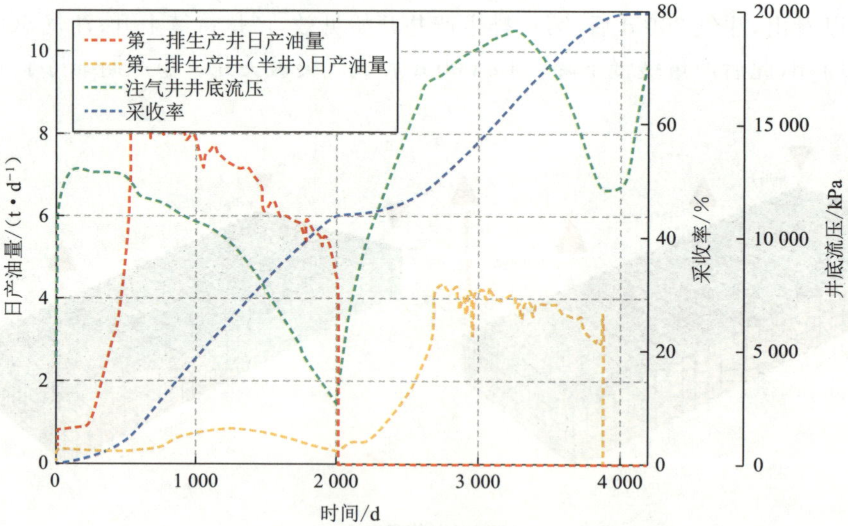

图 5-3-3　带倾角地层线性交错井网生产规律

远高于线性平行井网下的 800 d。第一排生产井稳产期平均日产油量为 6.5 t/d，也略高于线性平行井网下的 6 t/d。第二排生产井在注气后一直保持 1 t/d 左右生产，到 1 000 d 左右时日产油量升高到 3 t/d；此后缓慢下降，直到第一排生产井氧气突破关井时第二排生产井的日产油量才有较大幅度提升，最终达到峰值日产油量 8 t/d。第二排生产井在注气 3 850 d 时氧气突破关井，稳产期为 1 200 d，稳产期平均单井日产油量为 6.5 t/d。

同样由于是均质模型，第一排、第二排生产井氧气突破时，火驱采收率分别达到 40%和 80%。与线性平行井网相比，线性交错井网下，第一排生产井见效时间有所提前，并且第一排生产井的稳产时间延长了 200 d 以上。同时，第一排生产井氧气突破时的采收率要比线性平行井网下的高 5%以上。通过以上研究可知，试验区火驱井网形式推荐线性交错井网。

二、井距、排距优化

鉴于红浅 1 井区具有一定的地层倾角，决定采用线性交错井网进行火驱试验。实施过程中在构造的高部位、平行于等高线方向部署一排注气井，再向构造低部位逐次部署生产井排。当燃烧前缘推进到第一排生产井时（现场表现为氧气突破或热前缘突破），关闭该生产井排（视各井的井况条件再决定是否转为注气井）。因此，需要进一步优化井距（同一排两口相邻注气井之间的距离、同一排两口相邻生产井之间的距离）和排距（注气井排与相邻生产井排之间的距离、相邻两排生产井之间的距离）。

在地质条件一定的情况下，单井注气速度的确定主要和井网形式及其注、采井数比有关。在线性交错井网形式下，统一设定单井注气速度为 15 000 m^3/d，建立六种不同井距、排距的数值模型。模型的基本地质参数与前文相同，均以红浅八道湾组油藏为原型。六种井距、排距模型（图 5-3-4）分别为：井距 140 m、排距 140 m，井距 140 m、排距 70 m，井距 100 m、排距 100 m，井距 70 m、排距 100 m，井距 100 m、排距 70 m，井距 70 m、排距 70 m。

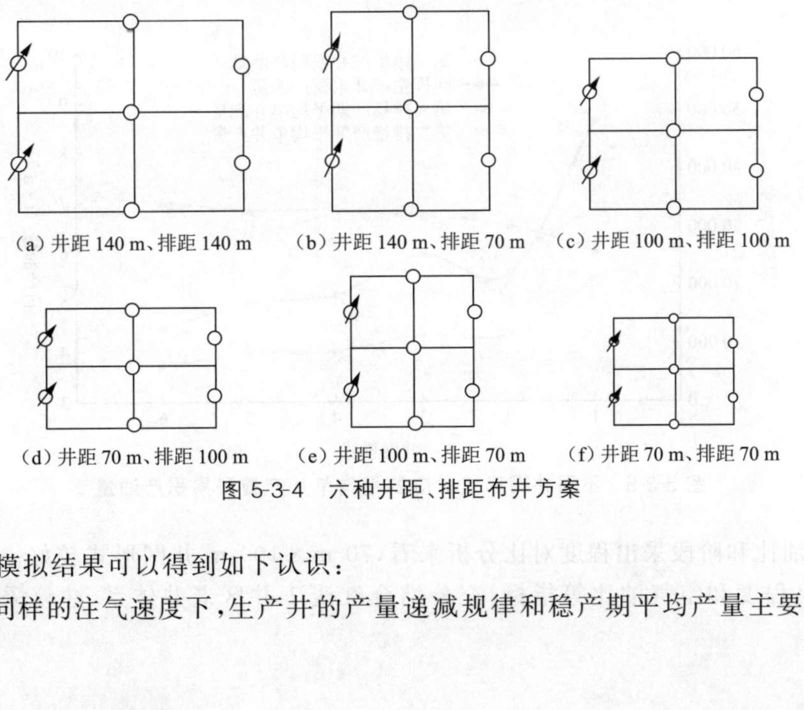

（a）井距 140 m、排距 140 m （b）井距 140 m、排距 70 m （c）井距 100 m、排距 100 m

（d）井距 70 m、排距 100 m （e）井距 100 m、排距 70 m （f）井距 70 m、排距 70 m

图 5-3-4 六种井距、排距布井方案

由数值模拟结果可以得到如下认识：

（1）在同样的注气速度下，生产井的产量递减规律和稳产期平均产量主要取决于地质参数和注气参数，而与井距、排距关系不大。

(2) 缩小井距和缩小排距均有助于缩短烟道气驱阶段的时间，使生产井见效时间提前，在同样的井网控制面积条件下，缩小排距比缩小井距更有优势。

(3) 考虑到地层的吸气能力，为了维持较高的单井产量，取得较好的火驱效果，井距和排距（或相邻注、采井控制面积）不宜过大。

通过数值模拟计算的不同井距/排距下开发指标对比见表 5-3-4、图 5-3-5。

表 5-3-4　线性交错井网不同井距、排距下火驱数值模拟结果对比

开发指标	不同井距(m)×排距(m)下火驱数值模拟结果					
	140×140 (1)	140×70 (2)	100×100 (3)	70×100 (4)	100×70 (5)	70×70 (6)
单井注气速度/(10^4 m^3 · d^{-1})	1.5	1.5	1.5	1.5	1.5	1.5
第一排生产井见效时间/d	810	430	390	260	228	170
第一排生产井稳产时间/d	3 085	1 587	1 511	1 104	1 092	774
第一排稳产期平均单井产量/(t · d^{-1})	6.0	6.5	6.7	6.8	6.9	7.0
第一排生产井氧气突破时采出程度/%	39	43	42	45	44	47
第二排生产井见效时间/d	5 530	2 460	2 507	1 793	1 666	1 170
第二排生产井稳产时间/d	2 803	1 273	1 520	1 010	977	655
第二排稳产期平均单井产量/(t · d^{-1})	6.9	6.1	6.7	6.7	6.4	6.9
最终采收率/%	78	70	81	83	77	81
井组日产油量/(t · d^{-1})	5.2	5.5	5.8	6.0	5.9	6.3
累积产油量/t	47 810	21 537	25 173	18 154	16 811	12 318
累积空气油比/(m^3 · m^{-3})	2 886.4	2 739.5	2 621.9	2 511.8	2 572.9	2 370.5

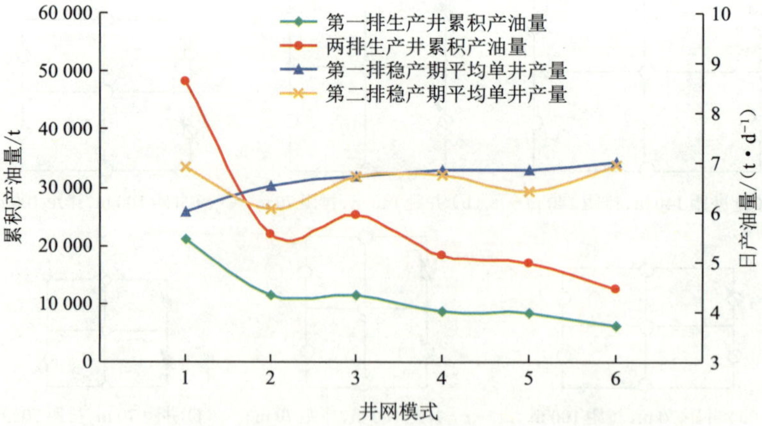

图 5-3-5　不同井网形式对应的平均单井产量和累积产油量

从空气油比和阶段采出程度对比分析来看，70 m×100 m 井网形式较好。综合考虑采油速度、采出程度和空气油比等指标，充分结合红浅 1 井区老井体系，建议采用 100 m×

100 m或100 m×70 m井网形式。在全部打新井的情况下，也可以考虑采用140 m×70 m井网，可以少打井。

第四节　火驱层位优化

一、注气井射孔方式优化

在线性交错井网，注气速度为20 000 m^3/d的条件下，利用数值模拟方法对比注气井三种射孔方式下的开发效果。三种射孔方式设置为生产井全射开，① 注气井射开油层上部(40%)；② 注气井射开油层下部(40%)；③ 注气井全射开。

从三种方案的开发效果(图5-4-1、表5-4-1)可以看出，注气井射孔井段对火驱整体开发效果影响较小，但是油层段全射开注气见效时间最早，开发最好，因此优选注气井全射开。

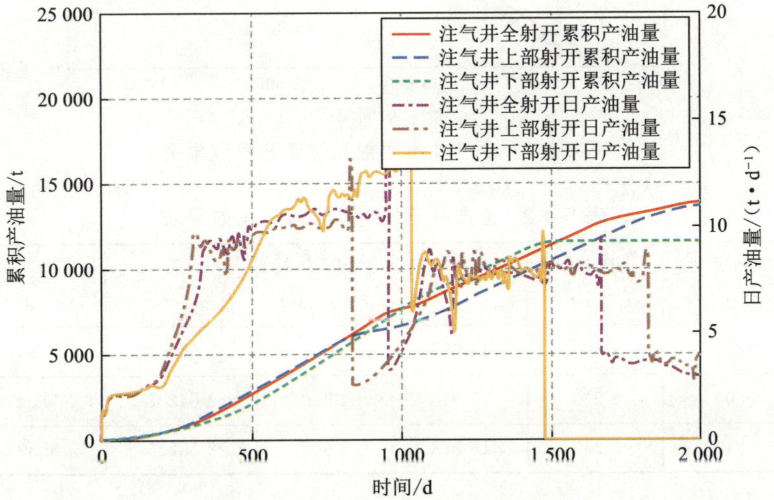

图5-4-1　注气井不同射孔位置开发效果图

表5-4-1　注气井不同射孔位置开发效果表

射孔方式	见效时间/d	生产时间/d	累积产油量/t	累积注气量/(10^4 m^3)	空气油比/($m^3\cdot t^{-1}$)	日产油量/($t\cdot d^{-1}$)	采收率/%
全射开	250	1 800	14 050	3 600	2 562.27	7.81	56.2
上部射开	350	1 780	12 980	3 560	2 742.68	7.29	51.92
下部射开	500	1 600	11 000	3 200	2 909.09	6.88	44.0

二、生产井射孔方式优化

在线性交错井网，注气速度为20 000 m^3/d的条件下，利用数值模拟方法对比生产井三种射孔方式下的开发效果。三种射孔方式设置为注气井全射开，① 生产井射开油层上部（40%）；② 生产井射开油层下部（40%）；③ 生产井全射开。

从三种方案的开发效果（图 5-4-2、表 5-4-2）可以看出，生产井下部射开的累积产油量和采收率最高，综合效益较高，因此优选生产井射开油层下部。

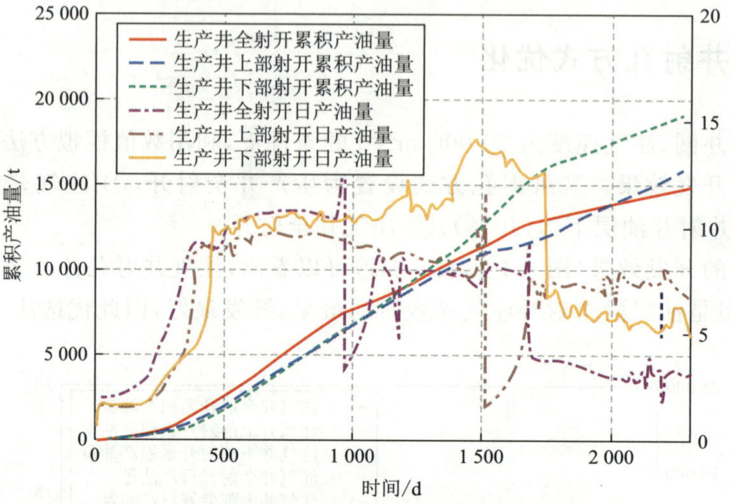

图 5-4-2 生产井不同射孔位置开发效果图

表 5-4-2 生产井不同射孔位置开发效果表

射孔方式	见效时间/d	生产时间/d	累积产油量/t	累积注气量/(10^4 m^3)	空气油比/(m^3·t^{-1})	日产油量/(t·d^{-1})	采收率/%
全射开	250	1 800	14 050	3 600	2 562.3	7.81	56.2
上部射开	300	2 260	15 900	4 520	2 842.8	7.04	63.6
下部射开	340	2 250	18 888	4 500	2 382.5	8.39	75.5

由于线性井网存在生产井和注气井之间的相互转换，因此注气井和生产井最好采用一样的射孔方式，对于连续厚度较大的油层，适当避射油层顶部 1～2 m。

三、单井产能分析

确定火驱开发井网，在注采参数、射孔方式优化的基础上进行地质油藏参数敏感性分析之后，单井产能分析是火驱油藏工程研究的重要内容。按照注气井与构造线平行布井，对目标区典型井组进行数值模拟研究，得到了该布井方式下每排生产井的产量指标，见表 5-4-3。由表 5-4-3 可知，当注气井与构造线平行布井时，第一排、第二排、第三排和第四排井的见效时间为 0.5～9 年，总体稳产时间约为 15 年，稳产阶段平均单井日产油量为 2～3 t/d。

表 5-4-3　不同井排的生产见效情况

指　标	与构造线平行布井		
	见效时间/a	稳产时间/a	日产油量/($t \cdot d^{-1}$)
第一排	0.5～0.7	3～4	2～3
第二排	2～3	4～5	1.5～2.5
第三排	4～5	4～5	2～2.5
第四排	8～9	4～5	1.5～2.5

第五节　火驱注采参数设计

一、注空气量设计

对于一个给定的井网，火驱过程中所需要的空气总量取决于单位体积地层的耗氧量，以及火驱过程中的体积波及系数。其中，耗氧量主要通过室内燃烧实验测得；体积波及系数为面积波及系数与垂向波及系数的乘积，可以通过三维火驱物理模拟实验获得。

通过室内燃烧实验，得到单位体积燃料沉积量为 27 kg/m^3，单位地层耗氧量为 272 m^3/m^3。通过三维火驱物理模拟实验，得到火驱体积波及系数为 37.9%。如果加上结焦带（含油层上部和下部）的体积 22.5%，其火驱体积波及系数达到 60.4%。但考虑到结焦带具有 15%～20%的含油饱和度，折中计算火驱三维体积波及系数为 55%。

依据上述物理模拟实验结果，利用下面的公式，可以计算不同井距条件下所需要的空气总量 V_{Ta}：

$$V_{Ta}=1.2a^2V_Rh \tag{5-5-1}$$

式中　V_R——单位体积储层燃烧所需空气量，m^3/m^3；

a——注采井距，m；

h——油层厚度，m。

不同井距下的累积注气量见表 5-5-1。

表 5-5-1　不同井距下累积注气量和单井上限注气速度

注采井距/m	累积注气量/(10^4 m^3)	单井上限注气速度/($m^3 \cdot d^{-1}$)
70	1 439	27 654
100	2 880	39 507
140	5 750	55 310
200	11 500	79 014

注气速度与燃烧前缘推进的速度有关。一般情况下，希望燃烧前缘推进速度越快越好，这样可以获得最大的产油速度和最短的投资回收期。这就需要用尽可能高的注气速度注气。但从矿场实际看，注气速度受到地层吸气能力、生产井的举升能力以及地面对产出流体

的处理能力的限制。现场和实验室研究的经验指出，在油层厚度为 6～10 m 的情况下，火驱燃烧前缘的推进速度范围为 3.8～15.2 cm/d。表 5-5-1 给出了不同井距下的单井上限注气速度。矿场实践中，在注气条件允许的情况下，可以在上限注气速度附近选择最佳注气速度。

通过对国外典型的取得成功的火驱项目进行调研，总结了不同地层条件和原油黏度下所采用的单井注气速度，见表 5-5-2。从表 5-5-2 中可以看出，当油层厚度较小时，每米地层的注气强度往往较大；当油层厚度较大时，折算成每米地层单井注气速度往往较小。而 6～10 m 厚的油层所采用的单井注气速度一般为 10 000～30 000 m^3/d，折算成每米地层单井注气速度为 1 400～3 200 m^3/d。

表 5-5-2　几个典型火驱项目的单井注气速度

油　田	油层厚度 /m	孔隙度 /%	渗透率 /mD	原油黏度 /(mPa·s)	井网类型	单井注气速度 /(10^4 $m^3 \cdot d^{-1}$)	每米地层单井注气速度 /($m^3 \cdot d^{-1}$)
美国 GH 油田	2.67	36	1 000	74	线性井网	3.46	12 900
美国中途日落油田 Moco 油藏	39.3	36	1 575	110	面积井网	3.4	865
美国南 Belridge 油田的 Tulareyo 油层	30.0	34	3 000	1 600	反九点井网	8.49	2 830
罗马尼亚 Suplacu 油田	10.0	32	2 000	2 000	线性井网	3.02	3 020
印度 Mehsana (Balol,Santhal)油田	6.5	28	3 000～5 000	1 500	线性井网	2.06	3 169
美国 Bellevne Bodcau LA 油田	18.0	34	700	675	反九点井网	2.88～4.32	1 600～2 400
加拿大 Cold Lake Sask 油田	6.0	35	1 200～1 800	3 500	反五点、反七点井网	0.84～1.08	1 400～1 800

图 5-5-1 是对于井距 140 m、排距 70 m 的线性交错井网，在不同注气速度下第一排生产井的采油曲线对比。从图 5-5-1 中可以看出，随着注气速度的加大，第一排生产井见效时间、达到峰值产量的时间以及氧气突破的时间均会提前。与此同时，随着注气速度的加大，氧气突破前的有效生产时间缩短，单井平均产量增大，而最终各井排的累积产油量相差不大。

当单井注气速度低于 15 000 m^3/d 时，采油速度下降的幅度增大。由于注气速度受地层吸气能力的限制，在地层吸气能力允许的前提下(井底注气压力不超过 12 MPa)，推荐单井注气速度在 15 000 m^3/d 以上。

图 5-5-2 是对于井距 140 m、排距 70 m 的线性交错井网，在不同注气速度下的采油曲线对比。从图 5-5-2 中可以看出，如果不考虑地层吸气能力，当注气速度增大到 20 000 m^3/d 时，第二排生产井的见效时间明显提前，而且当第一排生产井氧气突破关井时，第二排生产井几乎同时达到峰值产量。这对整个区块的产量稳定非常有利。当注气速度在 15 000 m^3/d

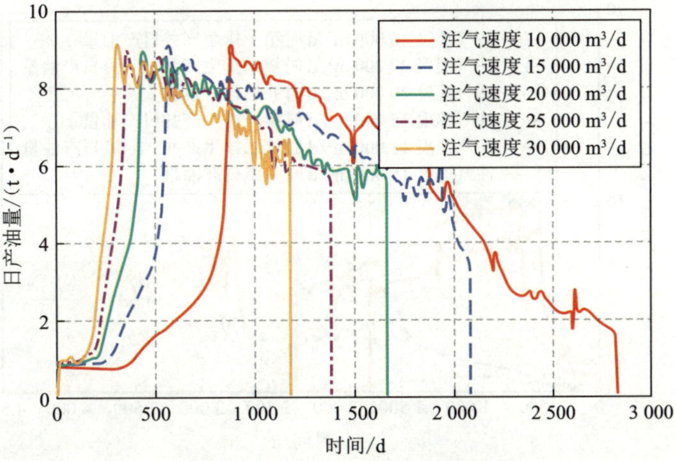

(a) 不同注气速度下日产油量曲线

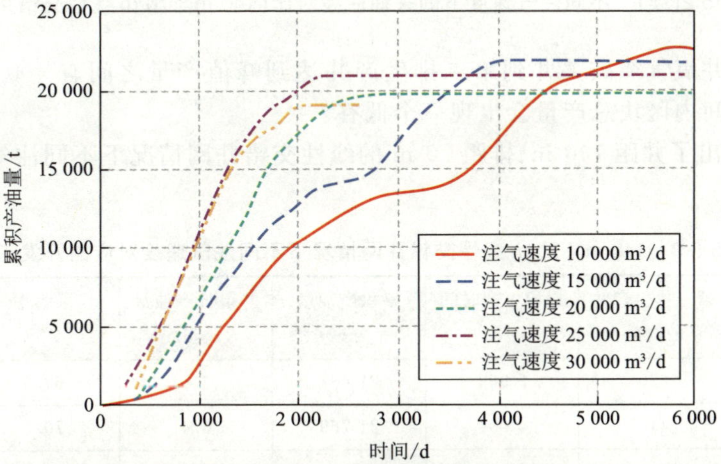

(b) 不同注气速度下累积产油量曲线

图 5-5-1 不同注气速度下第一排生产井的采油曲线对比(140 m×70 m 线性交错井网)

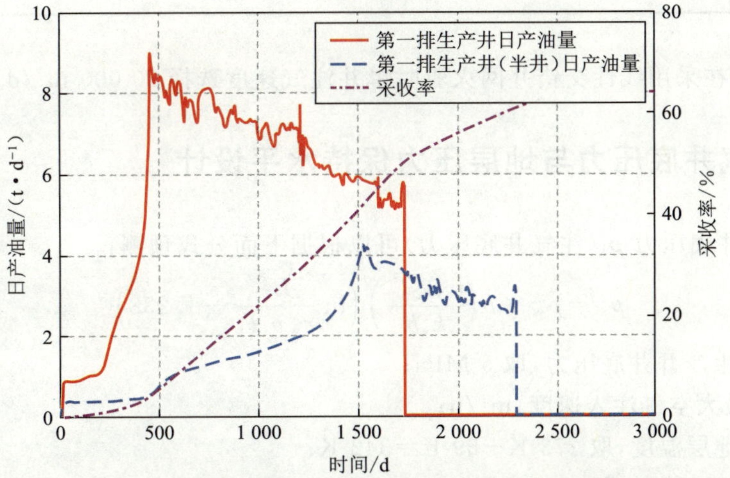

(a) 注气速度 20 000 m³/d 时第一排生产井的日产油量曲线

图 5-5-2 不同注气速度下的采油曲线对比(140 m×70 m 线性交错井网)

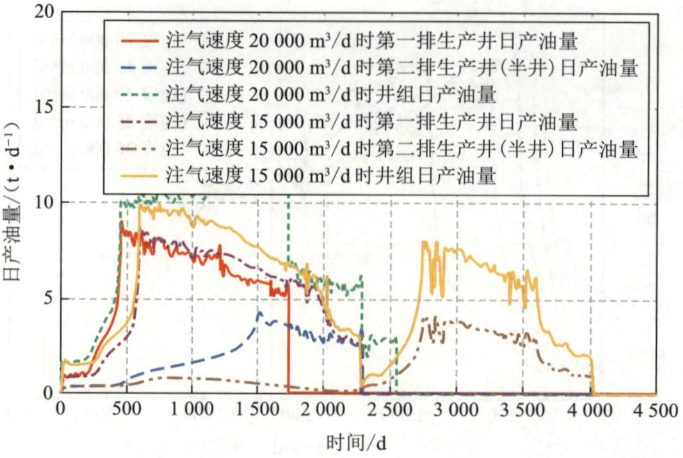

(b) 注气速度 15 000 m^3/d 与 20 000 m^3/d 时不同井排的日产油量曲线对比

图 5-5-2(续) 不同注气速度下的采油曲线对比(140 m×70 m 线性交错井网)

时,第一排生产井氧气突破关井到第二排生产井达到峰值产量之间有 400 d 以上的间隔。因此,在这个区间内区块总产量会出现一个低谷。

表 5-5-3 给出了井距 140 m、排距 70 m 的线性交错井网情况下不同注气速度对应的开发指标。

表 5-5-3 140 m×70 m 线性交错井网情况下不同注气速度对应的开发指标

单井注气速度 /($10^4\ m^3 \cdot d^{-1}$)	第一排生产井见效时间/d	累积生产时间 /d	累积产油量 /t	井组日产油量 /($t \cdot d^{-1}$)	采收率 /%	累积空气油比 /($m^3 \cdot m^{-3}$)
1.0	630	5 965	21 482	3.6	69.6	2 807.5
1.5	410	4 034	21 769	5.4	70.5	2 756.2
2.0	300	2 530	19 623	7.8	63.5	2 578.6
2.5	240	2 280	19 916	8.7	64.5	2 862.0
3.0	210	1 970	18 955	9.6	61.4	3 123.2

综上,建议在采用线性交错井网火驱时单井注气速度选择 20 000 m^3/d。

二、注气井底压力与地层压力保持水平设计

注气井的井底压力 p_i(注气井底压力)可以根据下面公式预测:

$$p_i^2 = p_w^2 + b\left(\frac{i_a \mu_a T_r}{k_a h}\right)\left(\ln \frac{L^2}{r_w v_1 t_1} - 1.238\right) \tag{5-5-2}$$

式中 p_w——生产井井底压力,取 5 MPa;

i_a——最大空气注入速度,m^3/h;

T_r——地层温度,取 273 K+69 K=342 K;

μ_a——空气黏度,取 0.02 mPa·s;

h——油层厚度,m;

L——井距，m；

k_a——空气有效渗透率，mD；

r_w——生产井半径，取 0.06 m；

v_1——氧化前缘推进速度，取 0.05 m/h；

t_1——达到最大注气速度所需时间，d。

计算结果见表 5-5-4。

表 5-5-4 不同井距和注气速度对应的注气井底压力

井距/m	不同注气速度下的注气井底压力/MPa			
	10 000 m^3/d	20 000 m^3/d	30 000 m^3/d	40 000 m^3/d
100	6.68	8.01	9.15	10.17
200	6.85	8.30	9.53	10.62
300	6.95	8.47	9.75	10.88

图 5-5-3 给出了应用油藏工程方法计算的不同注气速度下注气井底压力预测结果。从图 5-5-3 中可以看出，在注气速度小于 30 000 m^3/d 时，注气井底压力一般不超过 10 MPa。需要指出的是，上述理论计算的注气井底压力可能出现一定偏差，主要是因为地层流体（含次生水体）的视黏度不容易确定。同时，整个火驱过程中，注气井底压力也不是一成不变的。

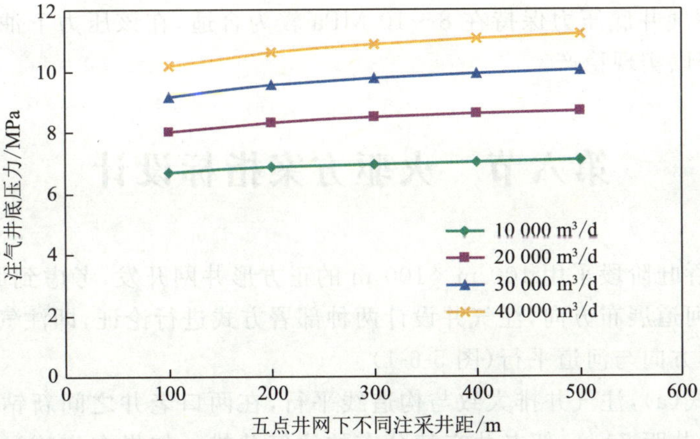

图 5-5-3 不同注气速度下注气井底压力预测结果（油藏工程方法计算）

图 5-5-4 所示为应用油藏数值模拟计算的在恒定注气速度下不同时间的注气井底压力预测结果。从图 5-5-4 中可以看出，注气井底压力在整个火驱过程中并不是恒定不变的。计算采用的是一排注气井、三排生产井。自第一排生产井到达产量高峰起，注气井底压力就开始下降。当该排生产井氧气突破关井后，注气井底压力又开始回升，直到第二排生产井达到峰值产量后注气井底压力又开始下降。如此形成了注气井底压力的周期性波动。油藏数值模拟计算中无法将注气井底压力作为独立变量加以控制，因此计算结果中注气压力的周期性波动无法避免。矿场试验过程中，可以通过人为控制各生产井排的产液量、产气量以及生产压差等来实现注气井底压力相对稳定。从总体上讲，注气井底压力是受物质平衡控制的。

在燃烧比较充分的情况下，氧气全部转化成二氧化碳，产出气体和注入气体的物质的量是相等的。理论上，只要能控制产出气体的总量与注气量相等，就可以维持注气井底压力的恒定。

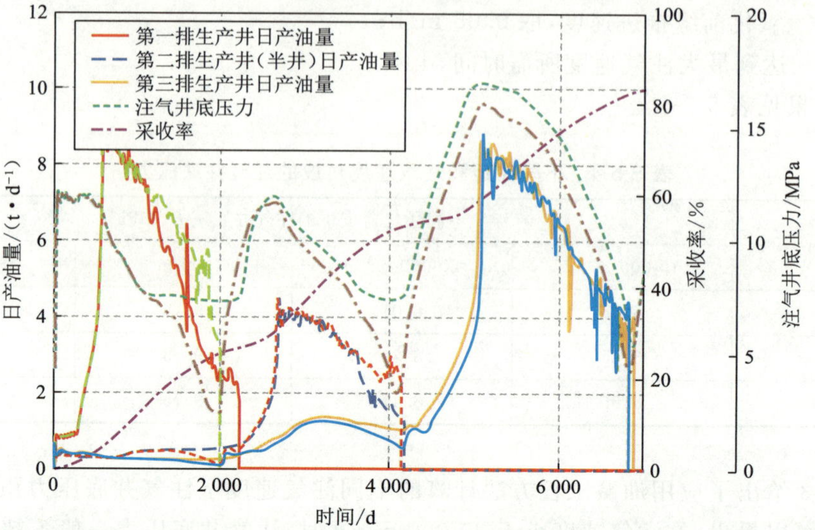

图 5-5-4　恒定注气速度下不同时间的注气井底压力预测结果(油藏数值模拟计算)

从室内实验和油藏数值模拟计算结果看，保持一定的地层压力对延长稳产期、确保充分燃烧和较高的峰值温度、维持一个稳定的油墙、实现高产稳产具有重要意义。从油藏数值模拟计算结果看，注气井底压力保持在 8～10 MPa 较为合适，在该压力下油墙可以保持并稳定推进，生产井可以实现稳产。

第六节　火驱方案指标设计

研究区蒸汽吞吐阶段采用 100 m×100 m 的正方形井网开发，考虑到原有井网条件、研究区构造特征及河道展布方向，注气井设计两种部署方式进行论证，即注气井排方向与构造线平行、注气井排方向与河道平行(图 5-6-1)。

对于部署方式(a)，注气井排大致与构造线平行，在两口老井之间新钻一口新井作为注气井，形成注气井井距 70 m、新老井交替分布的注气井排。如果在实施过程中发现老井由于井况问题而不具备注气条件，对后期火驱开发造成影响，可在老井附近 10 m 范围内打更新井。

对于部署方式(b)，注气井排大致与河道方向平行，在两排老井之间钻一排新井作为注气井，注气井井距 100 m，注气井排与周围生产井排排距 50 m，且注气井全为新井。

考虑到油藏倾斜方向和国外类似油藏的成功经验，红浅火驱先导试验区采用注气井排方向与构造线平行的线性火驱井网布置方式。

以三维精细地质模型和动态历史拟合的结果为基础，建立先导试验 3 个面积井组，1 个线性井排，3 口注气井、49 口生产井(新井 23 口、老井 22 口、更新井 4 口)的精细数值模拟模型(图 5-6-2)。注气井单井最大注气速度为 40 000 m^3/d，为优先促成 3 口先期注气井之间

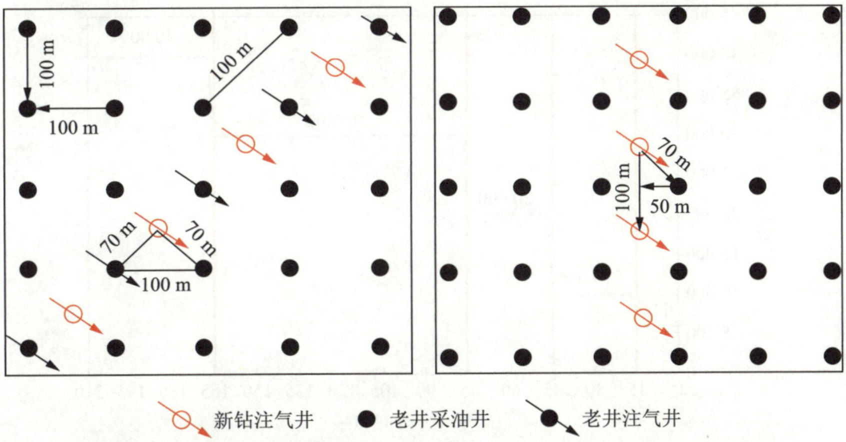

（a）注气井排方向与构造线平行　　（b）注气井排方向与河道平行

图 5-6-1　注气井两种部署方式示意图

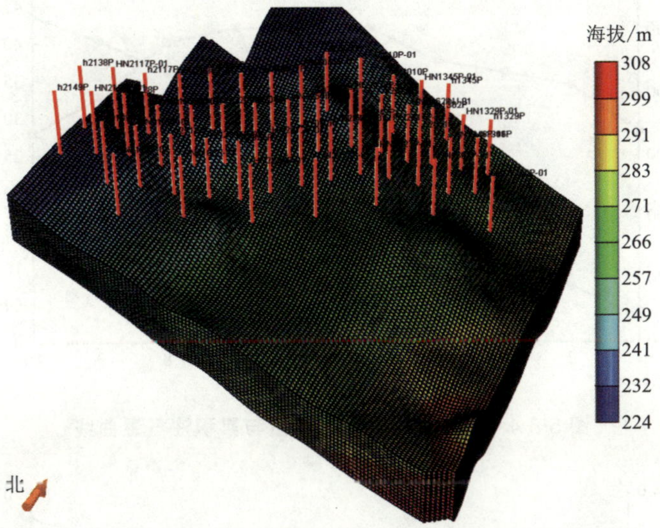

图 5-6-2　火驱数值模拟模型构造图

的火线连通，为后续 4 口生产井（注气井）转注创造条件，并考虑地层生产安全，注气井排上倾方向上的生产井限制最大日产气量为 6 000 m^3/d，下倾方向上的生产井限制最大日产气量为 10 000 m^3/d，注气井排方向上的生产井限制最大日产气量为 15 000 m^3/d。

为满足火驱不同阶段燃烧前缘稳定推进对氧气的需求，避免地层中形成过量的低温氧化或乳化带，连续火驱阶段按如下要求逐步调高注气速度（图 5-6-3）：点火阶段 15 d 内，单井注气速度维持在 6 000 m^3/d；点火成功后 1～30 d 内，单井注气速度维持在 10 000 m^3/d；31～60 d 内，单井注气速度维持在 20 000 m^3/d；61～150 d 内，单井注气速度维持在 30 000 m^3/d；150 d 以后，单井注气速度提高到 40 000 m^3/d。

受油层非均质性和离注气井距离的影响，各生产井梯次见效，见效井氧气突破后关井，然后下一批井见效、氧气突破、关井。图 5-6-4 和图 5-6-5 分别为火驱试验区年注气量与累积注气量曲线、年产油量与累积产油量曲线。从图中可以看出，火驱试验的阶段性特点为：

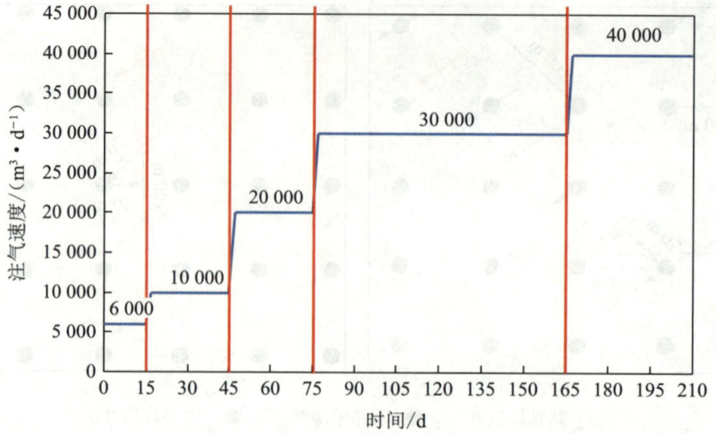

图 5-6-3 火驱不同时期注气速度图

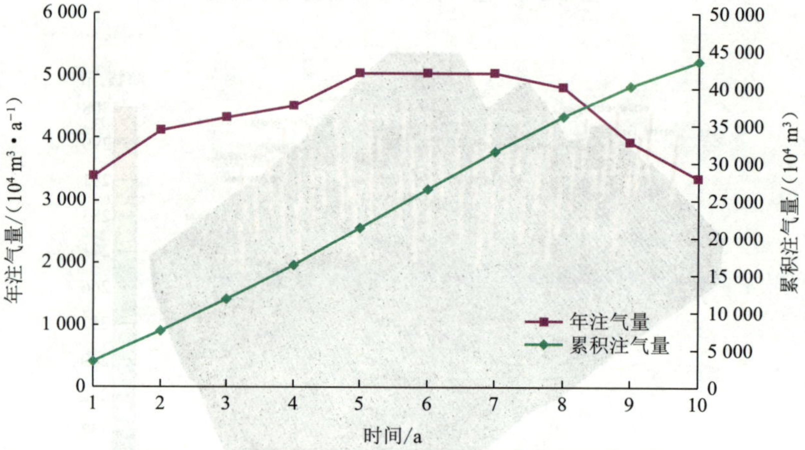

图 5-6-4 火驱试验区年注气量与累积注气量曲线

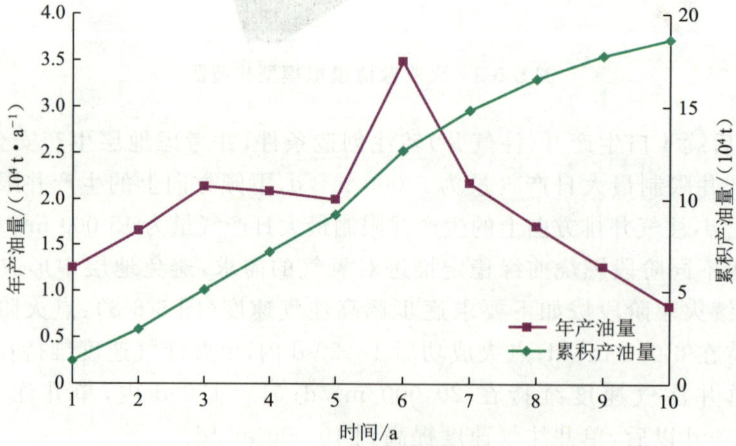

图 5-6-5 火驱试验区年产油量与累积产油量曲线

火驱 2 年内，燃烧前缘先后推进到一线老井时，出现第一个产油高峰；第 2 年，一线老井先后氧气突破关井后，燃烧前缘向二线新井推进，随后部分一线老井和二线新井一起达到第二个产油高峰；第 4 年转为线性火驱后，燃烧前缘向下倾方向推进，出现第三个产油高峰。

图 5-6-6、图 5-6-7、图 5-6-8 分别给出了火驱不同阶段的温度和含油饱和度场。从图中可以看出，火驱 4 年后沿注气井排方向基本实现燃烧前缘的连通，井间原油基本被采出，注气井之间的生产井可以转为注气井，实现下步转为线性火驱的目标；转线性火驱 2 年后，火线连成一条条带并向下倾方向推进，对于地层非均质性造成的火驱火线局部不均匀推进问题，需要对局部生产井的制度进行跟踪调整。

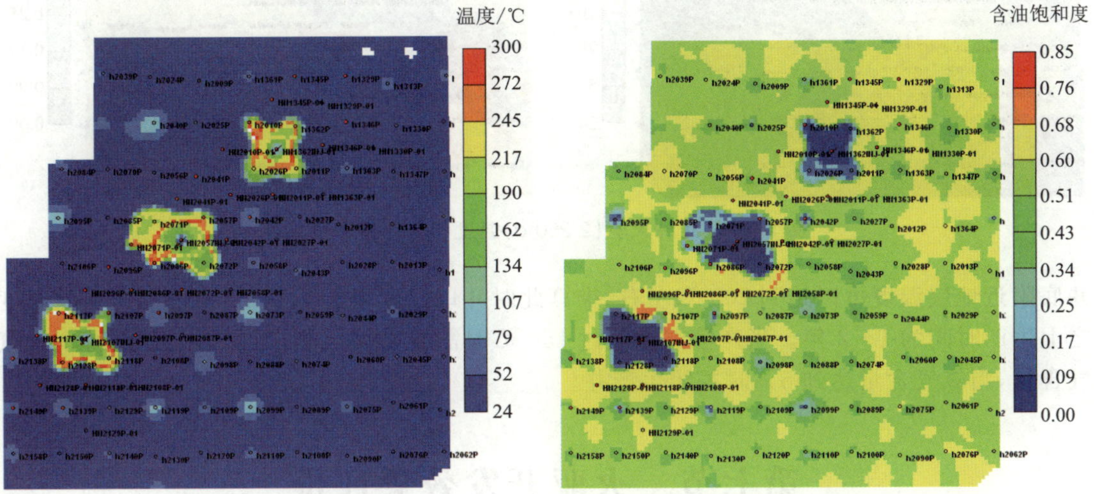

图 5-6-6　面积井网火驱第一阶段(380 d)温度和含油饱和度场

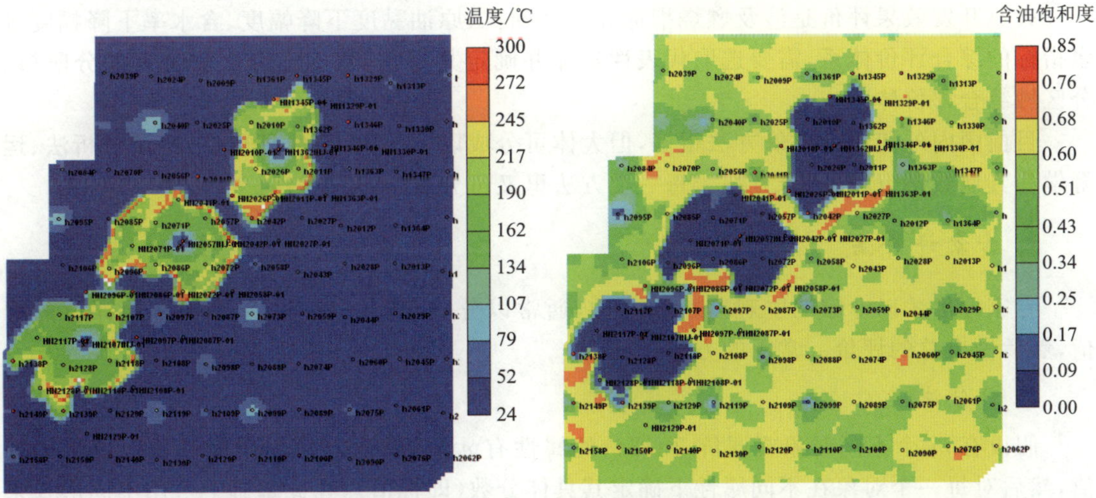

图 5-6-7　转入线性火驱前(1 280 d)温度和含油饱和度场

3 个先导试验井组累计生产 10 年，累计采油 18.59×10^4 t，火驱阶段采出程度 43.7%。计算得到单井日产液量为 10 t/d，单井日产气量为 6 000 m^3/d，考虑到不同阶段各个生产井梯次见效，高峰期单井日产液量可达 18 t/d，日产气量可达 14 000 m^3/d；整个试验区高峰期日产气量最高可达 170 000 m^3/d，日产液量最高可达 400 t/d 左右。根据数值模拟初步预测，火驱生产井产油高峰期到来后大约 200 d 时井底附近地层温度开始上升，大约 100 d 后

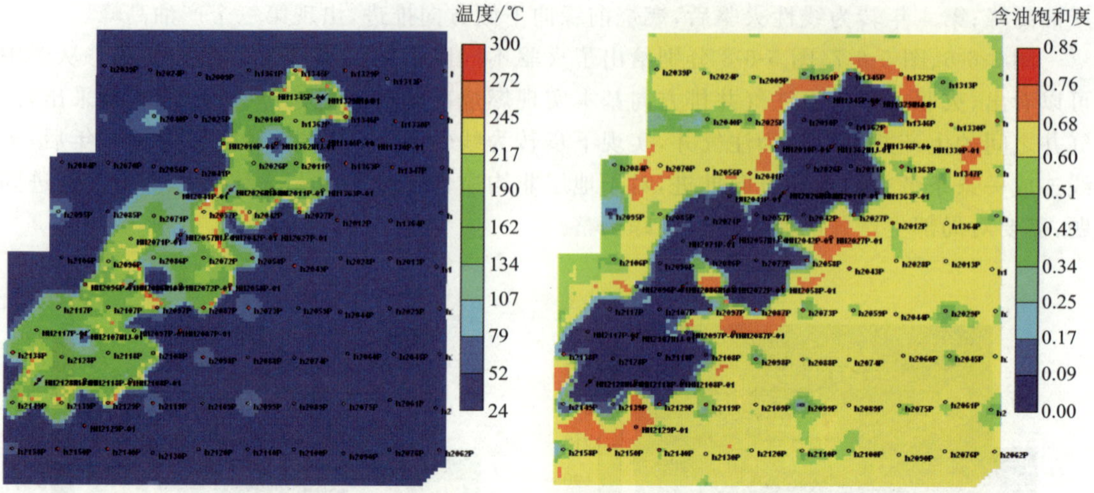

图 5-6-8　线性火驱(2 250 d)温度和含油饱和度场

井底附近地层温度可以达到 200 ℃左右，推算此时井口温度可能达到 120 ℃左右，在此温度之上生产时间为 1～2 年。当产液温度超过 150 ℃时需要密切监测产出气体组分，特别是氧气含量，当氧气含量达到 5%时关闭生产井。

第七节　火驱开发效果评价

火驱开发效果评价是涉及燃烧指标和空气油比、原油黏度下降幅度、含水率下降幅度等多指标的综合评价体系，需要选取代表性指标并确定其权重，建立适合火驱特点的分阶段、分区域综合评价体系。

目前国内外使用的评价方法很多，但大体可分成以下几类：专家评价法、经济分析法、运筹学和其他数学方法、混合方法。每一类方法里又可分成很多种方法。

1. 专家评价法

专家评价法以专家的主观判断为基础，通常以分数、指数、序数、评语等作为评价的标值，然后做出总的评价。常用的方法有：

1）评分法

假设有 m 个不同对象要评价，而评价的属性有 n 个，首先对每一个属性规定评价的标值，然后对每一个对象在不同属性下确定其具体分数（即标值），在此基础上可用不同形式来表示多方案的得分情况而形成不同方法，如列表法、轮廓图形法以及 RAND 公司使用的彩色记分法等。

2）综合评分法

当所有对象希望所有属性加和得到一个综合分数时，就使用综合评分法。常用的综合评分法有加法评分法、加权加法评分法、修正加权加法评分法和乘积评分法等。其中，修正加权加法评分法主要用于适应当被评价对象之间不是相互独立而是互有影响的情况。

3) 优序法

优序法根据序数来评价不同对象，可以用于处理多人、多目标的情况。

2. 经济分析法

经济分析法以事先议定好的某个综合经济指标来评价不同对象，常用的有两大类方法：一类是用于一些特定情况下的有特定形式的综合指标，如用于评价新产品开发的奥尔森公式、伯西非柯公式、蒂尔公式等；另一类是用于评价新产品开发、新产品生命周期的索别尔曼投资价值模型、安索夫模型和潘德模型等。

3. 运筹学和其他数学方法

这类方法用到的数学方法更多一些，目前国内用得较多的有以下几类：

1) 多目标决策方法

这类方法本身有上百种，但大体有以下几种：① 化多为少法，即通过多种汇总的方法将多目标化成一个综合目标来评价，最常用的有加权和方法、加权平方和方法、乘除法和目标规划法等；② 分层序列法，即将所有目标按重要性次序排列，重要的目标优先考虑；③ 直接求所有非劣解的方法；④ 重排次序法，如 ELECTRE 法；⑤ 对话方法等。

2) DEA 方法

根据被评价对象的输入数据（一般指投入的资金、劳力等）和输出数据（一般指产出的产品数量、质量及经济效益等），利用数据包络分析（DEA）方法求得有效生产前沿面，根据被评价对象是否在前沿面以决定其规模有效和技术有效等。

3) 模糊综合评价方法

有些评价对象难以给出确切的表达，而只是模糊的概念，这时可以用模糊综合评价方法，即要求模糊评判矩阵 $\boldsymbol{R}=(r_{ij})$，其中 $r_{ij}=\mu_{ij}(x)$ 表示方案 x 在第 i 个目标，处于第 j 级评语的隶属度。当要对多个（m 个）目标进行模糊综合评价时，先要给出各目标自己的权重 $w_l(l=1,2,\cdots,m)$，然后组成权重系数向量 $\boldsymbol{A}=(w_1,w_2,\cdots,w_m)$，最后利用矩阵的模糊乘法得到模糊评判矩阵。

4) 数理统计方法

例如，用主成分分析和聚类分析的方法对一些对象进行分类评价等。

由于模糊综合评价方法简单，评价结果真实可靠，故选用模糊综合评价方法作为火驱效果综合评价的方法。

一、效果评价体系的建立

如果对措施效果进行评价，首先需要对火驱见效模式进行认识，并在此基础上总结火驱见效特征，依据特征参数进行效果的综合评价。

1. 多级模糊综合评价过程

设 U 为评价因素集，其因素就是研究对象的各种属性或数量。设 V 为评语集合，表示研究对象的评价结果。当考虑的因素很多及各因素之间有层次之分时，可把因素集 U 按某种性质分成几个子集。先对每个子集进行模糊评价，然后在此基础上进行高一级的模糊综合评价。

为了使各因素都参与评价，必须建立一个从 U 到 $F(V)$ 的模糊映射，即

$$\boldsymbol{R}=(r_{ij})_{n\times m}=\begin{bmatrix} r_{11} & r_{12} & \cdots & r_{1m} \\ r_{21} & r_{22} & \cdots & r_{2m} \\ \vdots & \vdots & & \vdots \\ r_{n1} & r_{n2} & \cdots & r_{nm} \end{bmatrix} \tag{5-7-1}$$

式中 r_{ij}——评价对象各因素的隶属度，一般由建立的隶属函数求得，表示研究对象各单因素评价的结果。

设 W 为 U 上的模糊子集，表示各因素(a_i)在研究评价中的重要程度，即权重向量，其表达式为：

$$\boldsymbol{W}=(a_1,a_2,\cdots,a_k) \tag{5-7-2}$$

所有的权重向量之和应为 1。由 $\boldsymbol{W}$ 和 $\boldsymbol{R}$ 经过模糊运算得到火驱效果的综合评价指数 B，B 为 V 上的模糊子集。常用的模糊算法有加权平均型、主因素决定型和主因素突出型三种。具体运算时，可根据研究对象特点而定。

2. 权重确定方法

权重的确定采用层次分析法，同时引入 Saaty 提出的 1～9 标度法(表 5-7-1)，构成判断矩阵。这种方法不仅简化了系统分析和计算，还有助于保持判断的一致性。为此，引入判断矩阵最大特征根以外的其余特征根的负平均值 CI 作为一致性的指标。

$$CI=\frac{\lambda_{\max}-n}{n-1} \tag{5-7-3}$$

式中 $\lambda_{\max}$——最大特征值；

n——阶数。

表 5-7-1　层次分析标度表

标　度	含　义
1	表示两个因素相比，具有相同重要性
3	表示两个因素相比，一个比另一个稍微重要
5	表示两个因素相比，一个比另一个明显重要
7	表示两个因素相比，一个比另一个强烈重要
9	表示两个因素相比，一个比另一个极其重要
2,4,6,8	上述两相邻判断的中值
倒　数	若因素 i 与 j 比较得到的判断为 B_{ij}，则因素 j 与 i 比较得到的判断 $B_{ji}=1/B_{ij}$

为了度量不同阶段矩阵是否具有满意的一致性，又引入了平均随机一致性指标 RI，对于 1～9 阶判断矩阵的 RI 值见表 5-7-2。

表 5-7-2　一致性检验评价标准

阶　数	1	2	3	4	5	6	7	8	9
RI	0	0	0.58	0.9	1.12	1.24	1.32	1.41	1.45

CI 和 RI 的比值称为随机一致性比率 CR，当 $CR=CI/RI<0.1$ 时，即认为判断矩阵具有满意的一致性，否则就要调整判断矩阵。由于层次分析法对各指标之间相对重要程度的分析更具逻辑性，其可信度高于其他方法，故采用层次分析法来计算权重。

火驱开发效果评价模型的建立步骤如下：

(1) 收集火驱井组的动态数据，包括产液量、含水率、注入空气量、生产井底的温度、液面变化和采出气体含量等基础数据。

(2) 把收集来的基础数据分为指示燃烧类指标、监测类指标和生产动态类指标三类，并把数据按照评价参数的定义进行处理。

(3) 应用层次分析法计算各指标的权重系数。

(4) 利用模糊综合评价方法对火驱井组的效果进行综合评价，得出评价结论。

3. 建立指标系统

对火驱的驱油机制而言，火驱是一个多因素共同作用下的复杂系统，其效果在增产、升温和产气等多方面得以体现，需要多因素综合评价才能准确客观地体现出火驱效果。

对火驱效果进行科学的评价十分必要，由于单因素评价的结果往往是片面的，用不同的单因素评价方法评价时有时会出现相反的结论，这样就有必要建立一套考虑各因素的火驱开发效果综合评价模型。火驱是由燃烧产生如热裂解、相变、热对流、热扩散等复杂的多因素耦合过程，其效果应包括原油的氧化燃烧效果和增油效果两个方面，如果想充分发挥出火驱增产的潜力，应使这两方面效果都得以充分发挥出来，而火驱开发效果评价也要从这两个方面考虑。

国内外评价火驱开发效果的指标主要有以下三类：

(1) 指示燃烧类指标：视氢碳原子比、GI 指数、氧气利用率、燃料消耗量、空气燃料比(AFR)、火线推进速度。

(2) 监测类指标：原油改质水平、原油黏度、温度监测值。

(3) 生产动态类指标：阶段采出程度、采油速度、含水率、气体采注比、空气油比(AOR)、燃烧体积。

提高采收率是火驱的目的，燃烧为驱油提供能量，所以可将以上指标合并为燃烧动态指标和生产动态指标两大类。根据燃烧动态指标含义以及指标间关系对比，选用氧气利用率、空气燃料比、火线推进速度和 GI 指数评价燃烧状态(表 5-7-3)。根据生产动态指标含义以及指标间关系对比，选用采油速度、含水率、气体采注比和空气油比评价生产状态(表 5-7-4)。可以将指标分为以下四类：

(1) 极大型指标(又称效益型指标)，是指标值越大越好的指标；

(2) 极小型指标(又称成本型指标)，是指标值越小越好的指标；

(3) 居中型指标，是指标值既不是越大越好，也不是越小越好，而是适中为最好的指标；

（4）区间型指标，是指标值取在某个区间内为最好的指标。

表 5-7-3　火驱燃烧动态指标评价及选择

指　标	解　释	指标类型	备　注
氧气利用率	最大值为 1，燃烧状态好时应大于 0.85	极大型	采　用
燃料消耗量	10%～15%之间，越低越好	极小型	计算误差大，不采用
空气燃料比	15～25 m^3/kg 之间，油层燃烧不好时该值变大	极小型	反映地质差异，采用
火线推进速度	体现火线推进是否均衡	区间型	采　用
GI 指数	大于 0.6 指示燃烧状态好	极大型	机理相同，界限不同，采用一个
视氢碳原子比	在 1～3 之间指示燃烧状态好	极小型	

表 5-7-4　火驱生产动态指标评价及选择

指　标	解　释	指标类型	备　注
原油改质水平	反映火驱改质作用，但矿场变化规律不明显		不推荐
原油黏度	反映火驱改质作用，但矿场变化规律不明显		不推荐
温度监测值	测温井数据直观，数量少		不推荐
阶段采出程度	反映火驱技术效果		累积效果
采油速度	反映火驱技术效果	极大型	年度效果，采用
燃烧体积	体现火驱波及，与采出程度有关联	极大型	不采用
含水率	受开发历史影响，反映流体运动状态	极小型	采用，小权重
气体采注比	气体利用效率指标	区间型	采　用
空气油比	技术和经济评价综合指标	极小型	采　用

建立的二级评价体系（图 5-7-1）涉及燃烧动态指标和生产动态指标两大类共八个指标，在火驱不同阶段解决的问题不同，因此不同阶段指标的权重有所变化。

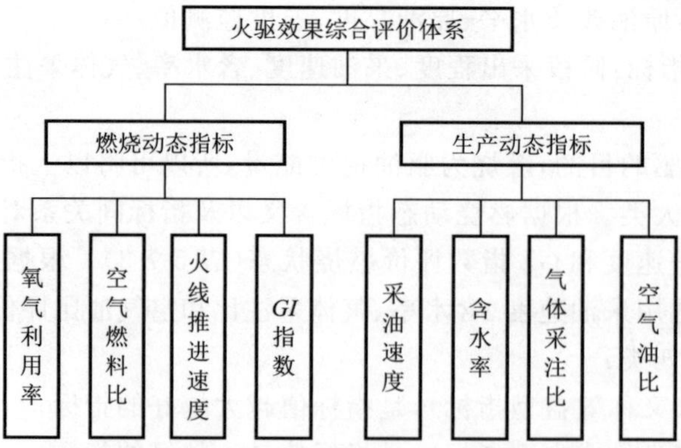

图 5-7-1　火驱开发效果综合评价模型层次结构

火驱开发效果结论不应该片面地界定为好与差，因为整个火驱开发效果认识过程具有模糊的特征。可应用模糊综合评价方法，以红浅火驱井组为研究对象，考虑各方面因素在火驱前后的变化，用层次分析法确定各个指标的权重，在模糊运算基础上得出措施效果的综合评价指数。由于生产动态的各项指标（采油速度、含水率、气体采注比、空气油比）在生产中比较常用，故在此不过多介绍，下面重点介绍反映地下燃烧动态的 *GI* 指数、氧气利用率、火线推进速度、空气燃料比。

4. ***GI* 指数**

GI 指数指火驱系统内参与断键反应的氧气比例。使用火驱产出尾气组分分析数据，根据 *GI* 指数的数值范围可以诊断地下燃烧状态。该指标与视氢碳原子比指标同样采用产出尾气资料，因为 *GI* 指数在物理意义和形式上更加规整，所以二者中只取 *GI* 指数这一个指标。

室内实验（图 5-7-2）和火驱现场（图 5-7-3）数据表明，*GI* 指数都表现出明显的三段，驱至 0.2 倍井距后 *GI* 指数上升，*GI* 指数在 0.6～0.8 之间时可维持较长的生产时间。根据室内实验和现场数据，得到火驱各阶段 *GI* 指数评价区间，见表 5-7-5。

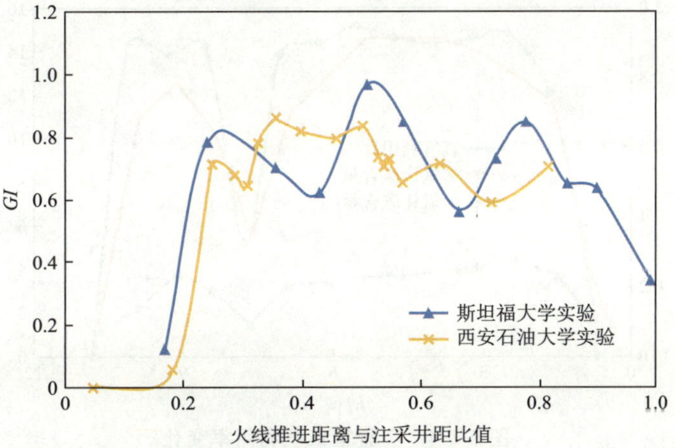

图 5-7-2　实验室 *GI* 指数变化

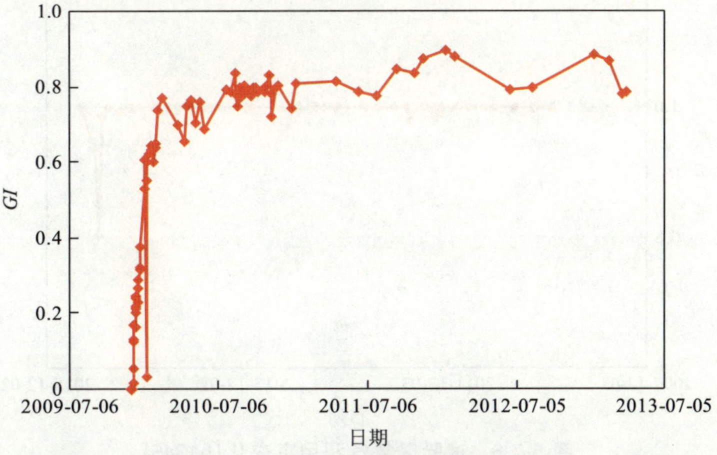

图 5-7-3　试验区 *GI* 指数变化(h2107A)

表 5-7-5　火驱各阶段 *GI* 指数评价区间

生产阶段	*GI*
烟道气驱	不要求
产量上升	0～0.6
高温稳产	0.6～0.8

5. 氧气利用率

氧气利用率是反映火驱系统中氧气被消耗的指标。因为选用数据和计算原理不同，故氧气利用率指标与 *GI* 指数指标不重复。氧气利用率理论最大值为 1，燃烧状态好时氧气利用率应大于 0.85。

实验室内可以观察到氧气利用率由低到高的变化趋势(图 5-7-4)，说明火驱初期氧气利用率较低，考虑到安全因素，生产井尾气含氧量应在 5% 以下，折合成氧气利用率为 0.75。利用试验区 h1345 井产出气长期监测数据，计算氧气利用率(图 5-7-5)后发现火驱改质长期

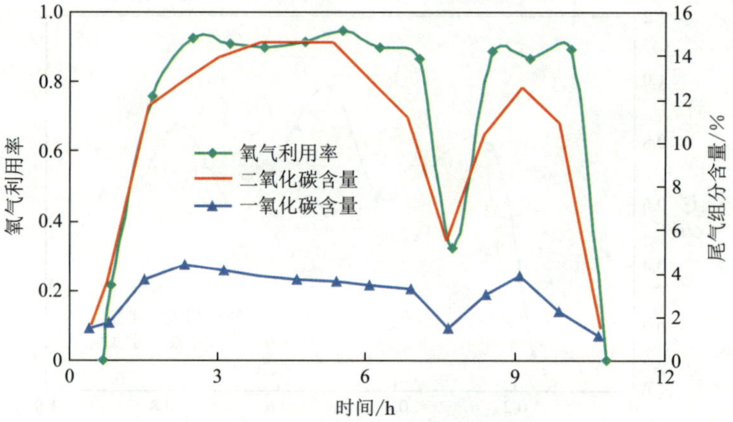

图 5-7-4　实验室氧气利用率变化

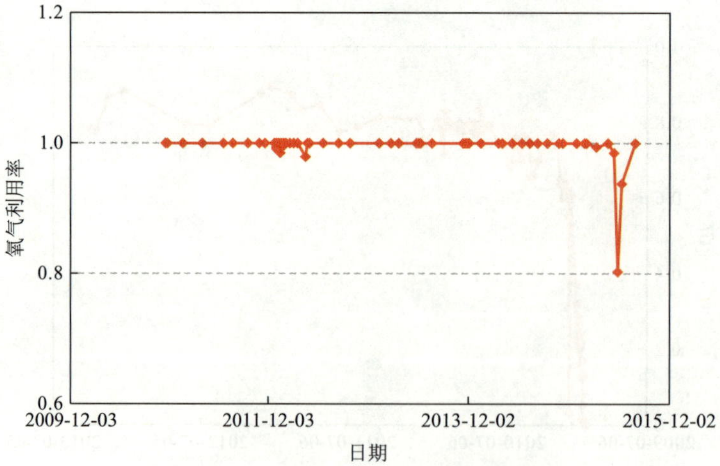

图 5-7-5　试验区氧气利用率变化(h1345)

处于较高水平，主要是因为产出气含氧量几乎为零。基于实验室结论和安全性分析结论，得到各阶段氧气利用率界限，见表 5-7-6。

表 5-7-6 火驱各阶段氧气利用率评价区间

生产阶段	氧气利用率
烟道气驱	＞0.75
产量上升	0.85～1.00
高温稳产	0.85～1.00

6. 火线推进速度

火线推进速度受注气速度、渗透率级差、原油黏度等地质因素影响，这一指标反映了地质和工程的综合作用结果。火线推进速度一般应控制在 4～16 cm/d，低于 4 cm/d 时燃烧有可能难以维持，高于 16 cm/d 时易发生火线不均匀突进现象。

实际火线推进速度可利用观察井和生产动态特征以及井间距离进行计算。理论火线推进速度可利用注气强度、燃烧率和油层厚度等进行计算。

按照红浅试验区注气强度 800 m^3/d、燃烧率 230 m^3/m^3、油层厚度 8 m，计算不同火线推进距离下的理论火线推进速度，结果如图 5-7-6、表 5-7-7 所示。

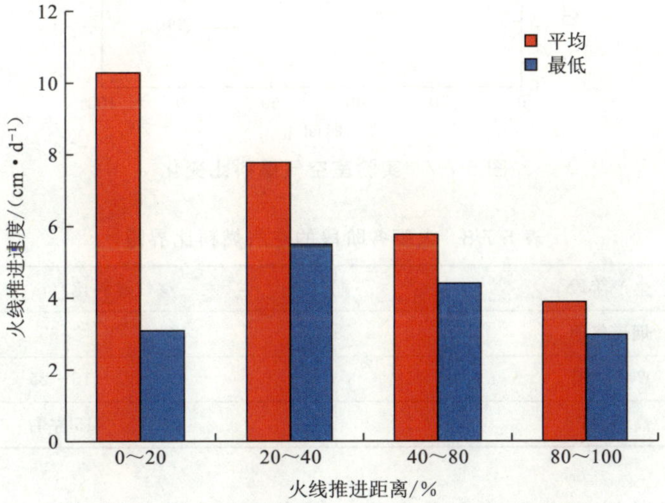

图 5-7-6 不同火线推进距离下火线推进速度测算

表 5-7-7 火驱各阶段火线推进速度测算

火线推进距离/%	生产阶段	火线推进速度/($cm \cdot d^{-1}$)	
		平 均	最 低
0～20	烟道气驱	10.3	3.1
20～40	产量上升	7.8	5.5

续表

火线推进距离/%	生产阶段	火线推进速度/(cm·d^{-1})	
		平 均	最 低
40～80	高温稳产	5.8	4.4
80～100	高温高含水	3.9	3.0

7. 空气燃料比

空气燃料比反映了燃烧是否正常，在正常燃烧时空气燃料比为 15～25 m^3/kg，油层燃烧较差时该值变大。根据 Calgary(卡尔加里)大学 2014 年实验测算的结果可知，在火驱初始阶段该值会大于 25 m^3/kg，随着燃烧进行，该值会趋于平稳(图 5-7-7)。据此划分空气燃料比在火驱各阶段的界限，见表 5-7-8。

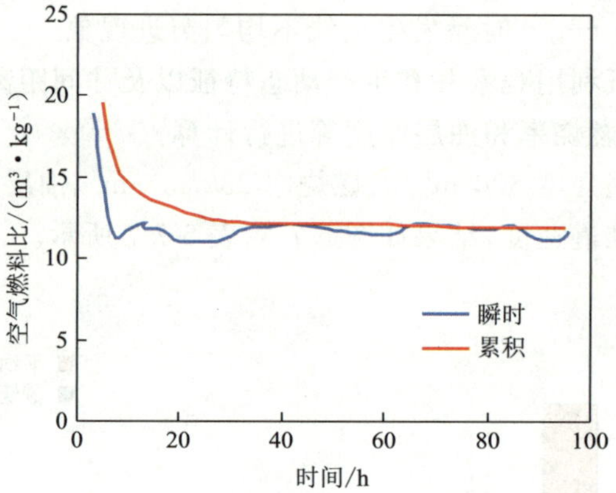

图 5-7-7　实验室空气燃料比变化

表 5-7-8　火驱各阶段的空气燃料比界限

生产阶段	空气燃料比/(m^3·kg^{-1})
烟道气驱	>25
产量上升	15～25
高温稳产	15 左右

以上反映地下燃烧动态和生产动态指标量化后，需要进行“评语集界定”，即参照表 5-7-9 中的分级依据，确定好、较好、中等、较差、差几个评语，并给予相应的分值。把实验室成功状态作为评语“好”的下限，把实验室、矿场失败作为评语“差”的底界。

表 5-7-9　评语集界定依据

评 语	分级依据	赋 分
好	实验室成功状态	90～100
较 好	成功矿场、数值模拟状态	80～89

续表

评　语	分级依据	赋　分
中　等	二者之间	70～79
较　差	经济不成功状态	60～69
差	实验室、矿场失败状态	0～60

火驱过程中氧气利用率一般应保持在90%以上，这样才能保证生产井的安全，所以氧气利用率指标评价在“好”这一层次时，应在90%以上。*GI* 指数的理论和实验室结果都显示其在0.8左右时为高温燃烧，大于0.6时显示燃烧状态良好，所以定义 *GI* 指标评价在“好”这一层次时应在0.6以上。

二、评价流程

1. 确定权重

火驱开发效果的二级模糊评价是在对燃烧动态、生产动态评价的基础上进行的。把以上两个方面看作两个因素，并根据层次分析法原理确定各自的权重系数，采用加权平均算法得出措施效果的综合评价指数。用层次分析法确定燃烧动态评价、生产动态评价两个因素的权重，进而分别确定各阶段的权重（表5-7-10）。

表5-7-10　火驱开发效果评价分阶段权重值

主因素	子因素	烟道气驱阶段	产量上升阶段	高温稳产阶段
燃烧动态指标	氧气利用率	0.14	0.09	0.09
	火线推进速度/($cm \cdot d^{-1}$)	0.28	0.21	0.21
	空气燃料比/($m^3 \cdot kg^{-1}$)	0.24	0.19	0.19
	GI 指数	0.34	0.50	0.50
生产动态指标	含水率/%	0.14	0.10	0.10
	空气油比/($m^3 \cdot t^{-1}$)	0.33	0.48	0.48
	气体采注比	0.20	0.16	0.16
	采油速度/%	0.33	0.26	0.26

对火驱开发效果的评价可以用模糊集合 $\underline{U}$ 来描述：

$$\underline{U}=\{好,较好,中等,较差,差\}$$

某一评价指标 x 对评价结果的影响可以用隶属于模糊集合 $\underline{U}$ 中各元素的强度来描述，即评价指标 x 对评价结果的影响可以用单指标评价向量 $\boldsymbol{R}_i$ 来表示：

$$\boldsymbol{R}_i(x)=\{r_1(x),r_2(x),r_3(x),r_4(x),r_5(x)\}$$

设评价指标 x 对应的单指标评价结果的评价标准见表5-7-11，基于以上原理以及各种火驱开发效果评价指标的特点确定各种评价指标的评价标准。

表 5-7-11 评价指标 x 的评价标准表

评 语	好	较 好	中 等	较 差	差
x	$a_0—a_1$	$a_1—a_2$	$a_2—a_3$	$a_3—a_4$	$a_4—a_5$

2. 计算隶属度

用区间内的平均分布密度表示该区间的隶属度，对隶属度进行归一化处理后，得到该评价指标 x 在模糊集合各区间的隶属程度，这在数学中是比较常用的方法。以火线推进速度4.8 cm/d为例，经隶属度计算、归一化处理后得到的评价结果为：

{0.183 549 4，0.201 765 5，0.414 685 1，0.096 328 725，0.103 677 577}

3. 综合评分

首先，应用模糊综合评价方法对指标进行综合评价，得出综合评语集；然后，对不同评语进行打分，给出打分集；最后，打分集和指标评价隶属度集合相应变量乘积之和即这一指标的最终得分。例如，含水率80%的最终得分为17.1+17+30.1+5.8+5=75。

除了通过隶属度综合评分外，也可以根据指标数值和指标区间范围进行插值计算。例如，若火线推进速度为4.8 cm/d，在高温稳产阶段该指标位于中等范围，根据指标范围[4，5]以及该区间的赋分范围[70，79]，通过插值计算该指标得分，得分 $x=77.2$。计算具体得分可以使评价结果更加细化。

计算出的二级指标得分与该指标权重相乘得到一级指标得分，一级指标得分和该阶段一级指标权重相乘得到整体评分。整体评分最终评语按照百分制划分为五级，分别为好[90，100]、较好[80，89]、中等[70，79]、较差[60，69]、差[0，60]。

三、分区、分阶段的火驱开发效果评价

火驱生产井主要经历烟道气驱阶段、产量上升阶段和高温稳产阶段，后续出现的高温高含水和氧气突破阶段在经过生产调控后基本不会出现，所以只对前三个阶段进行指标评价。

1. 烟道气驱阶段

烟道气驱阶段主要的燃烧面建立在注气井筒附近，生产指标都应处于较低阶段，此阶段任务主要是建立稳定的燃烧区带。因此，建立评价矩阵时，燃烧动态指标占比大于生产动态指标，明显更重要，计算得出两指标的权重分别为0.83，0.17。

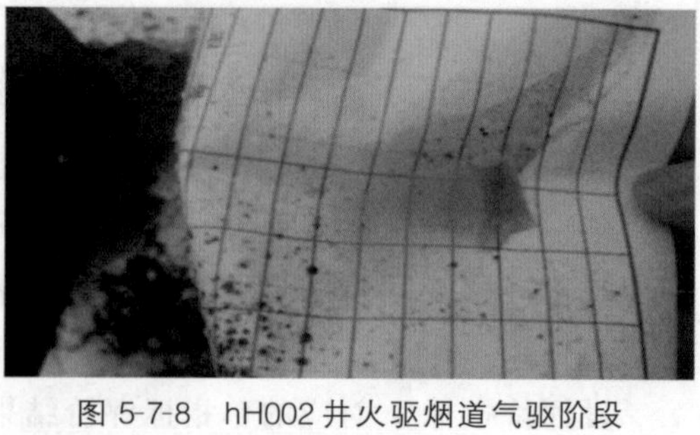

图 5-7-8 hH002井火驱烟道气驱阶段井口取样效果

在烟道气驱阶段，生产井排水（含水率>80%）现象明显（图5-7-8），尾气 GI 指数在0.6以下，空气油比为6 000 m^3/t 以上。据此建立火驱开发效果评价指标界限，见表5-7-12。烟道气驱阶段的主要问题是如何保证点火在工程

上的成功率，稳定、均匀注气。评价结果（表 5-7-13）显示，各区域状态较好，说明点火技术是成熟过关的。

表 5-7-12　火驱开发效果评价指标评价标准表（烟道气驱阶段）

主因素	子因素	好	较　好	中　等	较　差	差
燃烧动态指标（0.83）	氧气利用率	＞0.90	0.80～0.90	0.75～0.80	0.70～0.75	＜0.7
	火线推进速度 /（$cm \cdot d^{-1}$）	＞10	7～10	5～7	3～5	＜3
	空气燃料比 /（$m^3 \cdot kg^{-1}$）	＜15	15～20	20～25	25～30	＞30
	GI 指数	≥0.6	0.5～0.6	0.4～0.5	0.3～0.4	≤0.3
生产动态指标（0.17）	含水率/%	＜65	65～80	80～90	90～98	＞98
	空气油比 /（$m^3 \cdot t^{-1}$）	＜4 000	4 000～5 000	5 000～6 000	6 000～7 000	＞7 000
	采油速度/%	＞1.0	0.8～1.0	0.6～0.8	0.5～0.6	＜0.5
	气体采注比	＞0.8	0.6～0.8	0.4～0.6	0.2～0.4	＜0.2

表 5-7-13　井区效果统计表（烟道气驱阶段）

主因素	子因素	红浅西	红浅中	红浅东
燃烧动态指标（0.83）	氧气利用率	0.95	0.911	0.91
	火线推进速度 /（$cm \cdot d^{-1}$）	8.7	8.4	8.1
	空气燃料比	11	17	18
	GI 指数	0.74	0.73	0.56
生产动态指标（0.17）	含水率/%	83	89	92
	空气油比/（$m^3 \cdot t^{-1}$）	3 620	3 533	3 976
	采油速度/%	0.8	0.6	0.5
	气体采注比	0.76	0.69	0.73
结论（分数/评语）		87/较好	86/较好	84/较好

2. 产量上升阶段

产量上升阶段主要表现应为燃烧动态指标和生产动态指标逐渐趋好。试验区在该阶段产油量上升，含水率下降 10%左右，井口产出物见中高含水泡沫油（图 5-7-9），部分井井口温度上升至 60 ℃，*GI* 指数在 0.6 以上。据此建立火驱开发效果评价指标界限，见表 5-7-14。

产量上升阶段需要保证燃烧稳定扩展。评价结果（表 5-7-15）显示，红浅东效果中等，说明原油黏度对火驱的影响开始显现。

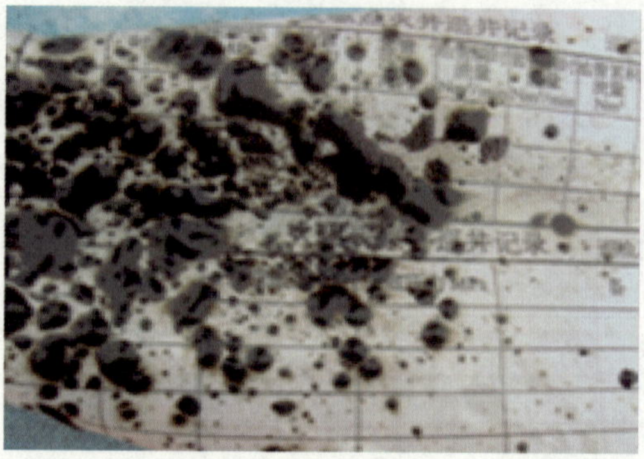

图 5-7-9　J596 井火驱产量上升阶段井口取样效果

表 5-7-14　火驱开发效果评价指标评价标准表(产量上升阶段)

主因素	子因素	好	较　好	中　等	较　差	差
燃烧动态指标(0.5)	氧气利用率	>0.90	0.80～0.90	0.75～0.80	0.70～0.75	<0.70
	火线推进速度/(cm·d^{-1})	6～8	8～10	4～6	2～4 或>10	<2
	空气燃料比/(m^3·kg^{-1})	<20	20～25	25～28	28～30	>30
	GI 指数	≥0.8	0.7～0.8	0.6～0.7	0.5～0.6	≤0.5
生产动态指标(0.5)	含水率/%	<65	65～70	70～80	80～90	>90
	空气油比/(m^3·t^{-1})	<2 000	2 000～3 000	3 000～4 000	4 000～5 000	>5 000
	采油速度/%	>2.0	1.5～2.0	1.0～1.5	0.7～1.0	<0.7
	气体采注比	>0.8	0.6～0.8	0.4～0.6	0.1～0.4	<0.1

表 5-7-15　井区效果统计表(产量上升阶段)

主因素	子因素	红浅西	红浅中	红浅东
燃烧动态指标(0.5)	氧气利用率	0.97	0.97	0.97
	火线推进速度/(cm·d^{-1})	7.0	11.0	6.4
	空气燃料比/(m^3·kg^{-1})	11	18	18
	GI 指数	0.80	0.78	0.59
生产动态指标(0.5)	含水率/%	75	78	82
	空气油比/(m^3·t^{-1})	3 620	3 533	3 976
	采油速度/%	1.9	1.5	1.2
	气体采注比	0.71	0.62	0.76
结论(分数/评语)		83/较好	82/较好	76/中等

在产量上升阶段，试验区暴露出一些地质和工程上的矛盾，针对这些矛盾需要采取行之有效的措施加以克服（表 5-7-16）。

表 5-7-16 产量上升阶段试验区问题及对策

暴露问题	现 象	基本对策
无产气资料	不掌握油气关系	记 录
东部 *GI* 值普遍较低	火线发展慢	注采联动引效
hH010 井组生产井井口温度跳跃	地质差异导致气窜	控 关
中部注气压力变化快	地质差异导致气窜	地质预判

3. **高温稳产阶段**

高温稳产阶段主要表现应为燃烧动态指标和生产动态指标保持较好状态，不出现波动，井口产出物为中高含水泡沫乳化油（图 5-7-10）。试验区在该阶段日产油量维持在 1 t/d 以上，含水持续维持低位（70%左右），*GI* 指数维持在 0.8 左右，空气油比稳定在 3 000 m^3/t 以下。据此建立火驱效果评价指标界限，见表 5-7-17。

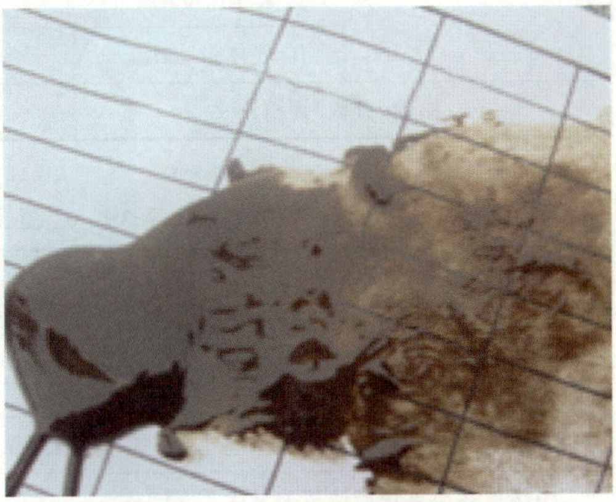

图 5-7-10 h2107A 井火驱高温稳产阶段井口取样效果

高温稳产阶段需要保证油墙稳定持续推进。评价结果（表 5-7-18）显示，红浅东效果中等，说明原油黏度和渗透率高级差的危害表现突出。

在高温稳产阶段，试验区暴露出一些地质和工程上的矛盾，这是不利于油墙稳定推进的，针对这些矛盾需要开展行之有效的措施加以克服（表 5-7-19）。

表 5-7-17 火驱开发效果评价指标评价标准表（高温稳产阶段）

主因素	子因素	好	较 好	中 等	较 差	差
燃烧动态指标（0.5）	氧气利用率	>0.90	0.80～0.90	0.75～0.80	0.70～0.75	<0.7
	火线推进速度 /($cm \cdot d^{-1}$)	5～7	7～9	4～5	1～4 或>10	<1
	空气燃料比 /($m^3 \cdot kg^{-1}$)	<20	20～25	25～28	28～30	>30
	GI 指数	≥0.8	0.7～0.8	0.6～0.7	0.5～0.6	≤0.5
生产动态指标（0.5）	含水率/%	<65	65～75	75～85	85～90	>90
	空气油比 /($m^3 \cdot t^{-1}$)	<1 500	1 500～3 000	3 000～4 000	4 000～5 000	>5 000
	采油速度/%	>3.5	2.5～3.5	1.5～2.5	1.0～1.5	<1.0
	气体采注比	>0.8	0.6～0.8	0.4～0.6	0.1～0.4	<0.1

表 5-7-18 井区效果统计表(产量上升阶段)

主因素	子因素	红浅西	红浅中	红浅东
燃烧动态指标(0.5)	氧气利用率	0.99	0.99	0.99
	火线推进速度/($cm \cdot d^{-1}$)	6	14	4.4
	空气燃料比/($m^3 \cdot kg^{-1}$)	11	18	18
	GI 指数	0.8	0.78	0.69
生产动态指标(0.5)	含水率/%	73	79	82
	空气油比/($m^3 \cdot t^{-1}$)	2 520	2 733	3 076
	采油速度/%	3.4	2.8	2.1
	气体采注比	0.86	0.71	0.81
结论(分数/评语)		88/较好	83/较好	79/中等

表 5-7-19 产量上升阶段试验区问题及对策

暴露问题	现 象	基本对策
中部存气率下降	h2071 方向气体泄漏	有注有采,封堵窜漏
中部和东部空气油比高	中部气窜严重	控 关
	东部黏度高,火线拓展慢	引 效
中部单井年累积产油量差异大	地质差异	引效/控气
错过高产期	控 关	井筒降温

由分区、分阶段评价结果可知,在烟道气驱阶段各区总体处于较好状态;进入产量上升阶段后,红浅试验区东部由于原油黏度下降和单井年累积产油量指标水平较低,整体评价趋向中等;进入高温稳产阶段后,由于红浅试验区中部含水率下降和年累积产油量指标趋于平稳,整体评价趋向较好,而红浅试验区东部处于高温稳产阶段井较少,使得该区进一步落后,最后评价结论为中等。

针对各阶段的主要任务和暴露出的问题,需要在火驱前做好地质预判,火驱过程中抓住区域主要矛盾,采取有针对性的预防和改善措施。

第六章
火驱高效点火技术

为了在油层内形成燃烧，首先必须点燃油层内的原油，方能实现火烧油层。而油层点燃程度的好坏将直接影响火烧油层的最终效果。因此，油层点火技术是火烧油层采油方法中的关键技术之一。试验表明，在油层内点燃并建立燃烧前缘所花费的时间短则几天，长达几十天，视地层原油的物理性质和化学成分而异。根据试验资料，油层的自燃温度在 350～400 ℃范围内。

火烧油层点火技术主要分为自燃点火、可燃气体燃烧辅助点火、注入介质点火、化学点火、电点火等类别。

1. 自燃点火

自燃点火的原理是直接向储层注入空气，利用原油和氧气的低温氧化反应加热储层，同时随着地层温度的逐渐升高，原油和氧气反应速度也会随之增加，直到地层温度达到原油的自燃点时，地层原油被成功点燃。这种点火方式的要求非常苛刻，只有委内瑞拉的米加油田、美国密西西比州的海德堡油田等为数不多的储层能使用自燃点火的方式成功点燃油层。

这种点火方式的优点是点火成本非常低，仅仅需要空气压缩的成本，不需要其他复杂的地面设备；缺点是不适合大多数的油田且点火效果很难控制。

研究表明，为了缩短点火时间，适当增加注入空气的温度是有利的，正常情况下，把油层温度提高到 93.3 ℃以上时油藏点燃时间可以缩短至 1～2 d。

从保护点火井的套管这一角度来看，油层内自燃点火是最理想的方式。一般来说，对于油层温度高于 50 ℃的深层，可以采用这种简易的方式，否则点火时间过长，如美国加利福尼亚州的南贝尔里奇油田，其实际点火时间为 106 d。

2. 可燃气体燃烧辅助点火

为了成功地点燃不能通过自燃点火点燃的油层，需要通过人工辅助的方式提升储层的温度，使地层温度达到原油的燃点。在之前很长一段时间里，可燃气体燃烧辅助点火是一种运用最为广泛的技术。例如美国俄克拉荷马州的保罗斯瓦利油田、得克萨斯州的查科累多东油田就是使用该方式成功点燃油层的。

该点火方式的原理是首先通过油管下入燃烧室和两条连接在燃烧室的管线；其次通过两条管线分别向燃烧室中注入可燃性气体（甲烷）和含氧气体（空气），并通过火花塞（化学剂）点燃燃烧室中的甲烷，同时从油管中注入空气，通过空气冷却燃烧室，并将燃烧室产生的热量从井筒运输到储层之中。

这种点火方式的优点主要是使用的原料价格便宜、设备较为简单,但是缺点十分明显,即很难控制井下燃烧室的温度,从而容易导致井下设备损坏。从能量利用率的角度考虑,这种点火方式是通过井筒中燃烧室内的可燃气体燃烧产生热量,在井筒中产生的热量只有一部分会进入储层之中,存在一定的能量损失。

为了解决井下可燃气体产生的高温对井筒造成损害的缺点,Grekel 和 Hujsak 提出了一种井下催化加热的点火方式。该点火方式是将可燃气体和空气注入催化容器中,利用催化剂降低可燃气体和空气发生氧化反应的温度,从而避免由于高温导致井筒发生损坏。采用该点火方式在现场点火的过程中可以使井筒中的温度保持在 500 ℃左右,在避免井筒中产生过高温度的同时成功地点燃油层。但是,该点火方式使用的催化剂一般是铂、钯、铑等贵金属,因此使用该点火方式的点火综合成本过高,导致这项技术难以推广。

3. 注入介质点火

注入介质(热流体)辅助点火是通过将热流体(通常是水蒸气)注入储层提升储层温度的方式,这种点火方式适合于一些储层温度较低的储层。一般来说,产生热流体的方式有地面产生热流体和井下产生热流体两种。地面产生热流体的方式与常规的蒸汽吞吐和蒸汽驱产生蒸汽的方式类似,但是热流体注入过程中会伴随大量的热量损失;井下产生热流体的方式是通过井下可燃气体燃烧产生的热量加热注入水产生热流体。但是,这两种点火方式都会提高近井地带的含水率,降低点火的成功率,因此很难被推广。

4. 化学点火

化学点火的原理是向储层之中注入易燃化学物质,随后注入热空气,利用易燃物和氧气、易燃物自身发生的化学反应、热空气携带的热量对储层进行加热。与之前的点火方式相比,化学点火的优点是不受储层深度的限制,化学反应产生的热量几乎不存在热量的损失,能对目的层集中加热,且不会对井下设备造成损害,因此化学点火是最具有潜力的点火方式;其缺点是由于化学点火的过程直接发生在储层内部,所以点火效果不稳定。为了提高化学点火的效果,就需要对化学点火剂进行深入研究,提高化学点火的成功率。

Cline 提出使用柴油作为顶替介质将化学点火剂顶替到距离井筒较远的位置。同时为了增强点火的效果,Bednarski 提出向桐油体系的化学点火剂中加入一定量的环烷酸钴,这是化学点火剂中首次提出使用催化剂可以提高点火的效果。为了加速储层中的升温速率,Meier 提出使用肼、羟胺及其衍生物和过氧化氢作为点火剂。与其他点火剂相比,该点火剂中包含强氧化剂。过氧化氢可以作为引发剂,首先与点火剂中的还原剂发生反应;同时过氧化氢分解产生氧气,可提高地层中氧气的浓度,加快原油氧化的反应速度。与不含氧化剂的点火剂相比,该点火剂能进一步加快原油的升温速率。但是,这种点火方式中使用的过氧化氢对井筒有很强的腐蚀作用,因此很难得到推广。

早期对化学点火的研究大多集中在专利上,而且更偏向于实际应用,在实验室进行物理模拟研究的相关文献偏少。在 2000 年以后,随着研究手段的不断增加,出现了很多在实验室条件下对化学点火研究的文献。例如,李健在 2008 年使用差示扫描量热仪研究了原油、亚麻籽油、正十六烷在不同温度区间放出的热量。研究结果表明,原油与正十六烷混合后的液体在低温氧化的过程中，能够释放更多的热量。同时，加入少量的铁催化剂对原油的低温氧化有很强的催化效果，可以加速原油在低温条件下反应放出热量，降低明显放热的门槛温度(从 200 ℃降低到 130 ℃)。

随着纳米技术研究的不断发展，现阶段纳米金属颗粒已经被运用到许多领域。纳米材料具有低密度、颗粒直径远小于孔喉半径(微米级)的优点，这使得运用纳米固体材料作为点火剂成为可能。同时，固体在进入储层后流动能力变弱，很难发生气化，克服了之前液相化学点火剂的缺点。张守军在 2016 年提出的化学点火剂由助燃剂、催化剂两部分组成。助燃剂的作用是利用其发生的氧化还原反应产生的热量提升储层的升温速率。助燃剂由镁粉、泥煤粉、酚醛树脂、六氯代苯、树脂胶、硝化棉、虫胶、硫黄、松香、硅铁中的几种混合组成，其中效果最好的是镁粉、泥煤粉、硝化棉、虫胶、硫黄组成的化学助燃剂，使用燃烧管验证了该助燃剂可以在 240 ℃的条件下成功点燃油层。焦爱红在 2016 年提出了 YHN-3 型点火剂，其中包含氯酸钾、镁粉、铁粉、升华硫。该点火剂体系可以在 230 ℃的条件下发生自燃，并使用燃烧管验证了该点火剂可以在 250 ℃的条件下成功点燃油层。

5. **电点火**

电点火器其实是一种特制的电加热器。将电点火器下至油层，通电加热，注入的空气通过电点火器被加热到高于原油燃点的温度，将热量带入油层，使油层升温燃烧，这种点火方式称为电点火。电点火的特点是点火参数和点火过程易于调控，更易实现油层高温燃烧。对电点火器的要求主要有点火功率、耐温能力、承压能力，同时其外形适应井身结构、施工作业等方面。因此，需要依据火驱油层的物性参数，特别是油层的燃点、地层压力，以及井身结构参数等，设计和选择电点火器。油层的燃点可通过对油藏的物理模拟实验得到。为了满足在给定注气量条件下点燃油层，电点火器的发热功率(即点火功率)应确保其出口的空气温度大于原油燃点，再考虑到电点火器的发热效率和附加余量等因素，便可确定电点火器的额定功率和耐温级别。综合考虑地层破裂压力、注气压力和生产压力等因素，便可确定电点火器的耐压级别。在国内，早期使用的电点火器有硅碳棒点火器和电热管点火器两种。硅碳棒点火器的棒质脆、易碰断，20 世纪 70 年代后期逐渐停用。电热管点火器的金属电热管内装有发热电阻丝，并充填结晶氧化镁用以绝缘和传热，不易碰损，使用寿命较长。电热管点火器通常有单管、双管和三管等不同的结构形式。早期的电热管点火器整体长度约为 4 m，点火功率为 10～25 kW，耐温大于 600 ℃。近年来，新疆油田在红浅火驱先导试验中，自主研发的电热管点火器在制造工艺上有了新的改进，其技术性能指标有了较大提高，点火功率可达到 50 kW 以上。特别是新材料和新工艺的使用使电点火器的结构优化和技术性能指标都达到了一个更高的水平。例如，用新型 MI 矿物发热缆制造的电点火器的功率密度大幅提高，与 50 kW 相同功率的电热管点火器相比，体积仅为其十分之一，可从油管内带压提下。特别是它采用整体拉拔工艺，将电点火器与点火电缆直接拉拔成同一直径的一体式点火电缆，完全改变了电点火器曾经的结构形式，使技术性能指标大幅提高，点火功率达到 150 kW，采用连续油管作业设备适应更长电缆和更高压力。

根据实际油藏需要，新疆油田研制了点火深度达到 2 000 m、耐温大于 800 ℃、耐压大于 35 MPa 的设备，并且使其配套的点火工艺设备得到改进和提升，作业流程得以简化，作业更加安全、高效。

相比其他点火方式，电点火的优点主要有：

(1) 供热量稳定，调节方便，可防止烧坏油层套管的事故；

(2) 起下操作较方便，不怕碰撞，工作比较安全、可靠；

(3) 温度控制范围广，0～600 ℃之间可采用稳定功率、改变风速，或稳定风速、改变功率来调节至所需要的温度；

(4) 不像井下燃烧室那样用燃烧烟气来加热油层，这样有利于由邻井产出气的组分分析结果来判断油层是否已被点燃；

(5) 能在井筒内任意部位移动，井筒内所有部位都能处于点火温度下。

电点火利用电流的热效应加热井筒，通过空气将井筒中产生的热量运输到储层中。这种点火方式与前两种人工辅助点火方式相比，具有操作更为简单且不需要危险的可燃气体，并能对井筒的温度进行更加精确的控制的优点，因此这种点火方式到现在为止还在被国内的各大油田(辽河油田、胜利油田、新疆油田)广泛使用。但是，这种点火方式受电力的约束，同时电流在井筒中存在严重的能量损失，而且能量损失随着点火层位深度的增加而增加。例如，Moss 指出，对于 610 m 长的电缆，在使用 400 V 和 20 kW 的单相电源的情况下，在井筒中能量的损失高达 7 kW。因此，这种点火方式仅适用于一些埋藏深度较浅的储层。

第一节　低饱和度油藏点火关键因素

为了实现注蒸汽后期的低含油饱和度且水淹严重油藏的成功点火，必须揭示稠油中的燃料沉积量与高温氧化之间的内在关系，以及稠油不同组分在燃烧过程中的氧化行为，并确定可维持稳定燃烧的含油饱和度下限等关键问题，指导点火装备和配套工艺的研制。为此，利用自主研制的高温燃烧池和一维燃烧管装置(详见第三章第一节)开展了一系列室内研究。

高温燃烧池装置主要包括加热炉、反应池、气体注入系统、流速控制系统、过滤系统和气体分析系统等部件(图 6-1-1)。实验温度范围为 25～600 ℃，采取线性升温的方式；装置入口压力为 1.2 MPa，背压为 0.7 MPa。

为了考察稠油不同组分在火驱过程中的燃烧特征，在此采用实沸点蒸馏的方法，将稠油切割成不同的细分组分。取自红浅试验区某井的油样，通过实沸点蒸馏得到的组分分布如图 6-1-2 所示。从统计分析的结果来看，红浅稠油各组分中轻组分(≤200 ℃)含量较少，为 1.4%～4.0%；中间组分含量相对均匀，在 8.0%～18.0%范围内；重组分(>500 ℃)含量最多，在 34.0%以上。

为了确定每种组分在燃烧过程中燃料消耗量的范围，对每种组分分别做两组不同升温速率(3.83 ℃/min 和 1.60 ℃/min)的燃烧池实验，实验过程中主要记录的数据有 CO，CO_2，O_2，CH_4的含量以及加热炉和反应器的温度等，其中计算燃料消耗量时用到的数据主要是 CO 和 CO_2的含量。

经过计算得到取自红浅试验区两个样品的燃料沉积量统计结果，见表 6-1-1、表 6-1-2。可以看出，样品 1 燃料消耗量在 15.45%～20.06%之间，样品 2 燃料消耗量在 12.82%～17.13%之间。

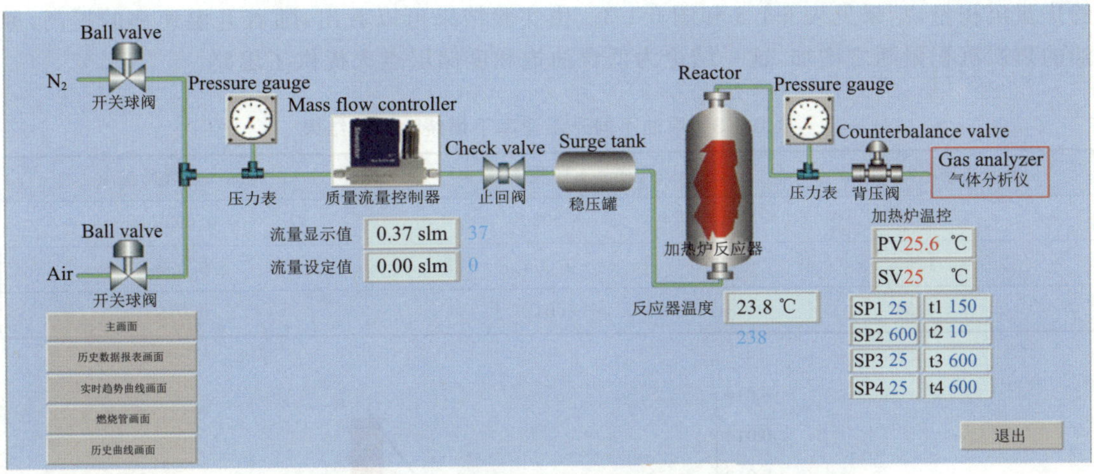

图 6-1-1　燃烧池实验监测及控制画面

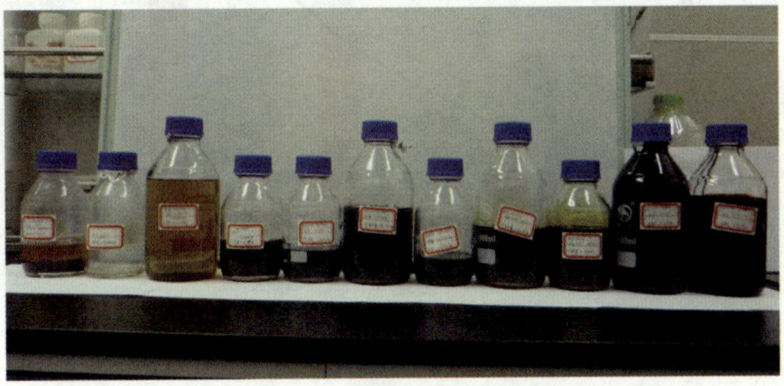

图 6-1-2　实沸点蒸馏组分收获情况

表 6-1-1　样品 1 燃料消耗量相关测定结果

拟组分/℃		300～322	322～350	350～380	380～420	420～450	450～500	500+
含量/%		11.45	3.13	13.40	3.32	10.24	7.71	32.64
燃烧总比例	2.5 h	0.008 1	0.004 4	0.006 8	0.008 458	0.029 2	0.022 7	0.120 9
	6.0 h	0.003	0.000 2	0.005 6	0.001 8	0.014 9	0.014 6	0.114 4
燃料消耗量/%		15.45～20.06						

表 6-1-2　样品 2 燃料消耗量相关测定结果

拟组分/℃		300～350	350～420	420～450	450～500	500+
含量/%		8.66	12.42	8.38	9.39	41.82
燃烧总比例	2.5 h		0.017	0.013 2	0.021 9	0.119 2
	6.0 h		0.001 9	0.005 8	0.012 8	0.107 7
燃料消耗量/%		12.82～17.13				

为了考察在不同升温速率条件下原油燃料供给量(焦炭沉积量)变化特征，利用燃烧池对来自红浅试验区的两个油样测取在 0.8 ℃/min，1.60 ℃/min，3.84 ℃/min 升温条件下

的焦炭沉积量，结果见表 6-1-3 和图 6-1-3。由实验结果可以看出，随着升温速率的提高，原油的焦炭沉积量随之增加，这一结论为低含油饱和度储层点火提供了思路。

表 6-1-3　原油不同升温速率下燃烧池实验结果

升温速率/(℃・min^{-1})	样品 1 燃烧质量/g	样品 2 燃烧质量/g
0.8	0.002 3	0.003 5
1.60	0.005	0.008
3.84	0.012	0.015

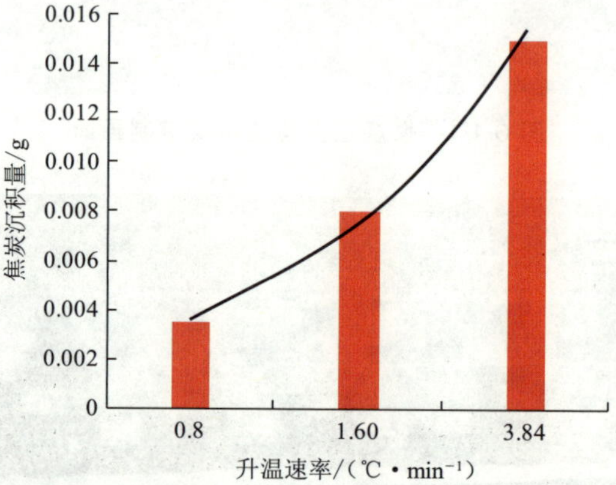

图 6-1-3　样品 2 不同升温速率下的焦炭沉积量

由上述室内实验可以得出如下结论：

(1) 根据稠油生焦能力的不同，提供燃料的组分为沸点大于 350 ℃(对应碳原子数为 26+)的重组分。其中，350～500 ℃的组分少部分参与燃烧，大部分为驱替对象；沸点大于 500 ℃的组分为火驱主要燃料，其最大燃烧量为 15.45%～20.06%。

(2) 低含油饱和度油层可通过快速升温的方式增加燃料供给量，从而实现成功点火。

第二节　高效电点火技术及装置

对于高含水和低含油饱和度的油藏，原油在 350 ℃以下时将会通过蒸馏和裂化作用降低含油饱和度，造成点火困难。同时，在井筒升温过程中，大量的水体吸热汽化后会产生驱扫作用，在进一步降低含油饱和度的同时减缓升温速率。为此，在点火工艺方面，设计了点火前的预注空气环节。具体方法是利用高压空气吹扫井筒，降低井筒附近油层的含水饱和度，为点火创造有利条件。为了避免大量空气与原油接触后发生低温氧化，增加原油黏度，造成驱替困难，优化了井筒吹扫环节注空气流量、注空气压力、注入总量等工艺参数。而在点火装置方面，要求能快速升温，缩短低温氧化向高温氧化的过渡时间，达到现场成功点火的目的。

新疆油田自主研制了系列点火器和配套车载点火装置。车载移动式火驱点火装置如图 6-2-1 所示，整套装置主要包括运载底盘车、电缆滚筒、连续管电缆、电缆注入头、防喷管、电点火器及点火控制系统等几部分。相关设备全部集成在一辆车上，结构紧凑，机动性好，实现了点火设备的自动化、模块化、标准化、系列化，可满足不同井型、深度的点火需求。

图 6-2-1 车载移动式火驱点火装置

与车载移动式火驱点火装置配套的点火器和电缆有两种型号：800 型小直径大功率点火器＋复合铠装点火电缆组合方式（图 6-2-2），以及 2000 型一体化连续管点火器（图 6-2-3）。

(a) 小直径大功率点火器

(b) 电缆连接器

(c) 复合铠装点火电缆

图 6-2-2 800 型点火器以及配套点火电缆

图 6-2-3 2000 型一体化连续管点火器

自主研制的 800 型小直径大功率点火器采用新型发热材质，使换热结构得到优化，体积缩小至相同功率的固定式电点火器的 1/10，可从油管内带压提下。它的表面热负荷高达 7.7 W/cm^2，为国内最高指标（图 6-2-4），升温速率为 5 ℃/min，工作温度为 600 ℃，可在井下安全工作 2 500 h，处于国际领先水平。配套的复合铠装点火电缆利用“电磁屏蔽＋热补偿”技术和先进的铠装成型及充填工艺，在实现了强弱电混输的同时兼具连续油管的性能，解决了带压提下点火设备的瓶颈问题。电缆耐压 10 MPa，长期耐温 200 ℃，短时耐温 330 ℃。研制的电缆连接器可实现点火器与点火电缆的快速拆接。

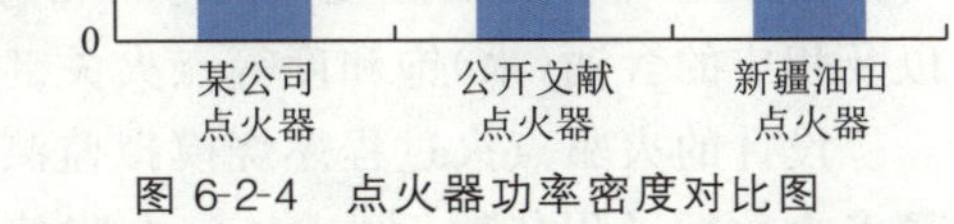

图 6-2-4 点火器功率密度对比图

自主研制的 2000 型一体化连续管点火器发热元件与动力传输导线采用特种一次成型工艺，绝缘材质为无机氧化镁填充，外护套为全金属等外径结构，机械性能及外观与同尺寸连续油管一致，加热功率为 150 kW，耐压 50 MPa，整体耐温 900 ℃，可适应深度 2 000 m 以内的直井和水平井点火。

第三节 点火过程监测与调控

火烧油层工艺过程非常复杂，尤其在点火过程中，实时了解油层温度分布及其各种参数的变化是判断成功点燃的关键，而油层是由岩石组成的孔隙结构，充有原油和水等物质，在高温气体进入油层的热交换过程中还会发生组分和相态的变化，在油层升温过程中同时向上下盖层发生传导等热交换过程，所以采用气体加热油层是一种非常复杂的过程。加热过程中油层内的温度、压力、组分等参数是点火过程的基本参数，它们对点火工艺的调控至关重要，而这些参数无法通过在油层中布设测量装置进行直接监测。目前分析近井地带燃烧温度及判断点火是否成功的方法都属于间接监测手段，井筒测温容易受传感器测量误差的影响，产出井气体组分受取样间隔、油井间地层连通性以及 CO_2 溶解于地层水中等多种因素的影响，当地层中已存在前期点火井的燃烧烟气时，采出气体组分受干扰，无法准确反映新点火井的实际燃烧特征。

本书所研究的一种模拟监测的方法是通过实时采集点火过程中注空气流量、注空气压力、点火功率、井下热空气温度等参数，利用自建的井筒与地层之间的耦合传热模型，模拟计算高温热空气由井筒进入油层后近井地带中的油、水、岩石被加热的温度、压力、含油(水)饱和度等参数的实时变化情况，为分析点火过程中加热半径分布、判断燃烧状态提供参考依据，特别适用于含油饱和度差异大、储层物性复杂的油层点火过程的监测与调控。

火驱点火过程燃烧动态分析计算模型如图 6-3-1 所示，其基于流体力学、传热学的理论，以现场采集到的注空气流量、注空气压力、注空气温度、井下点火器出口温度、点火功率等点火参数为基本输入，在井筒中分别考虑注入气体的流动过程、注入气体的加热过程以及通过井筒壁向地层传热的过程，在油层中分别考虑热空气与水、油的混合过程以及油层径向、油层加热带与上下岩层的传热过程。通过求解建立的计算模型即可得到距离井筒轴心不同半径(如 r_1，r_2)处注入热空气与原油和水混合后的温度(t_1，t_2)、压力(p_1，p_2)以及相应的含油(水)饱和度等点火关键参数。

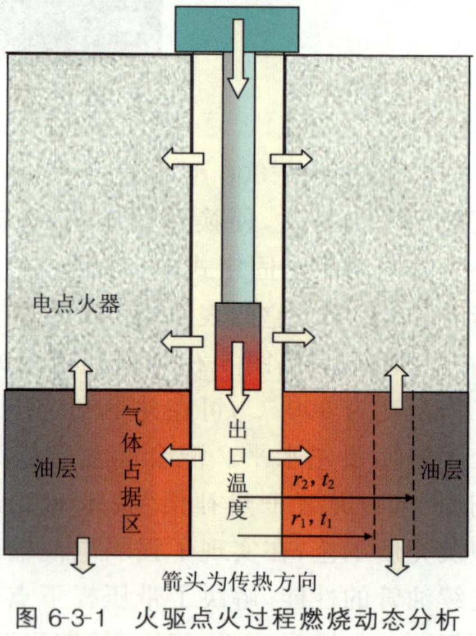

图 6-3-1 火驱点火过程燃烧动态分析计算模型

设计的火驱点火过程燃烧模拟监测系统将现场点火数据远程传输至中控室，由监控计算机上的组态软件实时显示，以便于监控和调节。同时，这些数据存入数据库中，供模拟监测软件提取数据做运算分析，计算出近井地带油层被加热后的温度、压力、含油(水)饱和度等参数的变化情况，可为分析点火过程中近井地带加热半径分布、判断燃烧状态提供参考依据。

设计的模拟监测软件具有在线和离线模拟监测功能。在线模拟监测功能主要是采集点火实时数据，计算并实时显示点火过程中近井地带油层被加热后的温度、压力、含油(水)饱和度等参数的变化情况。离线模拟监测功能是从数据库中提取点火历史数据，在模拟软件中根据计算模型离线计算点火过程中油层加热参数变化情况，便于研究人员对已点火井进行深入研究分析。软件运行主界面如图 6-3-2 所示。图 6-3-3 给出了井筒内温度传感器实测值与燃烧模拟监测软件计算值的温度曲线，两者的平均相对误差在 3%以内。

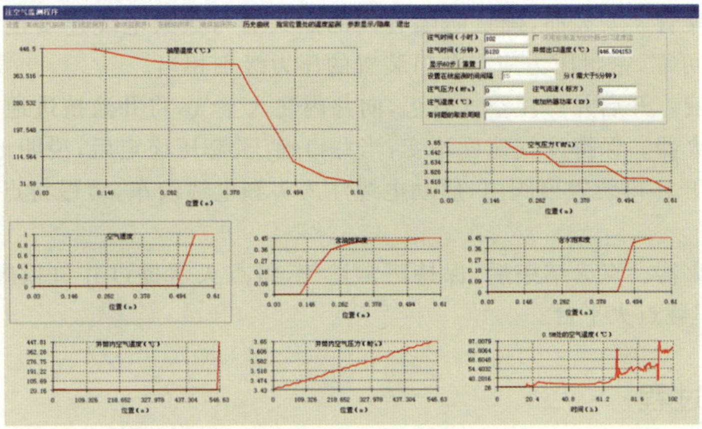

图 6-3-2 模拟监测软件运行主界面

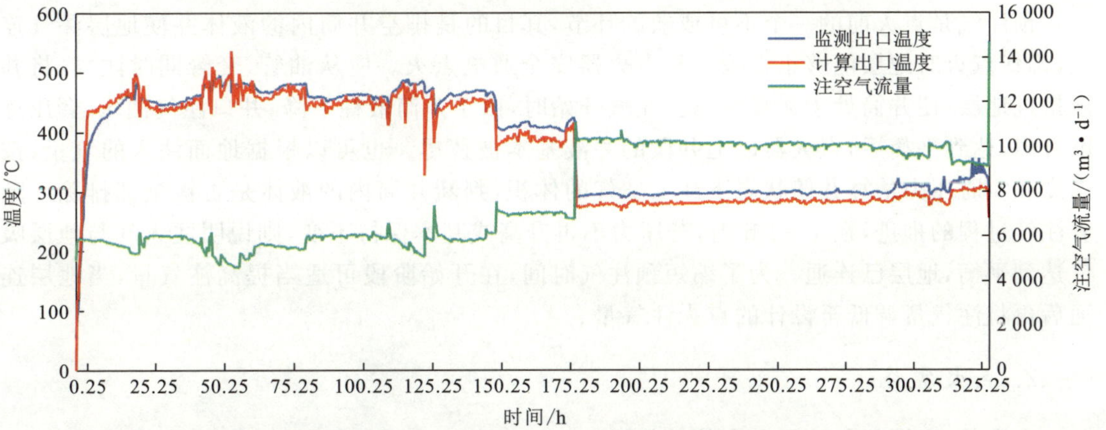

图 6-3-3 某点火井软件计算值与实测值对比(电点火器热端出口温度)

对于新疆浅层废弃稠油油藏，由于点火井周边油层的含油、含水饱和度差异较大，利用自主研发的火驱点火过程燃烧模拟监测系统，使点火参数的设计及调控实现了“一井一策”，确保了点火的成功实施。

第四节 点火作业工艺

一、点火器起下作业

与车载移动式火驱点火装置配套的井口装置具有带压提下点火器功能，因此在下入点火器之前无须压井和敞开井口作业，使点火作业进一步简化，劳动强度降低，作业更加简便安全。但考虑到点火器的下入更安全及点火安全，建议洗井作业，必须在对井筒进行充分清洗，并将井液全部挤进地层，即将井筒排空之后才能下入点火器，这能有效避免电缆接头在下入过程中出现密封失效时不会发生井液侵入导致接头短路，以及点火过程中发生井筒燃烧等问题。

(1) 安装防喷管。安装前，确认防喷管内的点火器与点火电缆连接正常；安装后，确认各连接部位密封可靠，密封压力应与井口装置的压力级别相当。

(2) 清空井液。开启井口注空气管汇，向井内注入空气，将井液挤进地层，吹干井筒。

(3) 下入点火器。保持注气速度不变，当井口油压、套压稳定后，说明地层吸气正常，便可开始下入。打开井口装置顶阀门，启动电缆注入头和电缆绞车，缓慢将点火器下放至设计点火位置。

(4) 提出点火器。点火结束后，保持正常注气，将点火器提过井口顶阀门之后，关闭井口顶阀门，撤离车载点火平台。

二、点火过程

1. 预注气

预注气是点火前的一个不可或缺的环节，其目的是排空井筒内的液体并使地层注气连通，确保点火时地层能够正常吸气和点火器安全通电点火。应从油管、套管同时注气，将井液挤进地层，使井筒处于无液状态。注气开始时，由于井筒液柱下降，井口注气油压、套压逐渐升高，达到平衡后，点火器以上井段的井液基本被替尽。也可以根据地面注入的气量，按温度和实时压力估算井筒状态下注入空气的体积，判断井筒内的液体是否被全部排除。随着注气过程的推进，在 1～2 h 内，若压力不再升高或基本保持不变，则说明注入气与地层吸气达到平衡，地层已连通。为了缩短预注气时间，在开始阶段可适当提高注气量，当地层连通后再将注气量调低至设计的点火注气量。

2. 点火实施

点火前，应调整好油管和套管的气量分配。由于点火器的结构形式以及与油管柱的连接方式，油管气能全部从点火器的发热元件中间流过，而套管气则从点火器的外围流过，因此，经油管注入的空气比经套管注入的空气有更高的换热效率。但是，为了避免油套环空的高温上返或回火，必须从套管注入一定的气量。因此，应使大部分气量从油管注入，少部分气量从套管注入，根据现场应用效果可知，油管注气量控制在总注气量的 80%～90%即可满足点火要求。

在调整好油管、套管气量分配，且总注气量满足点火要求的条件下，即可开始通电点火。为了保障点火器安全平稳启动，点火功率应逐级增大，尤其在启动阶段，应使用较小功率将点火器内的湿气烘干，将点火井段的积油加热降黏并吹进油层，避免因功率过大导致点火器绝缘失效、变形损坏和井筒燃烧等问题。点火期间，应控制好点火参数，包括点火功率、注气量和点火器出口温度等，特别是点火器的出口温度应达到油层原油燃点以上。由于出口温度、空气流量和加载功率互相关联，应在设计的注气量下，通过调节点火功率使点火器出口温度达到设定范围，调控过程可由点火控制系统自动完成。在点火过程中，注空气量、注空气压力、注空气温度、功率及设备数据由监控设备自动采集记录，也可以同时人工记录点火功率、点火温度、注空气流量、井口压力等主要点火参数。

3. 点火分析判断

油层点火的实质在于通过注入(火)井把热量传递给油层，使近井地带的原油在热的作用下产生降黏、蒸馏、汽化，而不能蒸馏的重质碳氢物质在高温下产生裂化分解作用，最后在砂粒表面积存焦炭燃料，当温度上升到生成燃料的自燃温度时，就与不断注入的空气发生剧烈氧化作用，直到建立油层的稳定燃烧前缘为止。因此，判断油层是否已被点燃的方法有依据加热量(或加热强度)和邻井生产气体组分变化两种。

1) 依据加热量(或加热强度)判断

油层点火的总加热量是按照热平衡原理计算的，其方程见第三章第一节。点火预热半径 R 不宜过大，因为油层积蓄一定热量，一旦自行燃烧后，其发热功率比点火器大得多，燃烧温度也比自燃点高得多，故取 $R=0.6\sim1.2$ m 为宜。

国内外油层点火统计资料说明，在保证进入油层热流体的温度不低于油层自燃点的前提下，给每米油层连续加热 $209\times10^4\sim627\times10^4$ kJ 热量(国外为 $209\times10^4\sim418\times10^4$ kJ/m，我国为 $209\times10^4\sim627\times10^4$ kJ/m)，只要在火井无窜槽和油层无窜漏的条件下都能点燃油层。油层厚时加热强度取低值；油层薄、浅时，加热强度宜取高值。

2) 邻井生产气体组分变化判断或者周边观察井和生产井气体组分在线监测

当温度升至油层自燃点时，注入空气中的氧气就会与原油裂解产生的焦炭发生剧烈氧化(即燃烧)反应，生成 CO_2 和 CO 气体。因此，从生产气体组分的变化可判断油层是否已被点燃。

具体做法是：在点火前需对注气井以由低到高的速度注气，使油层中建立连续气相；在点火加热过程中，定期对注气井周围生产井取气样进行组分分析，特别是累积加热量将要达到设计值时，除按设计要求加大注气速度外，应加强对周围井的动态观察和加密气样分析。若在 24 h 内生产气体中 O_2 含量下降，CO_2 含量和氧气利用率增加，说明油层确已被点燃，即可停止点火，继续注气转入油层自行燃烧的管火阶段。否则，在确认油井和油层无窜漏、点火器正常的情况下，需要提高预热温度，继续点火。

应该指出的是，利用生产井采出气体组分变化来判断油层是否已被点燃和点燃程度的指标时，应以各井的 O_2 含量及氧气井采出利用率为主。这是由于 CO_2 气体易溶解在油、水中的缘故。

气体组分监测，即利用气相分析仪测定采出气体的组分含量，从而实现对火烧油层采油过程的监测。通过测定采出气体中的 O_2，CO_2，CO 的含量以判断油层燃烧与否和燃烧情况。

一般正常情况下，从生产井和观察井采出的气体中 O_2 含量很低，为 2%～6%，燃烧好时为 0%；CO_2 含量最高可达到 25%，一般为 10%～20%；CO 含量一般为 1%～2%。就一般情况而言，从生产井中连续采集气样分析较为准确和可靠，而定期从观察井中取气样分析的资料有时可能失真，其原因是 CO_2 易溶于原油，停产卸压后采集的气体中 CO_2 可能包含原来溶于原油中的部分。

总的来讲，O_2含量越低，CO_2含量越高，说明油层不仅被点燃，而且燃烧情况很正常；反之则说明油层未被点燃或熄火。

4. 点火成功判断方法的应用情况

利用采出气组分来判断是否点燃油层并持续燃烧的做法在北美地区的宾夕法尼亚 Appalachian 区、Bartlett 油田的 Batlesville 砂岩油藏，委内瑞拉四个火烧油藏区块，罗马尼亚 Suplacu de Barcau 油田以及我国的新疆油田等都有广泛应用。

由于监测的几种气体组分含量是单个组分相对于采出气体全组分中的含量，所以除 O_2 和 CO_2外，还应结合全组分的变化进行分析判断。一般来说，油层被点燃发生高温氧化反应，O_2应被消耗，其含量逐渐趋于零（严格来说，剩余的 O_2在通过地层孔隙原油时也会被消耗），一般认为 CO_2含量达到 10%以上时为完全点燃。但必须指出，油层被点燃时 CO_2含量增加到多少难以确定。一方面，空气中含氧气 21%，与地层原油反应，其中 O_2与 C 结合生成 CO_2，与 H_2 结合生成 H_2O，但燃料中碳氢比例不确定；另一方面，燃烧产生的 CO_2经过地层孔隙时与孔隙中的水和油等接触，CO_2易发生溶解等作用，使产出气体中 CO_2少于直接燃烧产生的 CO_2。现场还发现，经过注蒸汽热采的生产井筒中 CO_2本身含量会很高，达到 40%或 50%，所以现场分析时应综合考虑。在已经点火的井网中再次点火时，生产井的产出气体组分存在互相干扰现象，这时就需要用本章第三节介绍的火驱点火模拟监测软件来分析判断油层燃烧状况。

从开始点火到判断点火成功所用的时间为点火时长。点火时长取决于油层状况、点火器温度、功率和注气量等，由理论计算和实际总结确定。新疆油田红浅火驱先导试验理论点火时长一般持续 6 d 以上。实际应用中，在设计的点火参数下一般 4 d 左右就可点火成功。

实践表明，通过采取创新的“井筒吹扫、自动调参”点火工艺，以及利用发明的系列点火装置和监测系统，在新疆油田红浅、风城火驱先导试验区以及工业化推广区块累计点火 65 井组，点火时长在 5 d 以内，一次性点火成功率达 100%。

第七章
火驱高温燃烧前缘监测与优化调整

由于火烧驱油机理及开采过程复杂，在火驱过程中伴随着复杂的传热、传质过程和物理化学变化，油层燃烧产生大量的热和一氧化碳、二氧化碳、水蒸气等气体。及时、有效地掌握火驱过程中地层燃烧状况、燃烧前缘推进方向、火线波及范围、产出气体组分等资料，对火驱生产动态调控及开发调整乃至最终采收率提高，都具有至关重要的意义。国内外普遍采用的井下温度、压力监测及产出气体组分分析方法，只能间接推测燃烧状态和燃烧前缘推进方向，但实际的燃烧前缘不可间断，其动态运移过程不可逆转，实时、准确监测燃烧前缘位置和展布形态是世界性难题，在开展燃烧前缘的优化调整工作时有很大的局限性。因此，迫切需要一种新的动态监测技术，监测燃烧前缘位置、推进速度和推进方向，以适应稠油火驱开发调整需要。

第一节　火烧区带电位法监测

从调研资料分析可知，对于火驱燃烧前缘展布的监测，理论可行的监测技术有四维地震、微地震、电位法等，而国内外成熟的火驱燃烧前缘直观的动态监测技术未见报道。电位法是利用监测到的地层电阻率变化特征反演出驱替前缘的一种监测方法，在蒸汽驱前缘监测、火驱前缘监测领域都有成功应用的先例。表 7-1-1 所示为红浅火驱先导试验区四口取芯井岩芯的电阻率实测值，其中 H2071 井与 h2071A 井（注：h 用于新钻井，H 用于老井）、H2118 井与 h2118A 井在同一区域。可以看出，火驱前后的地层电阻率变化剧烈，理论上可以通过识别地层电阻率的变化监测并判断燃烧前缘的变化。

表 7-1-1　火驱前后岩芯电阻率对比

井　号	电阻率平均值/(Ω · m)	电阻率最大值/(Ω · m)
H2071(火驱前取芯)	35	83
h2071A(火驱后取芯)	389	1 000
H2118(火驱前取芯)	41	85
h2118A(火驱后取芯)	924	6 653

火驱过程中油层燃烧形成温度场差异，随着温度的变化，油层内部各种物性发生改变，引起目标地层电阻率变化，导致地表电位分布变化。因此，可采用以下研究思路：以火驱过程中各区带油层物性、电性为研究对象，基于火驱过程中油层电阻率变化建立理论模型，以现场采集的地面电位数据为基础，通过数据处理，利用泊松方程计算反演火驱各区带的真电阻率变化，从而确定火驱燃烧前缘位置和推进方向。

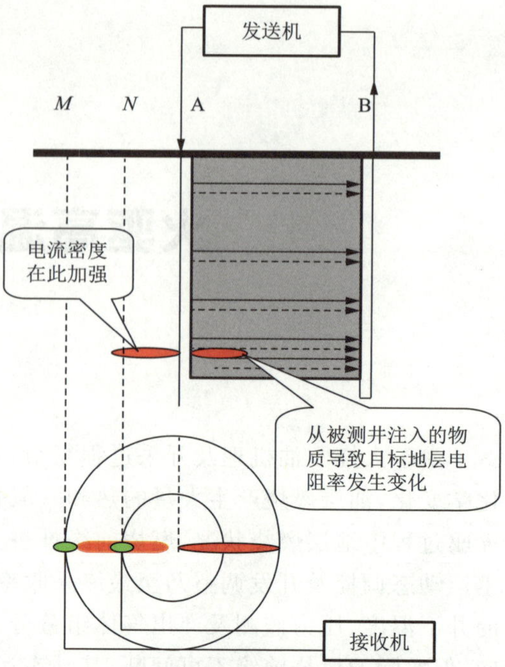

图 7-1-1　井间电位法监测原理图

井间电位法是以电磁场基本理论为依据，测量由火烧产生的热量和气体所引起的地面电磁场的变化，并根据这些变化反演出目的层电性参数变化解释目的层段火驱燃烧前缘位置、推进速度及推进方向。监测原理如图 7-1-1 所示。图中，点火井为被测井（A），B 为电流返回井，M 和 N 点代表地面电位监测点。由发送机向 A 井套管发射电流，通过射孔段，形成由 A 和 B 两口井构成的馈电回路，当火驱过程中发生电阻率异常时，地面接收机接收地表电位异常响应。

火烧后，各区带由于油层介质的物理性质变化引起的电阻率变化特征（图 7-1-2）描述如下：

（1）已燃区。已燃区是在燃烧前缘后面已经燃烧过的区域，岩芯中几乎看不到原油，岩芯孔隙为注入空气所饱和。在该区域，氧气含量为注入含量，已类似于干层。地层电阻率为骨架岩石（由造岩矿物组成，离子导电，例如石英砂）的电阻率，常温下电阻率达 10^6 Ω·m。从注入井至燃烧前缘，温度由 80 ℃逐步上升到 400 ℃。离子导电岩石的电阻率随温度升高而降低，假设降幅为 1/10，仍可达 10^5 Ω·m。故已燃区为高电阻率区域。

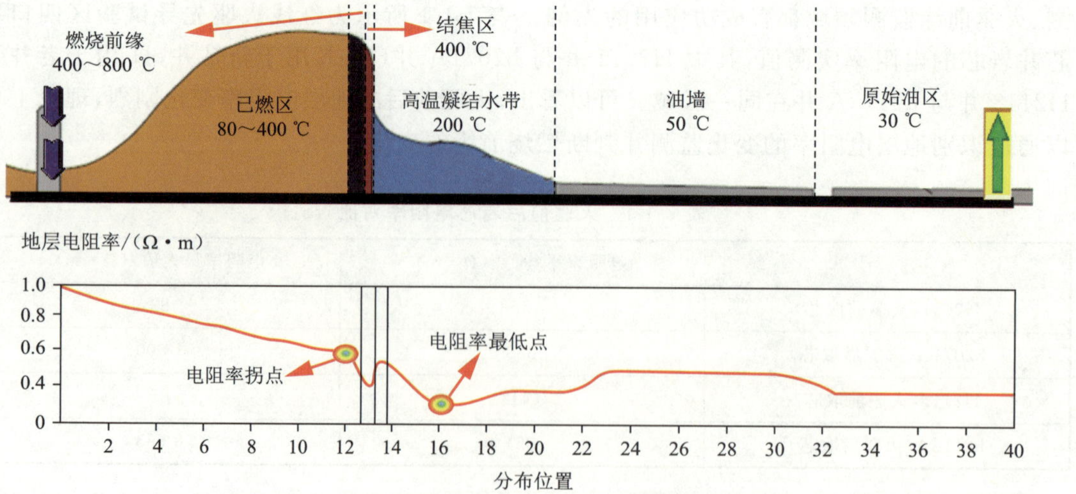

图 7-1-2　完整火驱各区带电阻率变化模型

(2) 燃烧前缘。燃烧前缘也可以称为火墙或燃烧带，是发生高温氧化反应（燃烧）的主要区域。在该区域，氧化反应最为剧烈，氧气饱和度迅速下降。岩芯孔隙为重质烃、注入的空气（含氧气）和燃烧产生的废气（均为高电阻率）所饱和，只存在气相和固相。该区域平均温度最高，区域边界温度变化最为剧烈，温度梯度最大，最高温度可超过 600 ℃（局部瞬间可达 800 ℃），平均温度为 450～550 ℃。该区域由于温度最高，电阻率比已燃区低，也比结焦区低。由此可知，燃烧前缘为高电阻率区域中夹持的相对低电阻率区。

(3) 结焦区。结焦区是在燃烧前缘一个小范围内，有结焦现象。这部分原油被蒸馏、裂化，轻质油和蒸汽向前流动，残留的重质油则变成焦炭（高电阻率），为火驱过程提供燃料。结焦区温度仅次于燃烧前缘，只存在气相和固相。固相是表面有固态焦化物黏附的岩石颗粒，而气相由空气中的 N_2、原油高温裂解生成的烃类气体、束缚水蒸发形成的蒸汽、燃烧生成的蒸汽、CO 及 CO_2 组成。由于没有液相存在，该区域在火烧驱油过程中不形成明显压力降，温度比燃烧前缘低。由此可知，相对于燃烧前缘，结焦区电阻率略高，为相对高电阻率区域。

(4) 蒸汽带（高温凝结水带）。该区域温度相对于结焦区有大幅度下降（降至 300 ℃以下）；原油主要被蒸馏，有固相、气相和液相。该区域含有由结焦区传导过来的蒸汽和气相轻质馏分，以及原地层的束缚水、油层水、剩余油（重质烃）、蒸馏形成的轻质烃。在该区域，以蒸汽驱油机制为主，蒸汽和温度两种因素影响地层电阻率。该区域地层电阻率相对于正常情况（原始油区）变大，同时由于温度高，地层电阻率降低，综合作用的结果是地层电阻率降低。由此可知，该区域为相对低电阻率区域。

(5) 油墙。油墙的主要成分为高温裂解生成的轻质原油。蒸汽带蒸馏驱替形成的轻质烃和剩余油在此汇聚并冷凝，混合着未发生明显化学变化的原始地层原油，同时包含着燃烧生成的水、二氧化碳以及空气中的氮气，使该区域含油饱和度较高，含气、含水饱和度较低，具有较大的渗流阻力。在该区域，有三种因素影响电阻率：含油饱和度高，使地层电阻率高；地层水电阻率接近原生地层水电阻率，使地层电阻率低；温度不太高，使地层电阻率略有降低。三者综合作用的结果是地层电阻率较高。由此可知，油墙为相对高电阻率区域。

(6) 原始油区。在油墙的前面就是原始油区（也称剩余油区），该区域是受蒸汽和烟道气驱扫而形成的。因此，其含油饱和度甚至明显低于原始含油饱和度，可以理解为含水饱和度不变，含油饱和度变小。由此可知，该区域电阻率与未受火驱作用影响的原始含油地层相同。

根据以上讨论，并参照阿尔奇公式，可得到火烧以后地层电阻率与蒸汽电阻率、温度及孔隙度的关系式：

$$R_{t2}(x)=\frac{\alpha R_{wi}R_{wj}}{\phi^m S_{wt}^{n-1}[S_{wi}R_{wj}+(S_{wt}(x)-S_{wi})R_{wi}]}\cdot\frac{T_1+21.5}{T_2(x)+21.5} \tag{7-1-1}$$

式中 R_{t2}——火驱后地层电阻率，Ω·m；

R_{wi}——地层原生水（火驱前）的电阻率，Ω·m，这里取 0.02 Ω·m；

R_{wj}——蒸汽电阻率，Ω·m，这里取 500 Ω·m；

m——地层胶结因子，对于砂岩，$m\approx2.15$；

n——饱和指数，这里 $n\approx2$；

α——系数，对于砂岩，$\alpha\approx0.62$；

S_{wi}——原生地层总的含水饱和度，%，这里取 50%；

ϕ——孔隙度，%，这里取 26.3%；

x——距离点火井的空间位置；

$S_{wt}(x)$——火驱后地层总的含水饱和度，%，与位置 x 有关；

T_1——原生地层温度，℃，这里取 23.9 ℃；

$T_2(x)$——火驱后地层温度，℃，与位置 x 有关。

式(7-1-1)可作为对电磁监测资料进行定性解释的依据。定性来看，火烧后地层电阻率与蒸汽电阻率近似呈正比，蒸汽一般电阻率高，火驱后地层电阻率升高；火驱后地层电阻率与温度呈反比，与地层总的含水饱和度呈反比。从不同区带的电阻率变化情况来看，已燃区的电阻率由高值向低值下降较快的拐点位置对应于已燃区边界，在已燃区外围会出现电阻率较低区域，对应的是蒸汽带(宽度 10～20 m)的中点区域，现场易于识别。而燃烧前缘和结焦区的电阻率虽然变化较大，但由于分布宽度较窄，受限于仪器监测精度，现场不易识别。

基于以上研究认识，建立现场资料录取及解释方法。2013 年在世界上首次开展了现场电位法监测试验。图 7-1-3 所示为监测解释结果，解释出的燃烧前缘边界(黑线)和蒸汽带中点(蓝线)通过与邻近监测井温度及生产状况验证，结果符合率＞82%。

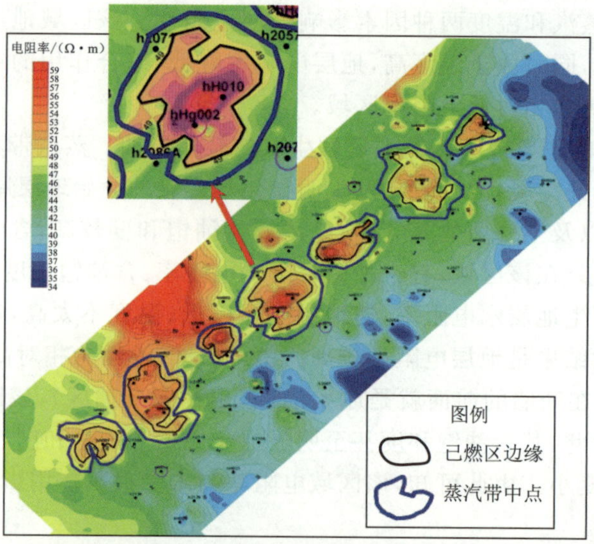

图 7-1-3 现场燃烧前缘解释结果

第二节 火驱燃烧前缘协同刻画方法

一、火驱燃烧前缘发育特征

火驱初期受燃烧前缘加热作用，油墙不断构建并推进，而燃烧前缘呈条带状推进(图 7-2-1)。由于重力影响，气体在岩芯上部推进较快，使燃烧产生超覆现象，超覆面角度随时间增大。

而在现场试验中发现，温度分布与井位置有一定的关系。在构造上倾方向见热流体明显早于下倾方向，如 h2071 井为 456 d 见热流体，而 h2072 井则为 651 d。另外，同属于下倾

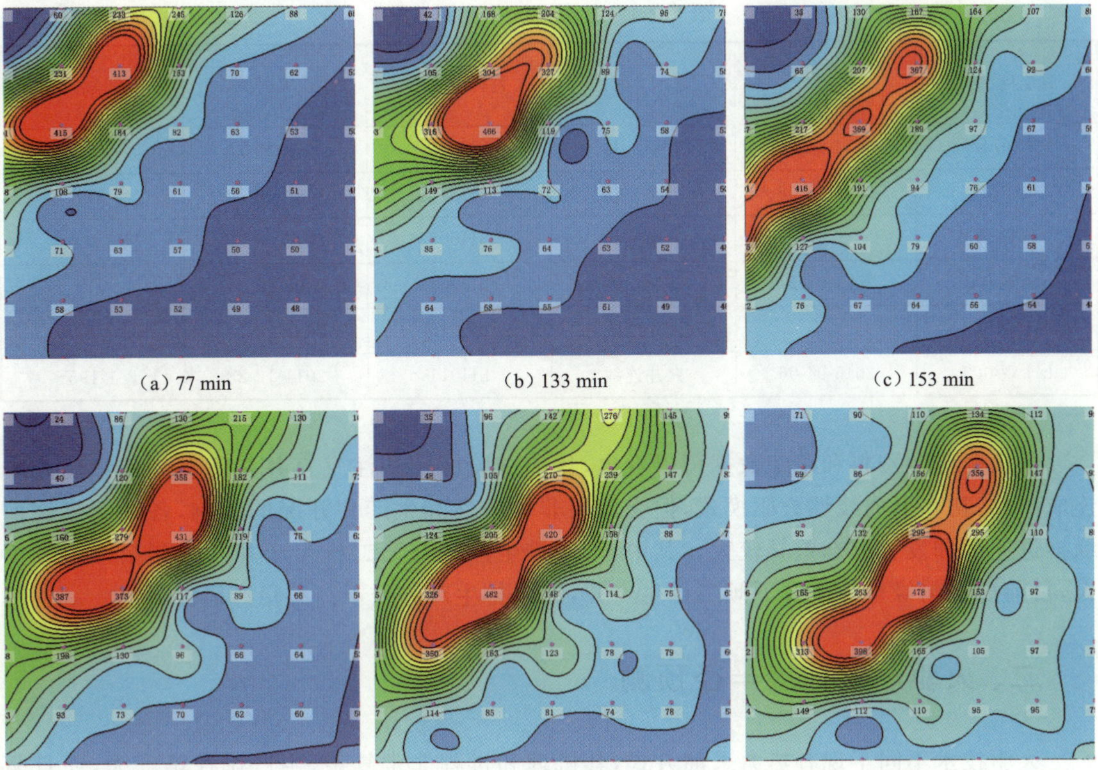

(a) 77 min　(b) 133 min　(c) 153 min

(d) 175 min　(e) 226 min　(f) 250 min

图 7-2-1　室内实验不同时刻温度剖面

方向一排的观测井 hH014 井至今未见达到 200 ℃以上的高温。注气井连线方向上见热流体时间更晚，如 hH 观 003 井出现热流体信号距离最近点火井 hH011 井点火已经过去 1 195 d。这主要是因为注气井间没有生产井泄压，气体携带液体前进的作用弱于一、二线井。由此可知，火驱燃烧前缘推进的方向由物性和井网决定（图 7-2-2、表 7-2-1）。

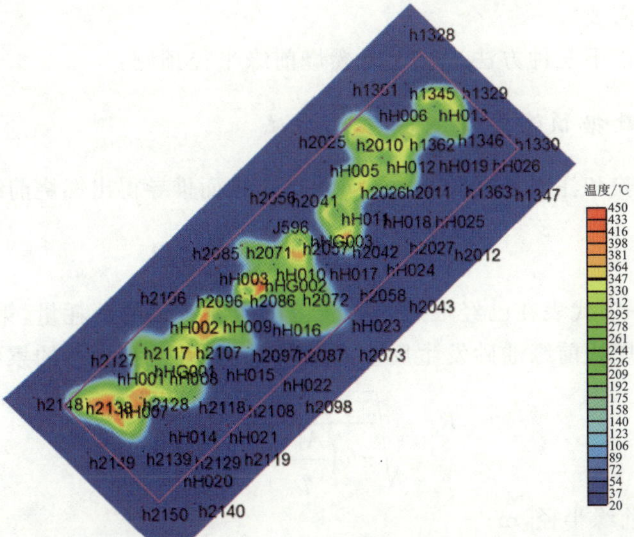

图 7-2-2　试验区已燃区温度场模拟结果

表 7-2-1 温度监测井监测结果

温度监测井	观测到热流体(200 ℃)时间	方位	关联注气井	点火时间	间隔/d
h2071	2011-03-25	上倾一排	hH010	2009-12-24	456
h2072	2011-10-06	下倾一排	hH010	2009-12-24	651
hH014		下倾一排	hH007	2011-08-22	
hH 观 001	2011-05-27	上倾 45°	hH008	2009-12-24	519
hH 观 002		火井连线	hH010	2009-12-24	
hH 观 003	2015-04-06	火井连线	hH011	2011-12-28	1 195

从火驱监测资料和跟踪数据可以看出，目前试验区预测注气直井井间燃烧前缘已基本连成一片，初步形成线性火驱模式，但受储层非均质性和生产井井况的影响，各井组燃烧前缘推进速度和发育形态差异较大。其中，第一排生产井与第二排生产井井间剩余油饱和度大，目前燃烧前缘整体波及下倾二排生产井，第二排生产井处于高温稳产阶段。

二、火驱燃烧前缘半径预测

火驱技术不同于现有热力采油方式，其机理和过程非常复杂，生产调控难度大，而且驱替过程中燃烧前缘展布具有时效性和不可逆性的特点。火驱相关参数和燃烧状态的监测是燃烧前缘调控和安全生产的前提，是保证开采效果和成功的关键，可为科学指导先导试验和评价开发效果提供可靠依据。火驱作为提高采收率诸多方法中的一种颇具特点的工艺手段，它综合了热驱、蒸汽驱、混相驱和非混相驱机理，具有广阔的应用前景。但由于火驱本身的复杂性，人们在对其进行过程量化时有很大的局限性，缺乏全面的认识。因此，需要研究并采取多种预测及监测技术，预测及监测火驱燃烧前缘位置、推进速度和推进方向，以适应稠油火驱开发调整需要。

目前主要应用以下三种方法进行火驱燃烧前缘半径预测：

1. 创建注气数据预测燃烧前缘半径方法

根据燃烧釜实验和注气数据关系[式(7-2-1)]，进而推导得出燃烧前缘半径[式(7-2-2)]。

$$\frac{\pi R^2 h A_0}{\eta}+\pi R^2 h\left(\frac{z_p p}{p_i}\right)=Q \tag{7-2-1}$$

其中，等号左边第一项代表在已经形成的火线范围内空气总的消耗量，第二项代表从注入井进入地层中尚未与燃烧前缘油砂发生反应的空气量，两者之和为总的累积注气量。

$$R=\sqrt{\frac{Q}{\pi h\left(\frac{A_0}{\eta}+\frac{z_p p}{p_i}\right)}} \tag{7-2-2}$$

式中 R——燃烧前缘半径，m；

h——油层厚度，m；

A_0——燃烧效率，m^3/m^3；

η——氧气利用率；

p——地层压力，MPa；

p_i——大气压，MPa；

Z_p——某温度、压力下的空气压缩因子；

Q——累积注气量，m^3。

计算试验区转火驱开发 3 年后的注气井组燃烧前缘等效半径，结果见表 7-2-2。可以看出，hH010 井组燃烧前缘等效半径最大，为 58.7 m，其次是 hH008 井组，其燃烧前缘等效半径为 54.1 m。

表 7-2-2　注气井组燃烧特征参数

井　组	燃烧前缘等效半径/m
hH007	25.9
hH008	54.1
hH009	32.6
hH010	58.7
hH011	23.9
hH012	43.2
hH013	32.4

2. 完善产气数据预测燃烧前缘半径方法

由于油层的各向异性，油层燃烧过程中燃烧前缘的径向距离也各异，因此需要按某一油井方向的动态资料分别计算（图 7-2-3）。

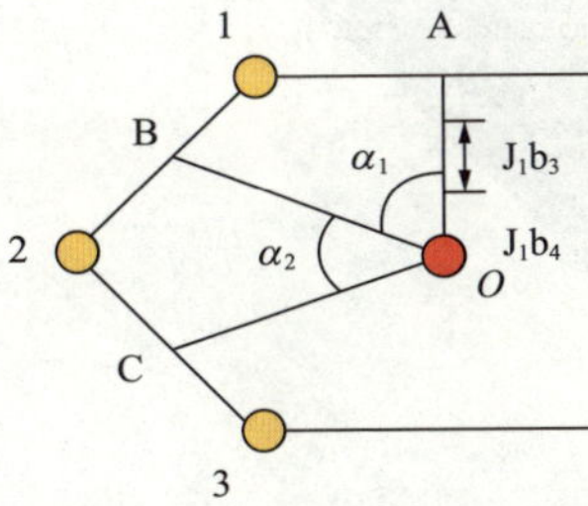

图 7-2-3　燃烧前缘半径计算示意图

由燃烧反应的物质平衡关系可推导出某一油井方向的燃烧前缘位置方程为：

$$R_i = \sqrt{\frac{360Q_i\eta}{\alpha_i \pi h_i A_0}} \tag{7-2-3}$$

式中　R_i——燃烧前缘半径，m；

Q_i——各油井方向的累积产气量，m^3；

α_i——各油井方向的分配角,(°);

h_i——各方向油层平均厚度,m。

通过计算井组剖面上按小层划分的 15 个小层的燃烧前缘半径可知,计算结果与现场生产情况符合。

3. 数值模拟方法预测燃烧前缘扩展

数值模拟技术即在实验研究物理模型的基础上,通过数学物理方法计算火驱开发相关参数,目前已由一维模型发展到三维模型的数值计算,可以反映油层在平面、纵向上火驱的温度场分布特征,火驱燃烧前缘在空间的展布特征,以及现场油田生产动态特征,预测火烧油层的采收率等。

数值模拟研究结果表明,2017 年 1 月,试验区注气井燃烧前缘已协同推进,但受储层非均质性和生产井井况的影响,各井组燃烧前缘推进速度和发育形态差异较大(图 7-2-4)。其中,中部 hH010 井组位于高渗通道发育区域,燃烧前缘已到达试验区边界;西南部 hH008 井组发育心滩砂体,非均质性较弱,燃烧前缘发育较均匀,上倾方向已到达边界,下倾方向已越过第一排生产井,未到达第二排生产井;东北部 hH012 井组受原油黏度较高的影响,燃烧前缘波及范围较小,但已连成线。

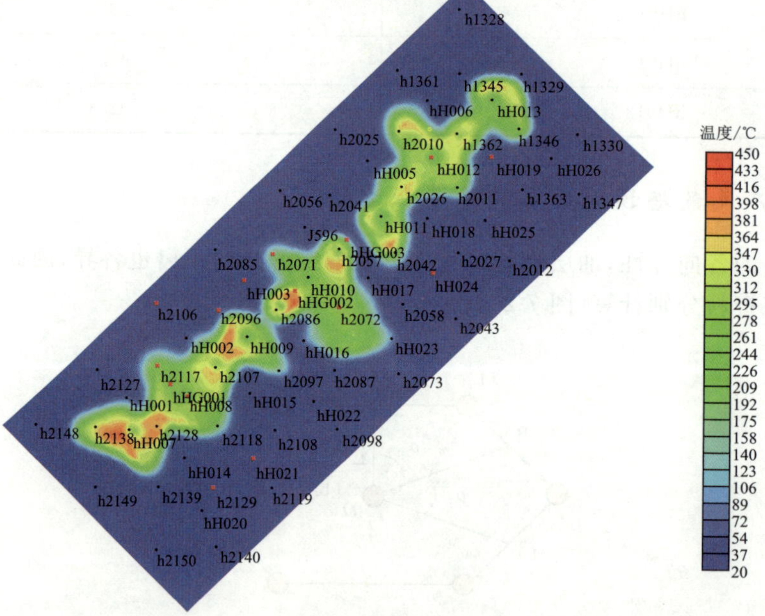

图 7-2-4 试验区温度分布图(2017 年 1 月)

试验区燃烧前缘已波及区域剩余油饱和度小于 10%,剩余油集中分布在燃烧前缘未波及区域(图 7-2-5)。其中,hH008 中心井组和 hH012 中心井组的下倾一排生产井与二排生产井之间剩余油饱和度在 50%左右,目前燃烧前缘整体波及下倾二排生产井,第二排生产井处于高温稳产阶段。

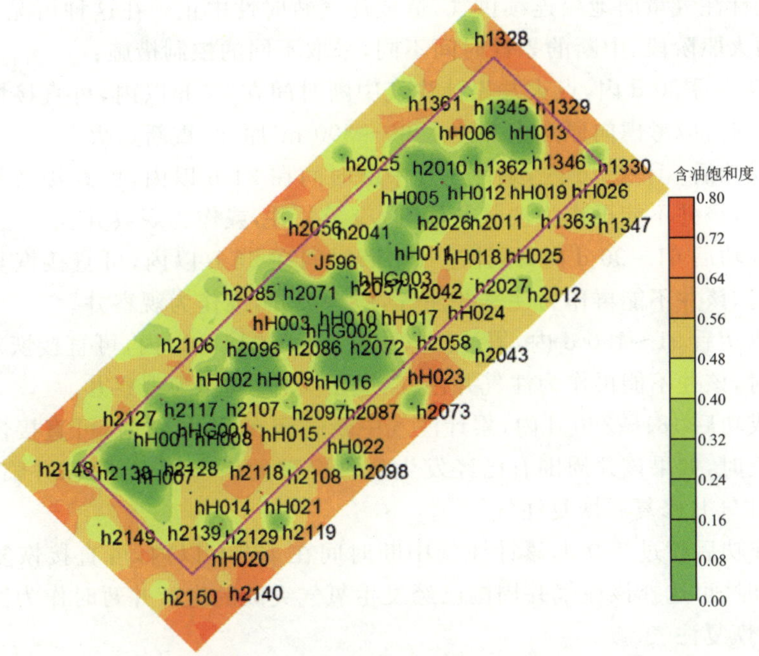

图 7-2-5　试验区含油饱和度分布图

第三节　火驱燃烧前缘稳定燃烧控制方法

一、火驱动态调控技术

在以火驱燃烧前缘预测与监测技术确定燃烧前缘位置、推进方向和速度的基础上，建立了注气井生产调控技术。

1. 点火阶段优化调控

根据油藏工程方案，红浅试验区油层注气压力为 10 MPa，红浅稠油燃点为 420 ℃，高于 420 ℃的加热半径达到 0.4 m 左右就可使油层稳定燃烧，此过程需 100～120 h。从有利于点火考虑，点火器的点火温度应高于油层燃点 20～30 ℃，即点火器的热端出口空气温度应达到 450 ℃左右。经理论计算，在注气速度为 5 000 m^3/d(3.5 m^3/min)条件下，要求点火器功率＞45 kW，加热空气温度达到 450 ℃，预计点火时间约 15 d。因此，点火器设计功率为 50 kW，耐温≥550 ℃，耐压≥15 MPa，连续工作时间大于 30 d。点火阶段的注空气参数优化详见第五章第五节。

2. 火驱生产跟踪及优化调控

1) 注气井优化调控

(1) 异常注气中断优化控制。

注气中断是指点火成功后，连续注气火驱过程中，由于井筒、地面及压缩机等原因导致无法继续按设计注气量向地层连续供气,造成注气暂时性中止。在这种情况下,要视发生注气中断所处的火驱阶段、中断的累计时间不同,采取不同的控制措施:

① 点火成功后 30 d 内,点火井累计注气中断时间在 12 h 以内,可直接恢复注气生产;超过 12 h 以上时,应考虑向原点火井注入 60～300 m^3 原油,重新点火。

② 点火成功后 31～60 d 内,累计注气中断时间在 24 h 以内,可直接恢复注气生产;超过 24 h 以上时,该井不能再作为注气井注气,应予关井,或作为观察井。

③ 点火成功后 61～90 d 内,累计注气中断时间在 36 h 以内,可直接恢复注气生产;超过 36 h 以上时,该井不能再作为注气井注气,应予关井,或作为观察井。

④ 点火成功后 91～180 d 内,累计注气中断时间在 48 h 以内,可直接恢复注气生产;超过 48 h 以上时,该井不能再作为注气井注气,应予关井,或作为观察井。

⑤ 点火成功后 181～360 d 内,累计注气中断时间在 72 h 以内,可直接恢复注气生产;超过 72 h 以上时,如果该井周围有已经发生氧气突破的生产井,可将该井临时作为注气井注气,等待原注气井修复后恢复注气。

⑥ 点火成功后超过 360 d,累计注气中断时间在 120 h 以内,可直接恢复注气生产;超过 120 h 以上时,可选择该注气井周围已经发生氧气突破的生产井暂时作为注气井,等待原注气井修复后恢复注气。

⑦ 转线性火驱期间,若注气井发生注气中断,可通过增加其他注气井的注气量维持注气总量基本不变。中断的注气井可在修复后恢复注气,若不能修复,应关井弃用。

(2) 不同时期注气量优化控制。

为达到注气井排火线快速连通,实现线性火驱的目的,采用如下方案:一期点火 3 口井,平均单井注气量 40 000 m^3/d;二期点火 4 口井,平均单井注气量 20 000 m^3/d。后经过生产动态跟踪分析,2013 年 8 月进行方案调整,即将注气井排上 6 口生产井转注,形成 13 口井注气、38 口井采油的线性井网模式。

按照剩余地质储量法和注气强度法,6 口生产井转注气井后,试验区所需日注气量为 17.9×10^4 m^3/d,试验区压缩机能够满足不同阶段的注气需求(表 7-3-1)。

表 7-3-1　线性火驱注气速度　　单位:10^4 m^3/d

类　型	井　组	剩余地质储量法	注气强度法	优化后
现有注气井	hH007	1.7	1.3	1.5
	hH008	2.0	2.0	2.0
	hH009	1.7	1.6	1.6
	hH010	1.9	1.7	1.8
	hH011	1.9	1.7	1.8
	hH012	1.6	1.3	1.5
	hH013	1.0	0.9	0.9
小　计		11.8	10.5	11.1

续表

类　型	井　组	剩余地质储量法	注气强度法	优化后
预计新增注气井	h2128A	1.54	1.12	1.33
	h2107A	1.19	0.84	1.02
	h2086A	1.33	0.98	1.16
	h2057A	1.04	1.05	1.05
	h2026	1.40	1.05	1.23
	h1362	1.19	0.84	1.01
小　计		7.69	5.88	6.80

2）生产井优化调控

（1）生产井助排调控。

试验区东北部为高黏区，特别是新井，在蒸汽开采时受热波及程度弱，其井底原油黏度与原始油藏接近，流动能力较弱，当火驱受热或改质流体推进到井底附近时，仍然难以进入井筒产出，造成流体绕流，无法就近采出，影响生产效果。因此，需要制订生产井助排调控措施。

在火驱生产过程中，出现如下几种情况时要采取吞吐引效、降黏等助排措施：

① 对于点火成功后 4 个月排气不畅的生产井，尤其是新井，应考虑进行吞吐引效。当一线老井单井日产气量小于 4 000 m^3/d、二线新井单井日产气量小于 2 000 m^3/d 时，可以认为该井排气不畅。

② 通过数值模拟及油藏工程法预测油墙已经到达生产井井底附近，同时生产井处于高黏区且出现杆卡等情况时，应采取助排措施。

吞吐引效期间单井周期注汽量为 300～900 m^3，焖井 3～5 d；吞吐引效一般不超过 3 个周期；吞吐引效作业原则上应在点火成功后一年内完成。试验区共进行了 32 次吞吐引效作业，6 次化学剂降黏作业，单井增产效果显著（图 7-3-1），共增产原油 2 273 t。

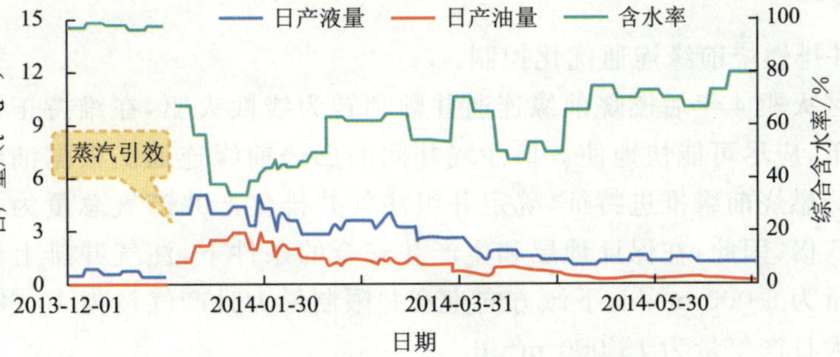

图 7-3-1　典型井吞吐引效生产曲线

（2）高渗透条带井产气参数优化控制。

对于处在高渗透条带上的生产井，尤其是 h2071 和 h2072 两口井要进行重点监控。从其生产见效到氧气突破，严格限制其排气量，其中上倾方向的 h2071 井控制在 6 000 m^3/d 以内，下倾方向的 h2072 井控制在 8 000 m^3/d 以内。

（3）上倾方向井产气参数优化控制。

根据国外成功火驱项目经验，带倾角地层会加强注入气体的超覆作用，使上倾方向的燃烧前缘在平面上发生指进，在剖面上发生突进，最终影响生产效果，因此，在火驱先导试验期间，上倾方向燃烧前缘推进规模要控制在一个井排范围之内。为此，上倾方向各生产井（h2138，hH001，h2117，hH002，h2096，hH003，h2071，检 596，h2041，hH005，h2010A，hH006，h1345）从见效到氧气突破期间要控制其单井排气量不超过 6 000 m^3/d。

（4）线性火驱阶段燃烧前缘优化调控。

试验区转火驱开发 4 年后已经进入线性火驱阶段，燃烧前缘已逐步接近上下倾第一排生产井，造成生产井逐渐由稳产阶段进入高温高含水阶段，产气量增大，产油量下降。为避免下倾一排生产井由于燃烧前缘推进不均匀造成原油圈闭燃烧，促使燃烧前缘向下倾方向更均匀推进而快速进入高产期，要加大下列 14 口生产井的排气强度：h2139，hH020，hH015，h2097，h2108，hH022，h2087，hH017，h2058，h2042，hH024，hH019，h1363，hH026。在保证地层和生产井安全的条件下，尽可能控制单井排气量大于 10 000 m^3/d，一般不超过 15 000 m^3/d。

（5）生产井关井控制标准。

试验区转火驱开发 6 年后，燃烧前缘已逐渐接近部分生产井井底，生产井逐渐由高温高含水阶段进入氧气突破阶段，由于氧气突破及高温会造成安全隐患，因此建立如下生产井关井控制标准：

① 当产出气体中 CO 和 H_2S 含量超过安全界限，且没有相应的安全处理措施时，该生产井关井。

② 当产出气体中 O_2 含量超过 3%时，该生产井关井。

③ 当井口产液温度超过 150 ℃时，一般采取间歇注冷水方法以降低产液温度，维持生产，一次注水量 150～300 m^3，关井一周后重新开井生产。当采用注水方法无法有效降低产液温度时，该生产井关井。

④ 当生产井管腐蚀、出砂严重时，应考虑临时关井并修复。当无法修复时，该生产井关井。

（6）注气井排燃烧前缘连通优化控制。

为使试验区火驱 4 年后燃烧前缘连通并顺利转为线性火驱，在维持正常燃烧状态和注采平衡的前提下，应尽可能快地使 3 口注气井间的燃烧前缘连通。根据油藏工程方法及数值模拟方法预测燃烧前缘推进特征，确定井组注气井排生产井产气总量为上下倾方向生产井产气总量的 5 倍，因此，在保证地层和生产井安全的条件下，注气井排上倾方向生产井限制最大日产气量为 6 000 m^3/d，下倾方向生产井限制最大日产气量为 10 000 m^3/d，注气井排方向限制最大日产气量为 15 000 m^3/d。

（7）井组火驱燃烧前缘优化调控。

① 火驱燃烧前缘调控预警机制。根据测井水淹特征刻画高渗条带，数值模拟跟踪监测火驱燃烧前缘变化情况，火驱监测系统实时监测火驱动态，并根据生产变化情况进行印证。

② 火驱燃烧前缘调控原则。依据产量变化进行选井：单井产气量超过 5 000 m^3/d 且产液量低于 5 t/d 的井、单纯产气的一线井、产液温度变化剧烈的生产井都需要采取调控措施。

结合室内物理模拟实验和现场生产数据及数值模拟手段建立了一套火驱燃烧前缘预测方法，通过该方法可以量化油井火驱燃烧前缘推进情况，结合现场动态生产参数和监测数据初步形成了一套“1234”火驱燃烧前缘调控技术：一“调”，现场动态调整生产参数，避免单方向气窜；二“控”，数值模拟跟踪，动静结合控制燃烧前缘推进方向和速度；三“监测”，监测组分、压力和产状，实现调地上、控地下；四“结合”，结合注气、生产、气体组分和产状变化情况，调控火驱燃烧前缘。

二、火驱燃烧前缘调控实例

现场跟踪调整过程中，需要密切关注火驱燃烧前缘变化情况，及时根据油井生产变化情况和注气井注气压力情况采取调控措施，保证火驱燃烧前缘尽量向四周均匀推进。

生产井调控实例：根据跟踪数值模拟和生产情况，对单井及时调控（控制套压、控制气量），结果（图 7-3-2、图 7-3-3）表明，产量明显上升，效果较好。

注气井调控实例：hH008 井组经过控制后生产效果明显好转，处于稳产阶段（图 7-3-4、图 7-3-5）。

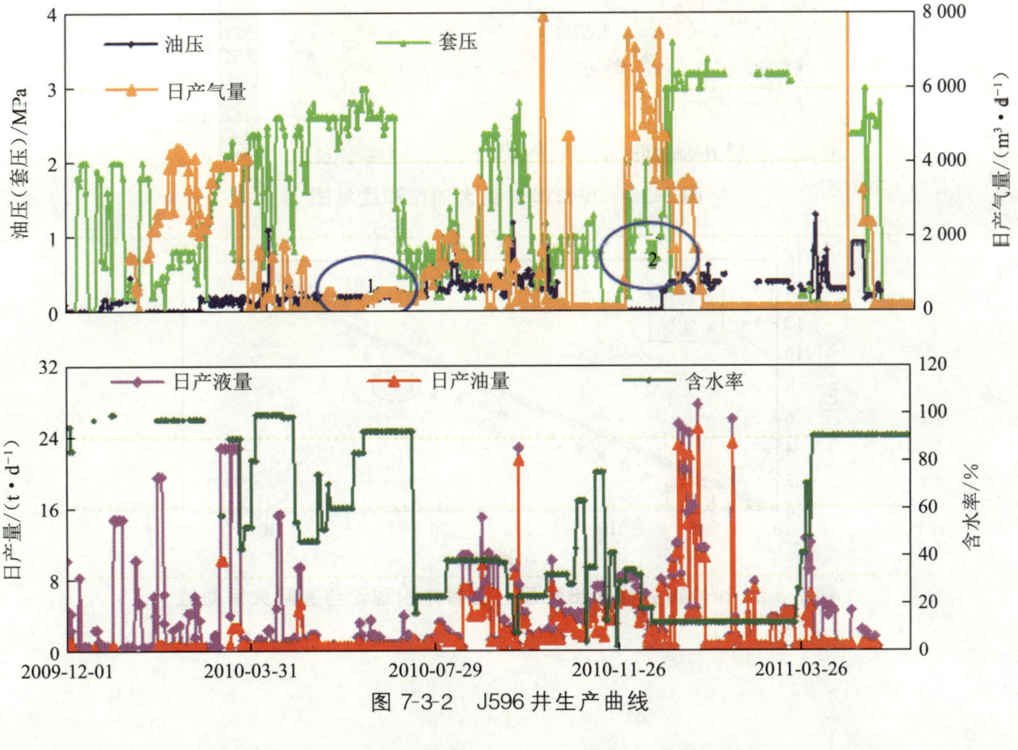

图 7-3-2 J596 井生产曲线

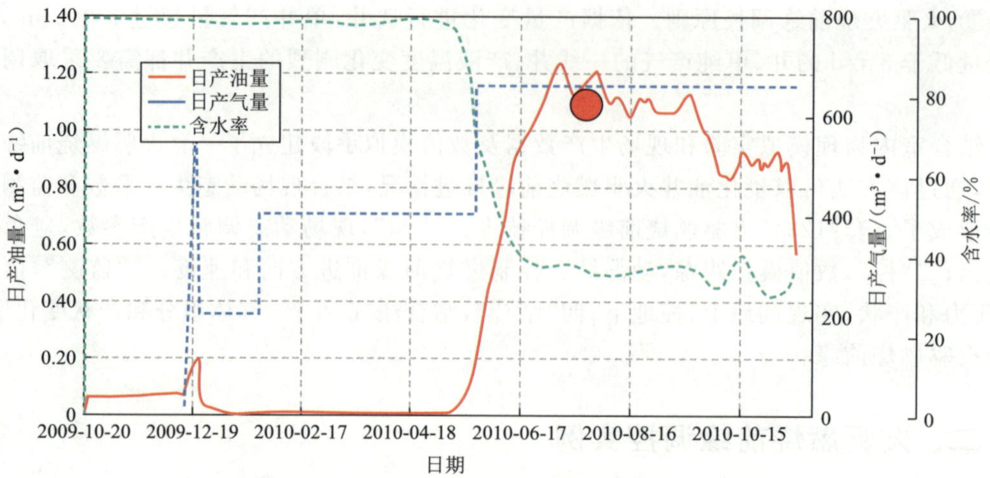

图 7-3-3 试验区Ⅰ类井生产曲线

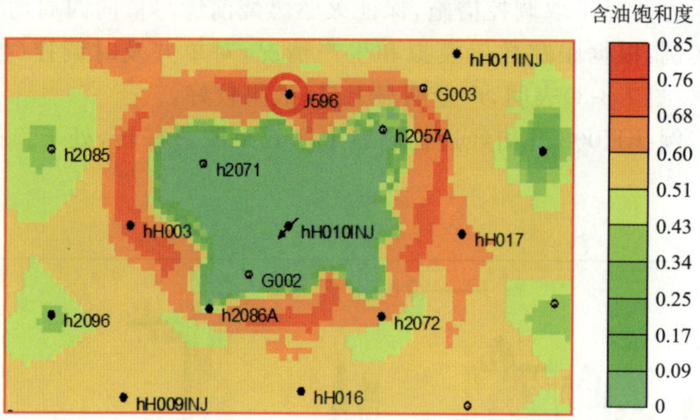

图 7-3-4 hH010 井组含油饱和度场图

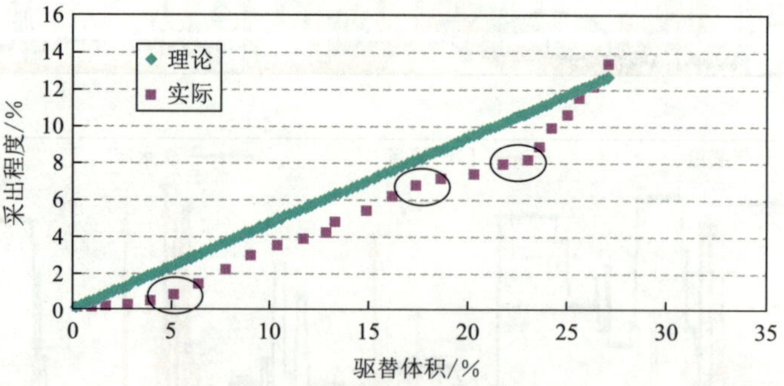

图 7-3-5 hH008 井组采出程度与驱替体积理论与实际关系曲线

第八章
火驱开发应用实例

目前，新疆浅层稠油已陆续进入注蒸汽开发中后期，近 1.3×10^8 t 储量尚无有效的深度开发接替技术。综合分析认为，稠油老区继续使用注蒸汽开发，提高采收率幅度小，能耗大，经济效益差，濒临停产废弃的状态。通过采用新的技术，挖掘老区潜力，减缓老区递减是新疆油田稠油稳产的新思路。因此，必须攻关稠油火烧驱油这项战略接替技术，实现注蒸汽后期油藏继续大幅度提高采收率。为考察稠油油藏注蒸汽开发后期经济有效接替开发方式的可行性，落实火驱增油量、提高采收率幅度和气油比等技术经济指标，形成浅层稠油火驱配套工艺技术，为大规模工业化开发积累经验、储备技术，通过综合研究，选择新疆油田红浅 1 井区侏罗系八道湾组油藏开展火驱试验。

第一节　火驱试验开发历程

火驱先导试验区位于红浅 1 井区八道湾组油藏南部，在检 258 井断裂附近(图 8-1-1)，油藏静态数据见表 8-1-1。该油藏于 1991 年开始蒸汽吞吐开发，1997 年开展了 12 个 100 m×140 m 反九点井组蒸汽驱，转蒸汽驱后油井排水时间长达 5 个月以上，而且产油量低，含水高(平均含水 89%，最高达到 99%)。截至 1999 年，试验区综合含水 96.8%，采出程度 28.9%，蒸汽开采无效，处于停产待废弃状态。

2009 年 12 月火驱先导试验区正式投产，动用面积 0.28 km^2，地质储量 42.5×10^4 t，总井数 55 口，其中新钻井 35 口，利用老井 20 口。第一批点火井 3 口，形成面积井网；第二批点火 4 口，形成线性井网。

2013 年 5 月完成注气井方案调整，12 月完成注气井排上 6 口采油井转注工作。先导试验区预计生产 10 年，累计产油 15.4×10^4 t，空气油比 2 828.6 m^3/t，采出程度 36.2%，最终采收率 65.1%。

2022 年 2 月试验区关停，火驱阶段累计产油 15.86×10^4 t，阶段采出程度 36.3%，最终采收率 65.2%，超方案要求完成各项指标。

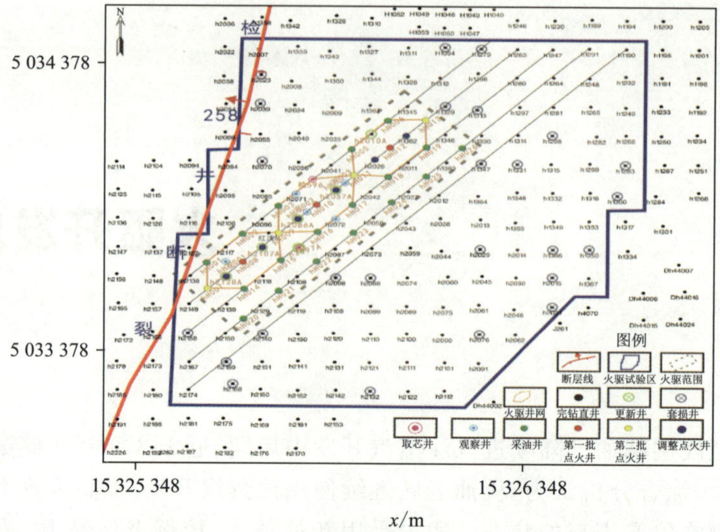

图 8-1-1　火驱先导试验区井位部署图

表 8-1-1　先导试验区油藏静态数据表

参　数	数　值	参　数	数　值
中部埋深/m	550	原始含油饱和度/%	67
地层倾角/(°)	4	地面原油密度/(g·cm⁻³)	0.938
砂层厚度/m	6～18	20 ℃时脱气原油黏度/(mPa·s)	9 000
油层厚度/m	4～14.5	50 ℃时脱气原油黏度/(mPa·s)	800
孔隙度/%	25.4	原始地层压力/MPa	6.4
渗透率/mD	760	原始地层温度/℃	23.9

第二节　火驱试验效果评价

一、原油燃烧特征评价

火烧油层过程中发生的各种反应是随着温度区间的变化而改变的。目前，国内外学者将这些反应简化为三个阶段：低温氧化、燃料沉积、高温氧化。红浅试验区经过前期的蒸汽吞吐过程后，地下有一定量的存水。长期监测的温度观察井为 h2071，hH 观 001 及 h2072 三口井，其中 h2071 井温度监测图（图 8-2-1）表明，试验区处于高温燃烧状态，最高监测温度达到 400 ℃。

对比布尔热 1984 年发布的干式火驱与湿式火驱温度剖面特点可知，h2071 井展现出较长、较平稳的温度带（200 ℃），通过这一特点以及前期的研究结论可以断定红浅试验区呈现高温燃烧，伴随湿式特征。

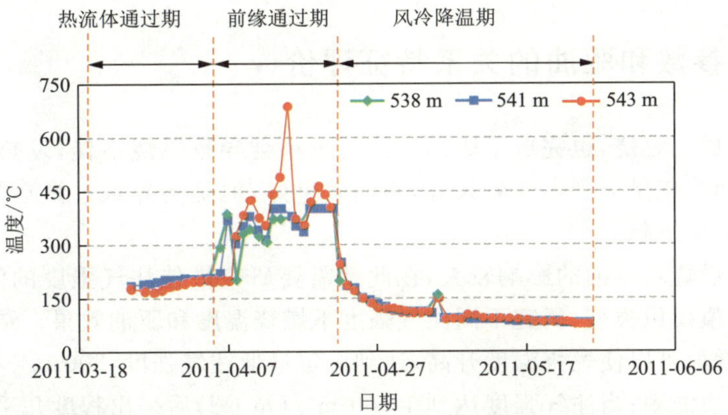

图 8-2-1　h2071 井温度监测图

二、火烧驱油特征评价

图 8-2-2　h2071A 井取芯区带划分示意图

火烧驱油特征主要取决于火驱油带（油墙）的推进，对 h2071A 取芯井的分析可以清晰地认识火驱各个区带以及区带内特征（图 8-2-2、表 8-2-1）。燃烧前缘界面处的含油饱和度（53.2%）较高，验证了火驱的油墙效应。

图 8-2-2 中，B—C 段是燃烧段和油墙的中间结合带，肉眼观察界面处油质呈现亮色，多处有反光，钻取时岩芯胶结较已燃区和原始油区紧密，证明这一区带内已经发生了原油的改质，并且失去了流动活性。

通过对比分析可知，界面处孔隙度、渗透率和毛管半径都大幅度变小，分析认为是焦炭沉积导致孔隙变小，最终影响了渗透率和毛管半径；胶质、沥青质含量整体大于 40%，远远高于红浅原油 18% 的平均水平，由此可以说明该区带经过高温燃烧并已经发生了燃料沉积，综合验证了焦炭沉积段的存在。

表 8-2-1　区带特征及描述

区　段	描　述	特　征
A—B	5.64 m 砂砾岩段（占总长度 40%）	砖红色
B—C	10 cm 焦炭沉积段	孔渗低 （胶质含量＋ 沥青质含量＞40%）
C—D	1.05 m 黑色油斑砂砾岩段，油墙（未受火驱影响）	S_o＝53.2%
D—E	4.4 m 灰色油斑砂砾岩段（未受火驱影响，受前期注蒸汽冷凝水影响）	S_o＝21.4%

三、注气参数和驱油的关系特征评价

通过注气形成了燃烧，也完成了驱油。注气量小会导致燃烧不佳，发热量下降，使最终驱油效果变差，而注气量大则燃烧效果好，驱油效果好，但是会导致过量空气在油墙内二次氧化，使最终换油率下降。

既然注气对燃烧和驱油的影响较大，在此就需要研究最佳注气强度的问题。利用红浅原油性质建立数值模拟模型，研究不同注气强度下燃烧温度和驱油效果。结果(图 8-2-3)显示，注气强度的增加可以使燃烧温度升高，达到一定最低注气强度[800 $m^3/(m \cdot d)$]后可以达到较高的空气换油率；当注气强度达到 1 000 $m^3/(m \cdot d)$后采出程度几乎不再增加，可以认为这是最大注气强度。

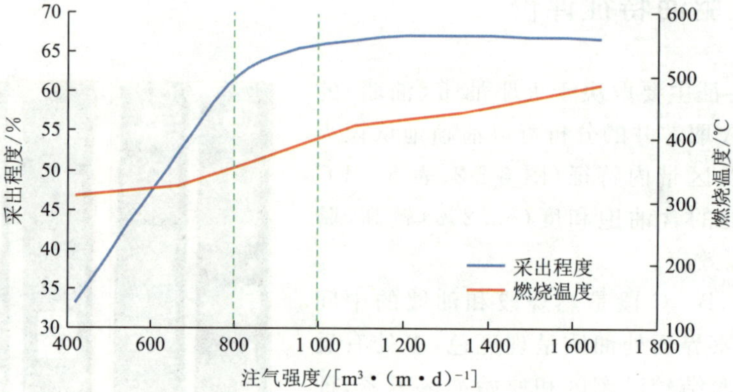

图 8-2-3　不同注气强度下燃烧温度和采出程度

试验区 2017 年单井注气强度约为 788 $m^3/(m \cdot d)$，如果考虑 20%的泄漏，实际可利用量没有达到最低注气强度 800 $m^3/(m \cdot d)$指标，所以建议试验区提高注气强度至 1 000 $m^3/(m \cdot d)$，以保证良好的燃烧和驱油效率。对燃烧和驱油关系研究总结如下：

(1) 从监测数据分析，红浅火驱具有高温燃烧、湿式特征；油墙形成于高温，受气体推动，调节注气强度是燃烧状态和驱油效果协同增效的途径。

(2) 从实验、统计和油藏工程方面分析，试验区平均油层厚度为 8～9 m，单井平均注气量应控制在 8 000 m^3/d 以上，以发挥燃烧和驱油的协同作用。

第三节　技术对策

随着火驱试验的深入开展，一些深层次的问题逐渐暴露出来，如注蒸汽后油藏强非均质性导致火线平面和纵向推进不均衡；原油黏度过高导致油墙驱替阻力大，火驱开发见效慢、单井产量低；气窜通道普遍发育导致生产井频繁高温、高产气；火驱采出气体成分复杂，低成本资源化利用的技术路线尚不明确等。针对这些具体问题，火驱项目组通过室内研究和现场试验，制定了可行的技术对策，推动火驱开发项目平稳运行。

一、改善火线平面及纵向波及程度

稠油油藏注蒸汽末期，油藏非均质和吞吐后次生非均质叠加，气窜网络复杂，在平面和剖面和火驱波及受到影响，甚至会影响地下燃烧状态，使驱油效果大打折扣，因此，需要制定改善火线平面及纵向波及程度的技术对策。

1. 优化射孔平衡纵向动用

针对发育高渗通道砂体存在气窜风险的问题，采用避射高渗层(渗透率大于 1 500 mD)降低气窜风险。为抑制储层非均质性引起的顶部超覆问题，注气井、生产井采用“上疏下密”的变密度方式射孔后平衡了纵向吸气差异，动用模式从顶部超覆式调整为均匀波及式(图 8-3-1)。

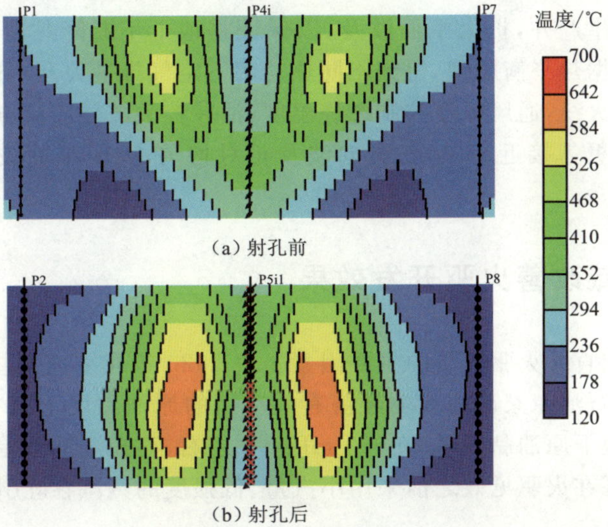

图 8-3-1　变密度射孔前后火驱纵向动用形态比较图

经试验证明，采用上部 8 孔/m、下部 16 孔/m 的方式射孔较采用 12 孔/m 的均匀射孔方式，累积产油量提高了 500 t，空气油比降低了 1 000 m^3/t，可见生产井变密度射孔后既可以提高单井产油量，又可以降低空气油比。除此之外，避射顶部渗透率大于 1 500 mD 的高渗段后，射开底部气体能够穿透渗透率小于 300 mD 的砾岩段，可降低气窜风险，提高纵向动用程度。

2. 平衡注采扩大平面波及

在试验区生产跟踪过程中，运用动态监测和数值模拟发现了火驱“热前缘降黏，可流动原油积聚运移，外围生产井见效”的驱替机理。由温度监测井监测结果可知，火驱生产井经历了“升温—180 ℃高温平台—降温”的过程(图 8-3-2)，表明火驱过程中地下热流体存在运移的过程，证明火驱确实存在热前缘，并且热前缘会不断推进。

随着热前缘不断推进，加热范围会逐渐变大，受热效应降黏后的具有流动性的原油就会逐渐增多。从数值模拟结果来看，井之间会形成厚度约为 1 个井距的环形高饱和度(0.55～0.75)油带。这种受热前缘波及、黏度已降低到 10～100 mPa・s 的油带向构造下倾方向的

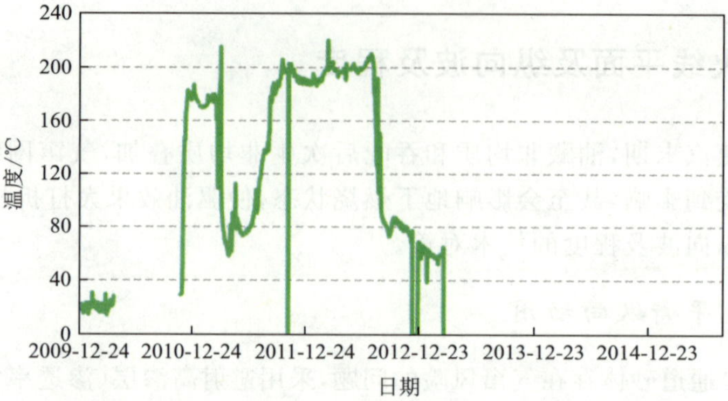

图 8-3-2　温度监测井(h2072)监测结果

生产井移动，形成稳定油墙。

因此，根据上述热前缘和可流动高饱和度油带不断推进的特点，火驱过程中需要适时关闭过火井、打开外围生产井，扩大平面波及，以保证将地下不断降黏后可流动的原油采出。在此认识基础上，根据热平衡原理，得到不同热功率下空气排量关系，分阶段优化注气强度，提出“排气速度牵引火线，通风强度控制燃烧温度，油井控关疏导液流方向”的调控对策。据此调控，燃烧腔形态更为接近椭圆，各方向波及相对均匀，火驱平面波及可由 55% 提高到 85% 左右。

二、高黏区域改善火驱开发效果

稠油黏度是影响直井火驱效果的主要因素。自 1920 年在委内瑞拉开展世界上第一次火驱试验以来，众多石油专家认为火驱经济有效动用的原油黏度上限在 5 000 mPa · s，红浅试验区部分区域地下原油黏度在 20 000 mPa · s 左右，存在流动性差、见效慢、难采出、产量低等问题。试验区在火驱见效之前采用小汽量、低强度的蒸汽吞吐引效方式生产，取得了一定效果。

1. 吞吐引效促连通

为解决高黏、低渗弱产油通道见效慢、产量低的问题，采用蒸汽吞吐引效的方式辅助生产。试验井在 2011 年 9 月之前日产油量为 0.3 t/d，迟迟不见效，在 2012 年 9 月和 2013 年 9 月这段时间内采用小汽量、低强度的蒸汽吞吐方式引效后，于 2013 年 11 月火驱见效，日产油量平均为 2 t/d，含水 50% 左右(图 8-3-3)。

为防止蒸汽吞吐引效的负面作用，对引效时机和操作参数进行了分析。地下原油黏度大于10 000 mPa · s 井在 6 个月内表现出气大液小的特点，气液比为 3 000 m^3/t 以下且燃烧指标正常的井可采用蒸汽吞吐引效方式生产。通过加热远离燃烧前缘在采油井侧的低温区域，可以“打通”导流通道，加速见效时间，提高单井产量。

2. 气-汽协同强化热能利用

在矿场实施过程中，原油黏度小于 20 000 mPa · s(20 ℃)区域火驱见效快，原油黏度大于 20 000 mPa · s(20 ℃)区域火驱见效慢，单井日产油量(0.3 t/d)低，空气油比(5 000 m^3/t

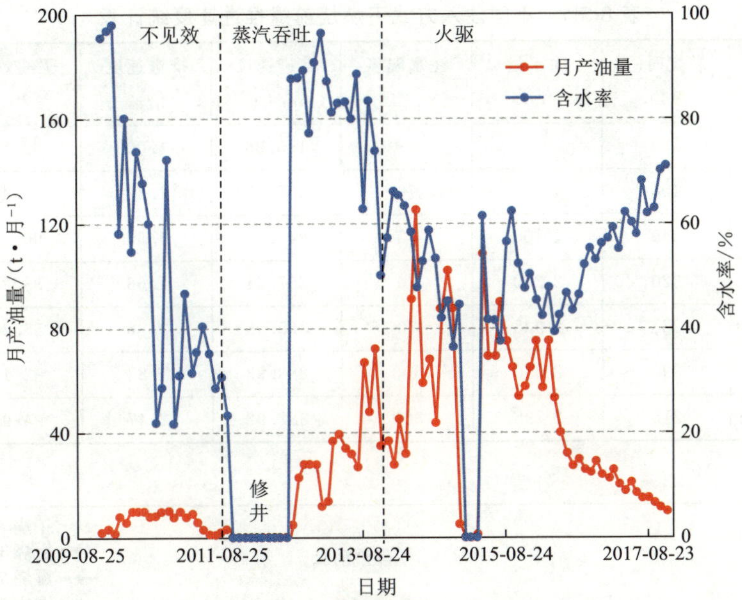

图 8-3-3　蒸汽吞吐引效井(J596)生产曲线

左右)高。针对高黏井见效慢、产量低的问题,开展了气-汽协同注采技术研究,即空气与蒸汽共同注入的湿式火驱研究。

相比干式火驱,湿式火驱作用机理更为复杂,国内外专家学者(如蔡文斌、张毅、Doraiah A 等)通过开展相关室内实验对湿式火驱的原油氧化动力学模型以及实验规律进行了研究,他们认为湿式火驱能够降低燃料消耗量与空气需求量,加快燃烧前缘推进速度。另外,国外也开展了类似的现场试验,如加拿大阿尔伯塔的 Wabiskaw 开展了注水湿烧的先导试验,初期取得了较为可观的效果,但后期由于工艺条件限制及现场操作经验不足,出现了较为严重的气窜现象,造成经济效益下滑而中止。

注水湿式火驱能够在一定程度上解决因黏度大而驱替效果差的问题,但作用仍然有限,注入水其实只起到“搬运工”的作用,把已燃区滞留的热量携带至前缘。但火驱过程中产生的总热量有限,如 4 MPa 条件下注入 10 000 m^3 空气产生的热量与 20 t 蒸汽(50%干度)相当,同时合理的注水量难以把握,造成了现场实施过程中的困难,因此有必要进行注蒸汽湿式(即气-汽协同)火驱的技术研究。

注蒸汽湿式火驱技术是指在注空气干式燃烧达到一定程度后,从过火区域再注入蒸汽,注入蒸汽穿过燃烧前缘后,可充分利用过火区域的余热提高蒸汽热能,辅助提升火驱生产效果。物理模拟实验研究表明,注蒸汽湿式火驱技术具有以下优势:① 燃烧前缘推进速度显著加快,是干式燃烧推进速度的 2.47 倍(表 8-3-1);② 蒸汽带加宽(图 8-3-4),形成了烟道气-蒸汽混合驱;③ 开采时间变短,空气用量降低至干式燃烧的一半以下,空气油比大幅下降(表 8-3-1),经济效益更明显;④ 产气量减少,井筒举升更容易,尾气排放和地面处理压力降低。

在试验区选取了 3 个井组开展注蒸汽湿式火驱试验,试验时间为 2 年,蒸汽、空气分周期间隔注入。单井周期注蒸汽量根据实际油层厚度控制在 3 000 t 以内,注汽速度为 300 t/d,注汽压力在 8 MPa 以下,达到设计蒸汽注入量后停注蒸汽,焖井至井口压力满足注空气条件(井口压力低于空气管线压力 1 MPa)时,进行空气注入,按注蒸汽前的注气速度正常注入

表 8-3-1 不同注入方式下燃烧前缘推进速度统计表

实验类型	燃烧时间/min	注水量/mL	注水温度/℃	推进速度/(mm·h⁻¹)	推进速度倍速	驱油效率/%	空气油比
干 烧	530	—	—	155.36	1.00	92.56	696.51
湿烧 3 mL/min	400	1 200	70	205.85	1.32	92.41	526.52
湿烧 5 mL/min	340	1 700	70	242.18	1.56	90.85	455.23
湿烧 7 mL/min	320	2 240	70	257.31	1.66	88.82	438.24
湿烧 13 mL/min	225	2 925	70	365.96	2.36	85.29	320.89
注蒸汽 7 mL/min	290	2 030	300	283.93	1.83	92.14	382.85
注蒸汽 13 mL/min	215	2 795	300	382.98	2.47	94.98	275.35

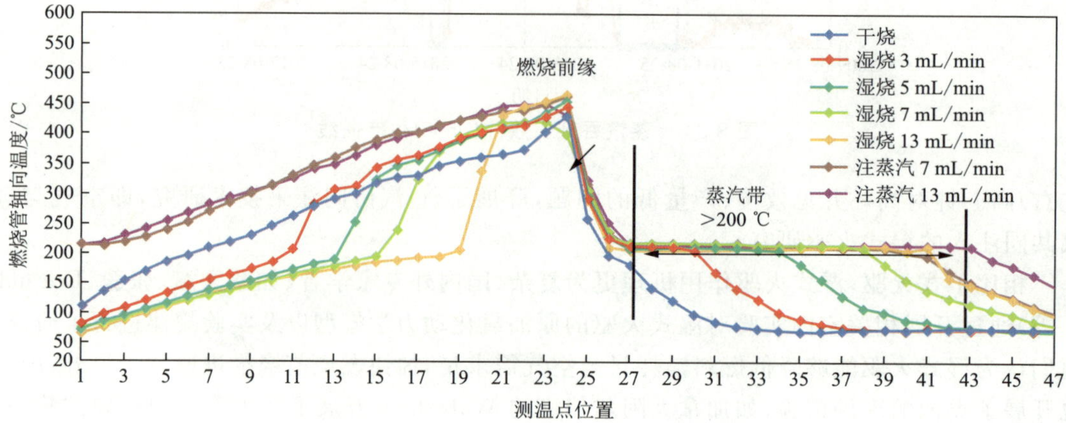

图 8-3-4 同一测温点不同方式下温度对比图

空气，开井生产至一定时间后开展下一轮蒸汽注入。

相比不注蒸汽干式火驱，注蒸汽湿式火驱 2 年后，油藏整体温度升高，燃烧前缘推进速度明显加快，各火驱井组间温度场连通，燃烧前缘发育较为均匀，纵向上气体超覆气窜现象得到缓解（图 8-3-5）。相比无措施的情况，2 年预计可累计增油 3 800 t。

三、高温、高产气井提质增效

由于蒸汽开采后稠油油藏普遍存在油层平面及纵向动用不均匀、高渗通道和次生水体并存、井间剩余油饱和度低、原油黏度高等问题，此类油藏转火驱开发中经常出现生产井高温、气窜等现象，高气液比导致部分生产井抽油泵泵效低且频繁出现“气锁”，同时部分高温井为避免出现燃烧前缘突进而被迫长期关井，使得火驱单井平均产量偏低，制约了火驱的效益开发，需要采取提质增效措施，改善生产效果。

1. 火驱高气液比举升工艺

火驱不同的生产阶段生产特征差异较大，火驱初期生产特征为高含水、低产气量，稳定

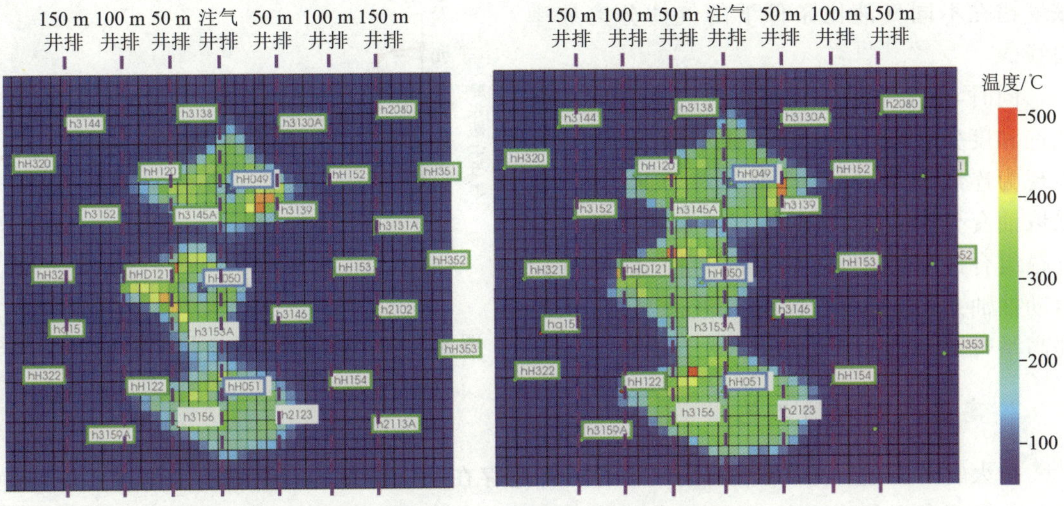

（a）不注蒸汽干式火驱2年　　（b）注蒸汽湿式火驱2年

图 8-3-5　试验井组不同火驱方式温度场对比

生产期表现为持续产气、产液的特征，在局部气窜通道发育且含油饱和度较低区域会出现高产气、低液量的特性。

针对火驱生产井气液同采的特性，设计了火驱高效举升工艺。首先采用油套分输分采工艺，即利用井筒空间作为分离器，将气液初步分离，其中油管用于排液，油管和套管之间的环形空间用于排气。对于气液比小于 500 m^3/m^3 的油井，油套分输分采工艺结合稠油热采常用的注采两用反馈泵可有效解决火驱举升问题；对于气液比不小于 500 m^3/m^3 的油井，在油套分输分采工艺基础上，井下采用防气锁泵和多效复合气锚组合的方式，进一步减小气体对入泵液体的影响。图 8-3-6 所示为新疆油田自主研制的多效复合防气气锚，该气锚是将贾敏效应、重力沉降、伞状集气和螺旋分离等多种气液分离作用集成运用。图 8-3-7 所示为

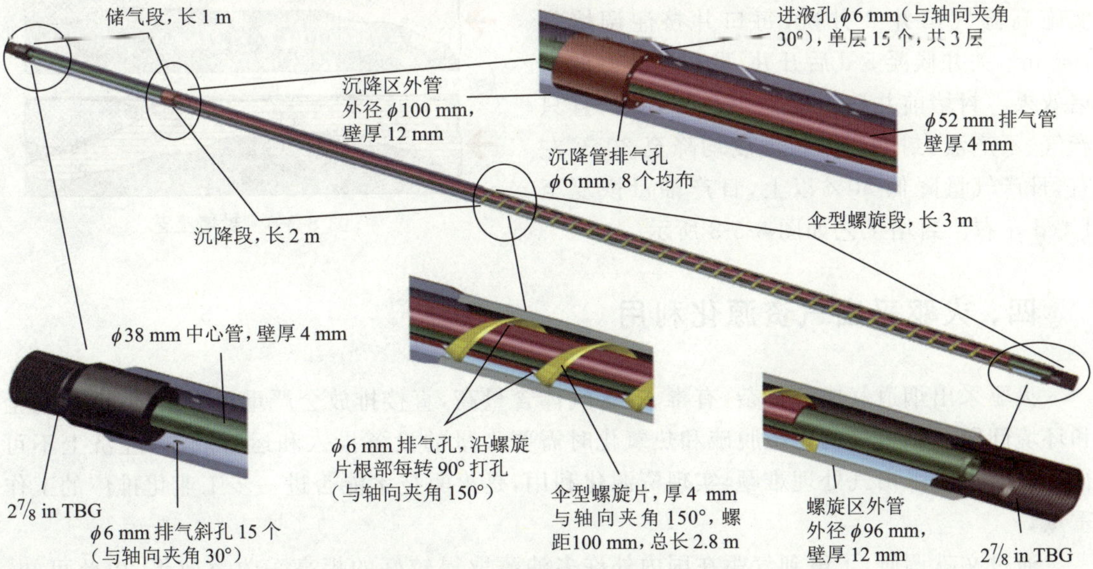

图 8-3-6　多效复合防气气锚

1 in＝2.54 cm

该气锚在不同气液比条件下的气体分离效率曲线。

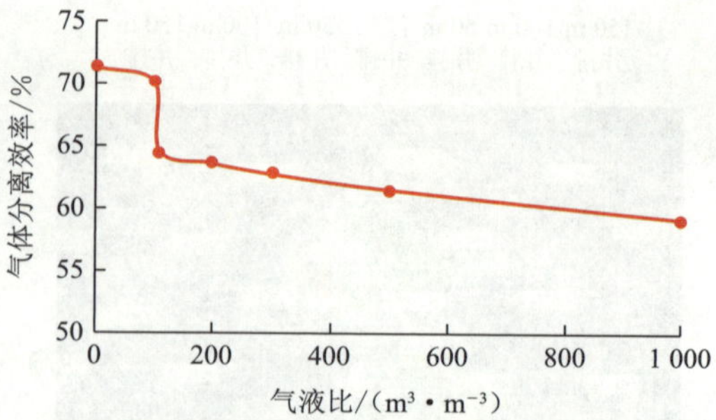

图 8-3-7 不同气液比条件下气体分离效率曲线

同时，部分井由于注蒸汽后注采井间剩余油饱和度变化较大，油墙运移不连续，生产井表现为连续产气、间歇产液。对于此类井，在采取油套分输分采、井下防气锁泵和多效复合气锚组合的基础上，还应采取间抽（即间歇式启动抽油泵）措施以恢复井筒液面高度，从而提高举升效率。

2. 高温气窜封堵工艺

在火驱开发过程中，由于前期气窜通道普遍存在，平面、纵向上燃烧前缘推进不均匀，使部分井出现高温气窜现象，无法正常开采，严重影响火驱开发效果。部分井短时间关井后，由于油墙的重新构建起到了封堵作用，抑制了气窜现象，从而恢复正常生产。但部分区域通道过度发育，加之注采井间含油饱和度偏低，长时间关井后无法形成油墙，开井后很快重复出现高温气窜现象，此时需要采取措施封堵气窜通道。

考虑到火驱的生产特征及开发方式，调堵剂必须耐高温，封堵强度高，具备较好的抗CO_2、抗氧化、抗地层流体腐蚀能力，且能够改变烟道气的流动方向，迫使气流向低压区域流动，积累油墙厚度，减少高温影响。基于这些要求，新疆油田研制了可深部封堵烟道气的高模量天然聚合物冻胶，其耐温 180 ℃，且耐CO_2和O_2性能优异，在 2 种气氛下成胶性能基本无影响，成胶时间为 3～29 h，突破压力梯度为 3.3 MPa/m，具有较强的封堵能力和耐冲刷能力，满足深部注入封堵气窜通道要求。现场实施高温气窜井 2 井次，每口井挤注调堵剂 160 m³，关井候凝 5 d 后开井，取得了较好的封堵效果。封堵前井口温度为 100 ℃左右，且只产气、不产液，封堵后井口温度均降至 30 ℃左右，日产气量降低 50%以上，日产油量恢复至 1 t/d 左右。封堵工艺如图 8-3-8 所示。

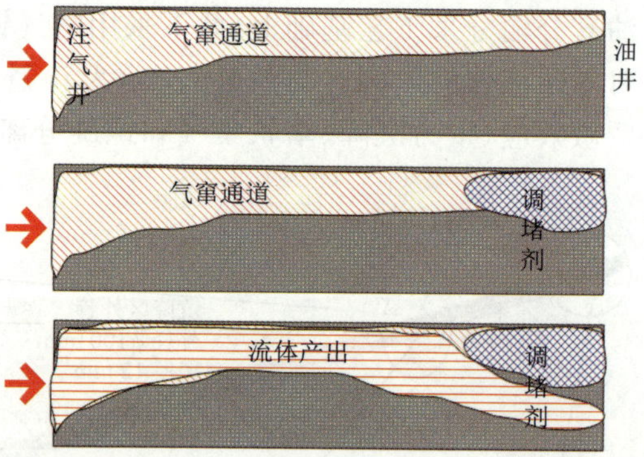

图 8-3-8 封堵工艺

四、火驱采出气资源化利用

火驱采出烟道气成分复杂，有毒、有害气体含量高，直接排放会严重污染空气，造成安全和环境问题。烟道气的传统脱硫和热氧化时需要大量的设备投入和运行成本，经济上不可行。破解火驱采出气处理难题，实现资源化利用，是火驱技术能否进一步工业化推广的工作重点。

通过文献调研，了解到气驱在国内外许多油藏取得较好的提高采收率效果，由此可知，找到一个适合开展埋存和驱油的油藏，实现火驱采出气资源化利用，既可以解决火驱产出气处理问题，又可以提高待选注入油藏的原油采收率。因此，提出了"浅层稠油火驱产出气+中深层稀油尾气利用"的立体开发模式。

1. 火驱产出气驱油机理

针对油藏特点和火驱产出气组分构成，开展了系列室内实验，以揭示火驱产出气驱油机理。利用升泡仪分别针对15 MPa，26 MPa，35 MPa，40 MPa下火驱产出气与原油混相状态进行研究，结果表明，在以上4种条件下在原油中均可见清晰气泡，油藏压力低于35 MPa时无法实现混相驱。对比不同注入气（二氧化碳、氮气、火驱产出气）下原油膨胀系数及黏度（图8-3-9）可知，二氧化碳效果最佳，将压力由25 MPa升至34 MPa时原油体积可膨胀60%，黏度下降17%；火驱产出气效果与氮气相当，火驱产出气可使原油体积膨胀4.3%，而氮气为2.5%，同时火驱采出气与氮气的降黏效果相当。

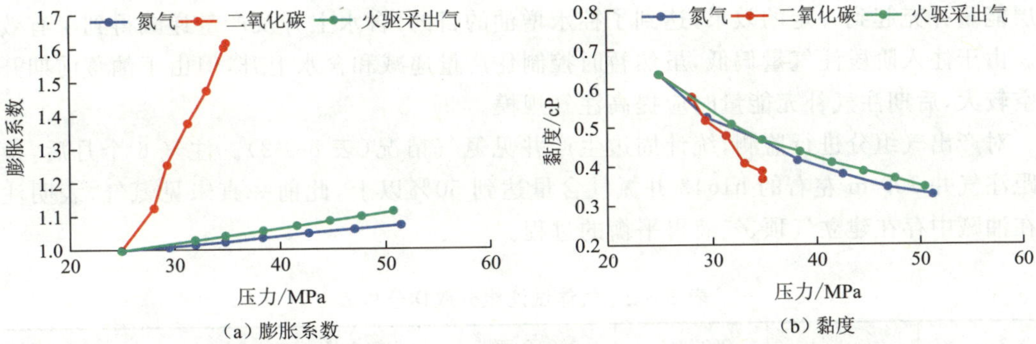

图8-3-9　氮气、二氧化碳、火驱产出气在不同压力下原油膨胀系数与黏度关系

通过测定长岩芯火驱产出气驱油过程中不同实验阶段产出油全烃色谱可知，火驱产出气中的二氧化碳对原油具有一定的抽提作用，采出的原油中轻质组分被不断抽提，优先产出，而重质组分由于分子较大，滞留在岩芯中。通过核磁扫描实验来评价火驱产出气驱替对微细孔喉的动用能力，结果表明，当孔径不小于0.21 μm时孔隙中原油的最终采收率大于96%，孔径小于0.21 μm时孔隙中原油的最终采收率则不足29%。这说明通过火驱产出气驱替可以有效动用岩芯中的大孔，并实现微细孔喉的部分动用。

2. 矿场试注效果

国外在气驱技术应用方面已有成功案例。Creek Madison油田位于美国怀俄明州境内，在构造上为两条断层夹持的单斜构造，西北部低部位存在边底水，地层倾角为7.5°。该油田为巨厚裂缝型石灰岩油藏，埋深3 424 m，油层厚度140 m。试验区块初期产油量较高，但高峰期过后，产油量逐年递减，到2008年，产量由高峰期的1 000 t/d递减到40 t/d，区块平均含水98.9%。2008年7月起开始二氧化碳驱项目，采取的注入方式为重力稳定驱与混相驱相结合。注入气体一年后效果显现，产油量明显增加，由40 t/d上升到4年后的700 t/d，平均含水下降到82.8%。

我国新疆红153夏子街组油藏属于特低渗裂缝型砾岩油藏，经过天然能量衰竭开发后，压力保持程度低，产量递减快，采出程度低，底水上窜严重，亟待转换开发方式。通过注气，建立次生气顶，可以自上而下形成顶部重力驱，压制底水上窜，是较为可行的进一步提高该油藏采收率的有效方式。

经过系统研究，认为该区地质条件符合火驱产出气重力驱要求，但火驱产出气在动用基质中原油、确定合理注气压力和注气速度等方面存在较大的不确定性，因此开展了该区块的气体试注。试注分 3 个阶段进行，分别为变流量注入阶段、注入方式试验阶段、稳定补充能量阶段，注入时间为 168 d，注入量为 406×10^4 m^3。

为了有效评价区块注入能力，在试注初期设计了变流量注入方案，井日注气量由 6 000 m^3/d 逐日提高到 48 000 m^3/d，井口注入压力的变化范围为 16.8～17.4 MPa。通过该阶段试验可以看出，区块注气能力较强，即使注入量提高到 48 000 m^3/d，注入压力也仅提高了 0.6 MPa，还有进一步提高注入量的可能性。井口注入压力与平均油藏压力存在 4～6 MPa 的压差。

采用油藏天然能量开发，地层能量下降较快，但注气后地层压力有所上升，说明注气对地层能量补充起到一定的效果，达到了控水增油的目的，含水上升及产量递减得到了有效控制。由于注入阶段注气量偏低，虽然暂时控制住产量递减和含水上升，但由于油藏前期开发亏空较大，后期注气补充能量时应提高注气规模。

对产出气组分进行监测，统计周边生产井见氮气情况（表 8-3-2）。注气 6 个月后，检测到距注气井 300 m 左右的 h1643 井氮气含量达到 50%以上，此前一直未见氮气，表明注入气在油藏中存在建立气顶、气液再平衡的过程。

表 8-3-2　气体试注组分取样分析表

井　号	取样日期	氧气含量 /%	氮气含量 /%	二氧化碳含量 /%	密度 /$(g\cdot cm^{-3})$	硫化氢含量 /$(mg\cdot m^{-3})$
h1643	2018-05-02	4.45	55.6	0.29	0.797 7	0
h1641	2018-05-02	0.37	8.33	—	0.609 6	0
红 154	2018-06-22	0.80	4.00	0.02	0.590 9	0
h1614	2018-06-22	0.46	2.92	—	0.620 7	3
h1634	2018-07-02	0.53	3.79	—	0.602 2	0.24

从生产数据看，h1643 井在注气后 3 d 开始出现气驱见效，日产油量由 10 t/d 上升到 18 t/d，但由于 h1643 井在试注气前即高产气井，因而见效时间较短，几天后 h1643 井日产气量由 16 000 m^3/d 上升到 23 000 m^3/d，关井一段时间后再开生产，产气量维持在 18 000 m^3/d 左右，生产较为稳定。

可以看出，火驱产出气回注油藏是较为可行的资源化利用方式，后续应强化机理认识，加强油藏适应性研究，选择适合驱油和埋存的油藏开展矿场试验，为火驱资源化利用开辟道路。

第九章 火驱技术应用前景展望

在新疆浅层稠油油藏注蒸汽开发后期，直井火驱先导试验按计划完成了建设任务，实现了建设目标，初步形成了火驱开发配套技术，证实了在先导试验区所处油藏条件下实施直井火驱开发的经济、技术可行性，起到了先导试验的引领、示范作用，为直井火驱开发技术的推广和规模应用奠定了基础。

第一节 面临的挑战

红浅火驱先导试验取得了较好效果，达到了预期目的。但是，先导试验中也暴露出一些比较突出的问题，如压缩机运营成本高、点火器不能重复使用、气窜后无法有效封堵、调控手段单一、尾气未实现重复利用等，在一定程度上影响了先导试验的开发效果和经济效益，建议在后续的规模化开发中加强优化和攻关研究，降低开发成本、提高油藏动用程度，最大幅度地提高油藏采收率。此外，红浅 1 井区八道湾组油藏原油黏度变化范围较大，属于砂砾岩普通、特稠油油藏，部署的直井井网处于注蒸汽开发后期，在此条件下验证了火驱开发的技术、经济可行性。但是，新疆浅层稠油油藏类型、井型、开发方式较为多样，占有较大比重的砂岩稠油油藏蒸汽开发后期及水平井开发方式下的不同类型(普通稠油、特稠油、超稠油)稠油油藏采用火驱开发能否实现经济、有效开发，有待进一步攻关研究。因此，建议加强不同类型油藏和不同井型、不同开发方式下的火驱室内机理研究，并开展一定规模的先导试验。

目前火烧油层的矿场应用都只在那些注蒸汽不可能取得成功的差油藏上进行试验和应用，尽管火烧油层的适用性较广，但在这种油藏上也可能不会取得好效果。对火烧油层驱油机理认识不够，是导致火驱试验失败的重要原因。对于一个具体油藏，火烧时可以采用不同的燃烧模式和燃烧方式，如低温干烧、低温湿烧、高温干烧和高温湿烧等。不同火烧方式的驱油效果会有很大的不同。

不合理的设计和操作条件是造成火烧失败的另一重要原因。例如，所设计的井组面积与压缩机的处理能力或注入井的注入能力极不匹配，如井组面积大，注入能力小；由于空气注入速度必须随燃烧前缘半径的扩大而增加，而实际的注气量不能满足燃烧整个井组的空气需要量，难以维持前缘稳定燃烧，导致失败。

由于对火驱机理及原油燃烧特性的研究认识不够，设计和操作中很难把燃烧控制在最佳燃烧模式上。对于轻质油，它的最佳氧化温度在低温区，而对于稠油，它的最佳氧化温度在高温区。

第二节　攻关的方向

一、火驱燃烧前缘的非均衡推进

在火烧油层技术中，最主要的问题是燃烧前缘无法控制。以前进行的火烧油层是在直井之间的火驱，最理想的状态是燃烧前缘呈垂直状态、呈圆环状把原油从注气井推向采油井。但由于气体和液体具有不同的密度和不同的流度比，以及油层岩石在渗透性和导热性等方面的非均质性，燃烧前缘总是沿着油层顶部，在渗透性和导热性最大的方向上发展，超覆现象和指进现象同时存在。燃烧前缘的指进与蒸汽凝结前缘的指进是有差异的。蒸汽具有放热后凝结成液态水这一特性，在蒸汽指进通道内蒸汽凝结成液态水之后就把蒸汽指进通道堵住了，阻碍了蒸汽指进的进一步扩展。原油燃烧后的气体难以凝结为液态，一旦出现燃烧指进现象，在燃烧和传热、传质过程的共同作用下，指进通道越来越大，指进现象越来越严重。气体的易流动特性，以及燃烧后高温气体的密度比地层液体的密度低得多，造成燃烧超覆现象，燃烧前缘指进现象不可避免和无法控制，使火烧油层的采收率低，气油比高，这是造成火烧油层技术失败的主要原因。

除了地层非均质性外，注气参数和一、二线井的采油参数可以在多大程度上控制火驱燃烧前缘的平面展布？火驱在纵向上是如何发育的？通过什么办法可以克服和遏制火驱超覆现象、提高火驱油层纵向动用程度？这需要进一步进行针对性的探索。

二、地下燃烧过程的深入研究

燃烧学是一门综合性的边缘学科，就目前的燃烧理论发展水平而言，对任何一种物质的燃烧速率的描述都不是一件容易的事情。原油的地下燃烧是发生在非均相体系多孔介质中的化学反应，涉及原油、空气和岩石三个方面。原油地下燃烧过程能否发生和发展主要取决于原油的性质、空气在岩石中的输运特征和岩石的热容、导热系数以及含油饱和度等性质。借用描述发生在均相体系非多孔介质内的化学反应速率理论来描述原油在地层中的燃烧速率是不严格和不准确的。均相体系不必考虑传质、传热过程对反应速率的影响，非多孔介质则不存在多孔介质对传质过程和传热过程的制约，因此，描述发生在非均相体系多孔介质中的反应速率比描述发生在均相体系非多孔介质中的化学反应速率复杂得多。更为复杂的是，原油是一种混合物，其发生化学反应的过程和方向不确定。由于还没有找到准确的方法描述原油在多孔介质中的燃烧速率，火烧油层设计时对注采控制参数的选择缺乏依据。

在火烧油层的机理问题方面，除了燃烧速率问题之外，还有许多其他方面的问题。例如火烧油层过程中的燃料问题，目前一般普遍接受的观点是火烧油层过程中烧掉的只是原油中的焦炭和沥青质，这种观点在实际现场中极可能是片面的。又如如何把火烧油层过程中涉及的现象和机理的共同作用综合起来，对火烧油层动态做出准确预测的问题。在火烧油层中，涉及多组分原油的燃烧、汽化冷凝、高温降黏、裂解改质、焦炭吸附和二氧化碳溶入原油等现象，以及气驱过程、蒸汽驱过程、重力作用等，这些现象和机理是相互作用的，目前还没有有效的方法把这些现象和机理的最终作用效果描述出来。

同时，为实现火驱技术的清洁、高效利用，在火驱尾气的处理及利用环节仍需要开展低成本脱硫、回注埋存、烟道气驱油等方面的研究和现场试验，加强运行与评估分析管理，实现技术的进一步提升。

新疆浅层稠油注蒸汽后火驱继续提高采收率的潜力巨大。新疆油田浅层稠油注蒸汽后火驱开发的做法和经验可为新时期中国石油工业注入新的元素，为保证克拉玛依油田的可持续发展储存强大动能，这对于中国石油等企业都具有很好的借鉴意义。

参考文献

[1] SARATHI P S. In-situ combustion handbook—principles and practices[J]. Office of Scientific & Technical Information Technical Reports,1999,7(5):128-134.

[2] 张敬华. 火烧油层采油[M]. 北京:石油工业出版社,2000.

[3] 王弥康,张毅. 火烧油层热力采油[M]. 东营:石油大学出版社,1998.

[4] 张方礼. 火烧油层技术综述[J]. 特种油气藏,2011,18(6):1-5.

[5] 布尔热 J,苏赫尤 P,贡巴努力尔 M. 热力法提高石油采收率[M]. 北京:石油工业出版社,1991.

[6] 宁奎,袁士宝,蒋海岩. 火烧油层理论与实践[M]. 东营:中国石油大学出版社,2010.

[7] CASTANIER L M,BRIGHAM W E. Upgrading of crude oil via in situ combustion [J]. Journal of Petroleum Science and Engineering,2003,39(1):125-136.

[8] FASSIHI M R,BRIGHAM W E. Analysis of fuel oxidation in in-situ combustion oil recovery[D]. California:Stanford,1981.

[9] BURGER J G,SAHUQUET B C. Laboratory research on wet combustion[J]. Journal of Petroleum Technology,2013,25(10):1137-1146.

[10] 李少池,沈燮泉,王艳辉. 火驱油层物理模拟的研究[J]. 石油勘探与开发,1997(2):73-79.

[11] 李迎春,邱国清,袁明琦,等. 乐安油田南区火驱驱油提高采收率试验[J]. 油气地质与采收率,2002,9(4):72-74.

[12] ZHAO R,CHEN Y,HUAN R,et al. An experimental investigation of the in-situ combustion behavior of Karamay crude oil[J]. Journal of Petroleum Science & Engineering,2015,127:82-92.

[13] CINAR M,CASTANIER L M,KOVSCEK A R. Combustion kinetics of heavy oils in porousmedia[J]. Energy & Fuels,2011,25(10):4438-4451.

[14] CINAR M,HASCAKIR B,CASTANIER L M,et al. Predictability of crude oil in-situ combustion by the isoconversional kinetic approach[J]. SPEJ,2011,16(3):537-547.

[15] 濮芸辉,刘艳升,沈复,等. 全馏程实沸点蒸馏曲线数学模型[J]. 炼油技术与工程,1999,29(6):53-55.

[16] QIAN K,ROBBINS W K,HUGHEY C A,et al. Resolution and identification of elemental compositions for more than 3 000 crude acids in heavy petroleum by nega-

tive-ion microelectrospray high-field fourier transform ion cyclotron resonance mass spectrometry[J]. Energy & Fuels,2001,15(6):1505-1511.

[17] KLEIN G C,ANGSTROM A,RODGERS R P,et al. Use of saturates/aromatics/resins/asphaltenes (SARA) fractionation to determine matrix effects in crude oil analysis by electrospray ionization fourier transform ion cyclotron resonance mass spectrometry[J]. Energy & Fuels,2006,20(2):668-672.

[18] PURCELL J M,HENDRICKSON C L,RODGERS R P,et al. Atmospheric pressure photoionization fourier transform ion cyclotron resonance mass spectrometry for complex mixture analysis[J]. Analytical Chemistry,2006,78(16):5906-5912.

[19] 史权,张亚和,徐春明,等. 石油组分高分辨质谱分析进展与展望[J]. 中国科学:化学,2014(5):694-700.

[20] 陈改霞. 沥青四组分分离试验装置及其影响因素研究[D]. 西安:长安大学,2014.

[21] DEGBESAN K O,DONNELLY J K,MOORE R G,et al. Low-temperature oxidation kinetic parametersfor in-situ combustion numerical simulation[J]. SPE reservoir Engineering,1987,2(4):573-582.

[22] AIZENSHTAT Z,MILOSLAVSKY I,HELLER-KALLAI L. The effect of montmorillonite on the thermal decomposition of fatty acids under "bulk flow" conditions[J]. Organic geochemistry,1984,7(1):85-90.

[23] ALCANIZ-MONGE J,CAZORLA-AMOROS D,LINARES-SOLANO A. Characterisation of coal tar pitches by thermal analysis,infrared spectroscopy and solvent fractionation[J]. Fuel,2001,80(1):41-48.

[24] AMANAM U U,KOVSCEK A R. Analysis of the effects of copper nanoparticles on in-situ combustion of extra heavy-crude oil[J]. Journal of Petroleum Science and Engineering,2017,152:406-415.

[25] AKIN S,KOK M V,BAGCI S,et al. Oxidation of heavy oil and their SARA fractions:its role in modeling in-situ combustion[C]//SPE Annual Technical Conference and Exhibition. Society of Petroleum Engineers,2000.

[26] AKMAZ S,YASAR M. The temporal variation of asphaltene structure during Raman crude oil pyrolysis[J]. Journal of Analytical and Applied Pyrolysis,2015,113:672-679.

[27] ALEXANDER J,MARTIN W L,DEW J. Factors affecting fuel availability and composition during in situ combustion[J]. Journal of Petroleum Technology,1962,14(10):1154-1164.

[28] ALEKSANDROV D,HASCAKIR B. Laboratory screening tests on the effect of initial oil saturation for the dynamic control of in-situ combustion[J]. Fuel Processing Technology,2015,130:224-234.

[29] HOFFMANN G G, STEINFATT L, STROHSCHETN A. Thermal recovery processes and hydrogen sulfide formation[C]. SPE 29016,1995.

[30] 林日亿,宋多培,周广响,等. 热采过程中硫化氢成因机制[J]. 石油学报,2014,35

(6):1153-1159.

[31] 代金友,陈安定,何顺利. 模拟硫化氢生成的热化学还原反应实验研究[J]. 石油实验地质,2008(2):200-202.

[32] 易平贵,俞庆森,宗汉兴. 黄铁矿化学脱硫的热力学分析[J]. 煤炭转化,1999(1):50-55.

[33] 范洪富,刘永建,赵晓非,等. 金属盐对辽河稠油水热裂解反应影响研究[J]. 燃料化学学报,2001(5):430-433.

[34] 岳长涛,李术元,丁康乐,等. 硫酸盐热化学还原反应体系实验研究[J]. 科学技术与工程,2004(1):44-45.

[35] ABUHESA M B, HUGHES R. Comparison of conventional and catalytic in situ combustion processes for oil recovery[J]. Energy & Fuels,2009,23:1961-1967.

[36] 蔡文斌,李友平,李淑兰,等. 胜利油田火烧油层现场试验[J]. 特种油气藏,2007(6):88-90.

[37] 张宗源,谢志勤. 胜利油田火烧油层先导性试验研究[J]. 石油钻采工艺,1996,3(18):88-92.

[38] 余杰,潘竟军,蔡罡,等. 电点火工艺技术在新疆红浅火驱的应用研究[J]. 石油机械,2011(7):19-21.

[39] 蔡罡,陈龙,坎尼扎提,等. 火驱车载移动式电点火配套工艺设备研发[J]. 石油机械,2017(3):102-106.

[40] 任辉. 高3618块火烧油层技术应用与实践[J]. 石化技术,2018,25(1):242.

[41] 舒华文,田相雷,蒋海岩,等. 火烧油层点火方式研究[J]. 内蒙古石油化工,2010,36(21):5-8.

[42] 陈万洪,谢志勤,张宗源. 胜利油田火烧油层技术研究及应用[J]. 特种油气藏,1996,3(4):35-38.

[43] 傅维标,张永康,王涛安. 燃烧学[M]. 北京:高等教育出版社,1989.

[44] 杨世铭. 传热学[M]. 北京:人民教育出版社,1981.

[45] 潘延龄,舒宏纪. 工程热力学和传热学[M]. 2版. 北京:人民交通出版社,1982.

[46] 李淑兰,李友平,范海涛,等. 3DR-I型火驱油点火器的研制与应用[J]. 石油机械,2004,32(1):28-30.

[47] 《电线电缆手册》编写组. 电线电缆手册[M]. 北京:机械工业出版社,1978.

[48] 关文龙,蔡文斌,王世虎,等. 火烧驱油中地层点火温度的精确测试方法[J]. 石油机械,2005,33(9):65-66.

[49] 路平,王敏娟. 全性质湿空气 H-I 算图[J]. 化学世界,2001,42(7):358-361.

[50] 张兆顺,崔桂香. 流体力学[M]. 2版. 北京:清华大学出版社,2006.

[51] 李辉. 稠油热采注蒸汽地面管线与井筒水力热力学耦合模型研究[D]. 南充:西南石油大学,2005.

[52] 陈学东,常丹. Visual Basic 6.0程序设计教程[M]. 北京:清华大学出版社,2005.